名师推荐

学生课外阅读经典

天工开物

TIAN GONG KAI WU

（明）宋应星／著　颜牧之／注译

长江出版传媒｜长江文艺出版社

图书在版编目（CIP）数据

天工开物 /（明）宋应星著 ；颜牧之注译. -- 武汉 ：
长江文艺出版社，2023.8
ISBN 978-7-5702-3192-8

Ⅰ. ①天… Ⅱ. ①宋… ②颜… Ⅲ. ①农业史－中国
－古代②手工业史－中国－古代 Ⅳ. ①N092

中国国家版本馆 CIP 数据核字(2023)第 115112 号

天工开物
TIANGONG KAIWU

责任编辑：张　贝　　　　责任校对：毛季慧
设计制作：格林图书　　　　责任印制：邱　莉　杨　帆

出版：长江出版传媒 | 长江文艺出版社
地址：武汉市雄楚大街 268 号　　　邮编：430070
发行：长江文艺出版社
http://www.cjlap.com
印刷：武汉中科兴业印务有限公司

开本：700 毫米×980 毫米　　1/16　　印张：14.75
版次：2023 年 8 月第 1 版　　　2023 年 8 月第 1 次印刷
字数：257 千字

定价：36.00 元

目 录
CONTENTS

序[1]

天覆地载，物数号万，而事亦因之，曲成而不遗，岂人力也哉？事物而既万矣，必待口授目成而后识之，其与几何？万事万物之中，其无益生人与有益者，各载其半。世有聪明博物者，稠人推焉[2]。乃枣梨之花未赏，而臆度楚萍[3]；釜鬵之范鲜经[4]，而侈谈莒鼎[5]。画工好图鬼魅而恶犬马，即郑侨、晋华[6]，岂足为烈哉？

幸生圣明极盛之世，滇南车马，纵贯辽阳[7]；岭徼宦商[8]，衡游蓟北[9]。为方万里中，何事何物，不可见见闻闻。若为士而生东晋之初，南宋之季，其视燕、秦、晋、豫方物，已成夷产[10]；从互市而得裘帽，何殊肃慎之矢也[11]？且夫王孙帝子，生长深宫，御厨玉粒正香，而欲观耒耜[12]；尚宫锦衣方剪[13]，而想象机丝[14]。当斯时也，披图一观，如获重宝矣！

年来著书一种，名曰《天工开物》。伤哉贫也！欲购奇考证，而乏洛下之资[15]；欲招致同人，商略赝真，而缺陈思之馆[16]。随其孤陋见闻，藏诸方寸而写之，岂有当哉？吾友涂伯聚先生，诚意动天，心灵格物[17]，凡古今一言之嘉，寸长可取，必勤勤恳恳而契合焉。昨岁《画音归正》[18]，由先生而授梓[19]；兹有后命，复取此卷而继起为之，其亦夙缘之所召哉！

卷分前后[20]，乃贵五谷而贱金玉之义，《观象》《乐律》二卷[21]，其道太精，自揣非吾事，故临梓删去。丐大业文人[22]，弃掷案头，此书于功名进取，毫不相关也。

时　崇祯丁丑孟夏月[23]，奉新宋应星书于家食之问堂[24]。

注释

①这篇自序不谈这些专门知识，着重说明著书宗旨和成书经过，表明作者的思想和志趣，字里行间洋溢着尊重科学、实事求是的精神。②稠人：众人。③楚萍：楚王渡江，有物触舟，大如斗，圆而赤。群臣不识，

问于孔子。孔子说，此谓“萍实”，乃吉祥之物，惟霸主能获之。④鬵(xín)：大锅。范：铸造器物的模型。⑤莒鼎：据《左传·昭公七年》载，晋侯曾赐子产莒国二方鼎。莒：春秋小国名，在今山东莒县一带。⑥郑侨：即子产，姓公孙，名侨，字子产，春秋时期郑国大夫，博识多闻，人称“博物君子”。晋华：即张华，西晋文学家，以博识多闻著称，著有《博物志》。⑦辽阳：泛指辽河以北地区。⑧岭徼：泛指岭南一带。岭：五岭（越城、都庞、萌诸、骑田、大庾）。徼：边境。⑨蓟北：泛指河北地区。⑩夷产：外国的物产。东晋、南宋两个政权皆偏安江南，江北为他国。⑪肃慎：商、周时代东北少数民族，其地产劲箭石镞，曾向周朝进贡。⑫耒耜：古代农具通称。⑬尚宫：古代女官名，管理皇宫内务。⑭机丝：织机与丝缕。⑮洛下之资：指钱财。《三国志·魏志·夏侯玄传》注引《魏略》：“洛中市买，一钱不足则不行。”是说洛阳城里买东西，少一个钱就买不到。⑯陈思之馆：陈思王的宾馆。陈思王即曹植，植富文才，一时名流文士皆为其宾客。⑰格物：推究事物的道理。⑱《画音归正》：此书已佚。⑲授梓：刻版印书。梓：木名，常用以雕刻书版。⑳卷分前后：《天工开物》共十八卷，首卷为《乃粒》（谷物粮食），末卷为《珠玉》。编排次序取晁错《论贵粟疏》“贵五谷而贱金玉”之义。㉑《观象》：内容讲天文气象知识。《乐律》：内容讲音乐律吕知识。㉒丐：追求。㉓崇祯丁丑：即崇祯十年（1637），宋应星适在江西分宜任教谕。㉔家食之问堂：宋应星居室。语本《易·大畜》“不家食，吉”，意谓国君能养贤士，使享俸禄，而不食于家。宋应星反其意而用之，甘居清贫，不欲与“大业文人”竞逐功名利禄。

译文

上天覆盖之下，大地承载之上，物种数目，号称上万，而人们能做的事也因而很多，适应事物变化而从事生产，以造成种类齐全的各种物品，难道全都是依凭人力吗？必然有自然力参与其中。事物既然有上万种那么多，要是只通过别人的口头讲述和自己的所见然后才了解，又能获得多少知识呢？万事万物之中，对人生没有好处和有好处的，各占一半。只要掌握那些有好处的，也就够了。世上有聪明博通事物的人，必为众人推崇。不过，要是连枣梨之花都没有看过，就想揣度楚王得萍的吉凶；连釜的模型都没有见过，就想大谈莒鼎的真假。画图的人喜欢画未曾见过的鬼魅，而讨厌画实有其物的犬马。这等人纵使有郑国的子产、晋朝的张华那样的名声，又有什么值得效法的呢？

我幸运地生在这圣明强盛的时代，南方云南的车马，可以直通东北的辽阳；岭南边地的游宦和商人，可以横游河北一带。在这方圆万里的广大区域内，有什么事物不能耳闻目见呢！如果士人生在偏安的东晋初期或南宋末叶，他们会把河北、陕西、山西、河南的土产，看成外国的产品；与外国通商所换得的皮裘、帽子，和古代得到肃慎国进贡的弓矢，又有什么不同呢？而帝王的子孙，在深宫中长大，当御膳房里正飘着米饭的香味时，想要看看生产这些粮食的农具；当宫里正剪裁锦衣时，会想象生产这些衣料的织机和丝帛。这个时候，打开这类图书一看，不就像获得至宝一样吗？

近年来写了一部书，名叫《天工开物》。可惜本人实在是太穷困了，想购买一些珍奇的书物用于考证，却缺乏钱财；想要召集志同道合的朋友，共同讨论，鉴别真伪，却没有招待的馆舍。只凭自己心中所记的孤陋见闻写出来，难道会很妥当吗？我的好友涂伯聚先生，诚意可以感动上天，心智可以探知事理，凡是古往今来的简短嘉言，有一点可取的，他都勤恳地帮助发表。去年，我所写的《画音归正》，就是由先生帮助刊行的；现在又遵照他的建议，将这一部书拿来出版，这种情谊或许是前世因缘所带来的吧！

本书各章前后顺序，首卷为《乃粒》，末卷为《珠玉》，是遵照“贵五谷而贱金玉”的思想，《观象》《乐律》二卷，其中的道理过于精深，自量不是自己能胜任的事，所以在将要印刷时，将其删去。追求功名的文士，可以将此书丢弃在桌子上，因为这书和求取功名，一点关系也没有。

明崇祯十年（1637）四月，奉新宋应星写于家食之问堂。

乃粒第一[1]

宋子曰[2]：上古神农氏若存若亡[3]，然味其徽号两言，至今存矣。生人不能久生，而五谷生之；五谷不能自生，而生人生之。土脉历时代而异，种性随水土而分。不然，神农去陶唐粒食已千年矣[4]，耒耜之利，以教天下[5]，岂有隐焉。而纷纷嘉种，必待后稷详明[6]，其故何也？

纨裤之子[7]，以赭衣视笠蓑[8]；经生之家[9]，以农夫为诟詈[10]。晨炊晚饷，知其味而忘其源者众矣！夫先农而系之以神，岂人力之所为哉！

注释

①乃粒：出自《书经·益稷》："烝民乃粒，万邦作乂。"意谓民众有粮食吃，天下才能安定。乃粒：指百姓以谷物为食。此处代指谷物。②宋子：即本书作者宋应星自称。《天工开物》各章前均有"宋子曰"一段作为引言。③神农氏：上古传说中的帝王，农业和医药的创始者。晋·干宝《搜神记》卷一：神农以赭鞭鞭百草，尽知其平毒寒温之性，臭味所主。以播百谷，故天下号神农也。④陶唐：即尧，上古传说中的帝王，国号陶唐，又称陶唐氏。⑤"耒耜（lěi sì）之利"二句：语出《周易·系辞下》，指神农氏时使用农具的技术得到推广。耒耜：古代翻土农具。此处泛指农具。⑥后稷：名弃，古代周族始祖，善于农作，曾在尧、舜时任农官。⑦纨裤：亦作"纨绔"，本指细绢制成的裤子，泛指有钱人家的华美衣饰，代指富家子弟。⑧赭（zhě）衣：古代囚衣，因以赤土染成赭色，故称。此处代指罪犯。笠蓑（lì suō）：斗笠与蓑衣，借指劳动人民。⑨经生之家：读书治学的书生。⑩诟詈（gòu lì）：辱骂。

译文

宋子说：上古传说中的神农氏，好像真的存在过又好像没有此人，然而，仔细体味“神农”这个赞美褒扬开创农耕者的尊称，就能够理解“神农”这两个字至今仍有着十分重要的意义。人类仅靠自身并不能长期生存，要靠五谷才能活下去；可是五谷并不能自己生长，要靠人类去种植。土质经过漫长的时代而有所改变，谷物的种类、特性也会随着水土的不同而有所变异。不然的话，从神农时代到唐尧时代，人们食用五谷已达千年之久了，农耕的技术已传遍天下，难道还有什么不清楚吗？后来纷纷出现了许多良种谷物，一定要等到后稷出来才得到充分阐明，原因不正是如此吗？

那些不务正业的富贵人家子弟，将劳动人民视为罪人；那些读书人，把“农夫”二字当作骂人的话。饱食终日，只知道早晚餐饭的味美，却忘记了粮食是从哪里得来的人，实在是太多了！因此，奉开创农业生产的先祖为神是很自然的，并不是勉强的。

总名

凡谷无定名，百谷指成数言。五谷则麻、菽、麦、稷、黍[①]，独遗稻者，以著书圣贤起自西北也。今天下育民人者，稻居什七，而来、牟、黍、稷居什三[②]。麻、菽二者，功用已全入蔬饵膏馔之中，而犹系之谷者，从其朔也[③]。

注释

①菽（shū）：豆类总称。稷：即粟，小米。黍：黄黏米。郑玄注《周礼·天官·疾医》以麻、菽、麦、稷、黍为五谷，而赵岐注《孟子·滕文公上》则以稻、稷、黍、麦、菽为五谷。②来：小麦。牟（móu）：大麦。③朔：同“溯”，指根源、本源。

译文

谷不是某种粮食的特定名称，百谷是谷物的总体名称，说谷物种类繁多。“五谷”指的是麻、豆、麦、稷、黍，其中唯独漏掉了稻，这是因为著书的先贤是西北人。现在天下万民所吃的粮食之中，稻占了十分之七，小麦、大麦、黍、稷共占十分之三。麻和豆这两类的功用现已完全列入蔬菜、糕饼、脂油等食品中。之所以还将它们归入五谷之中，只不过是沿用了古代的说法罢了。

稻

凡稻种最多。不粘者，禾曰秔[①]，米曰粳；粘者，禾曰稌，米曰糯（南方无粘黍，酒皆糯米所为）。质本粳而晚收带粘（俗名婺源光之类），不可为酒，只可为粥者，又一种性也。凡稻谷形有长芒、短芒（江南名长芒者曰浏阳早，短芒者曰吉安早）、长粒、尖粒、圆顶、扁面不一。其中米色有雪白、牙黄、大赤、半紫、杂黑不一。

湿种之期，最早者春分以前，名为社种[②]（遇天寒有冻死不生者），最迟者后于清明。凡播种，先以稻、麦稿包浸数日[③]，俟其生芽，撒于田中。生出寸许，其名曰秧。秧生三十日即拔起分栽。若田亩逢旱干、水溢，不可插秧。秧过期，老而长节，即栽于亩中，生谷数粒，结果而已。凡秧田一亩所生秧，供移栽二十五亩。

凡秧既分栽后，早者七十日即收获（粳有救公饥、喉下急，糯有金包银之类，方语百千，不可殚述），最迟者历夏及冬二百日方收获。其冬季播种、仲夏即收者，则广南之稻，地无霜雪故也。

凡稻旬日失水，即愁旱干。夏种冬收之谷，必山间源水不绝之亩。其谷种亦耐久，其土脉亦寒，不催苗也。湖滨之田，待夏潦已过，六月方栽者，其秧立夏播种，撒藏高亩之上，以待时也。

南方平原，田多一岁两栽两获者。其再栽秧，俗名晚糯，非粳类也。六月刈初禾[④]，耕治老膏田[⑤]，插再生秧。其秧清明时已偕早秧撒布。早秧一日无水即死，此秧历四五两月，任从烈日暵干无忧[⑥]。此一异也。

凡再植稻遇秋多晴，则汲灌与稻相终始。农家勤苦，为春酒之需也。凡稻旬日失水则死期至，幻出旱稻一种，粳而不粘者，即高山可插，又一异也。香稻一种，取其芳气以供贵人，收实甚少，滋益全无，不足尚也。

注释

①秔（jīng）：即粳稻。②社种：社日浸种。古时以立春（农历正月初）、立秋（七月初）之后的第五个戊日为春社、秋社。此处指春社，时在春分之前。③稿：秸秆。④刈（yì）：收割。⑤老膏田：原来的肥沃之田。此指稻茬田。⑥暵（hàn）：干旱。

译文

稻的品种最多。不黏的，禾叫秔稻，米叫粳米；黏的，禾叫稌稻，米叫糯米（南方没有黏黄米，酒都是用糯米酿造的）。一种属于粳稻的晚熟而带黏性的米（俗名叫“婺源光”一类），不能用来酿酒，只能用来煮粥，这又是一个稻种。稻谷外形有长芒、短芒（江南称长芒稻为“浏阳早”，短芒稻为“吉安早”）、长粒、尖粒、圆顶、扁粒等多种不一。其中稻米的颜色有雪白、淡黄、大红、淡紫和杂黑等多种。

浸稻种的日期，最早在春分以前，叫作社种（若遇到天寒，有被冻死而不能生长的），最晚在清明以后。播种时，先用稻草或麦秆包好种子，放在水里浸泡几天，等发芽后再播撒到田里。苗长到一寸多高，就叫作秧。稻秧长到三十天后，即可拔起分栽。如果稻田遇到干旱或者水涝，都不能插秧。育秧期已过而仍不插秧，秧就会变老而拔节，这时即使再插到田里，也只长几粒谷，不会再结更多谷实了。通常一亩秧田所培育的秧苗，可供移栽二十五亩田。

稻秧分栽后，早熟的品种大约七十天就能收割（粳稻有“救公饥”“喉下急”，糯稻有“金包银”等品种。各地的品种叫法多样，难以尽述）。最晚熟的品种要经历整个夏天直到冬天共二百多天才能收割。至于冬季播种，仲夏就能收获的，那是广东南部的稻，因为那里终年没有霜雪。

如果稻田缺水十天，就有干旱之忧。夏种冬收的稻，必须种在有山间水源不断的田里，这种稻生长期较长，土温也低，不能催苗速长。靠近湖边的田地，要等到夏季洪水过后，大约六月份才能插秧。育这种秧的稻种要在立夏时节播种在地势较高的秧田里，以待农时。

南方平原地区，多是一年两栽两熟的。第二次插的秧俗名叫晚糯，不是粳稻之类。六月割完早稻，翻耕稻茬田，再插晚稻秧。晚稻秧在清明就和早稻秧同时播种。早稻秧一天缺水就会死，而晚稻秧经过四、五两月，任凭曝晒和干旱都不怕，这是个奇怪的事。

种晚稻遇到秋季多晴天时，就要经常不断地灌水。农家如此勤苦，是为了酿造春酒的需要。稻缺水十天就会要死掉，于是育出一种旱稻，属于粳稻但不黏，即使在高山上也可插秧，这又是一个奇怪的事。还有一种香稻，由于它有香气，通常专供富贵人家享用。但它产量很低，也没有什么滋补的益处，不值得提倡。

稻宜[1]

凡稻，土脉焦枯则穗、实萧索。勤农粪田，多方以助之。人畜秽遗，榨油枯饼（枯者，以去膏而得名也。胡麻、莱菔子为上[2]，芸苔次之[3]，大眼桐又次之[4]，樟、桕、棉花又次之），草皮木叶，以佐生机，普天之所同也（南方磨绿豆粉者，取溲浆灌田肥甚[5]。豆贱之时，撒黄豆于田，一粒烂土方三寸，得谷之息倍焉）。土性带冷浆者，宜骨灰蘸秧根（凡禽兽骨），石灰淹苗足，向阳暖土不宜也。土脉坚紧者，宜耕垄，叠块压薪而烧之，埴坟、松土不宜也[6]。

注释

①稻宜：种稻的土宜，指土壤改良。②胡麻：即芝麻，又作脂麻，因据说是汉代张骞从西域引进，故称胡麻。莱菔（lái fú）子：别称萝卜籽、菜头籽，十字花科植物萝卜的成熟种子。③芸苔：即“芸薹”，即油菜。④大眼桐：山樗的别称。⑤溲（sōu）浆：发酵的液体。⑥埴坟：黏土。《书·禹贡》：“厥土赤埴坟。”孔传：“土黏曰埴。”

译文

凡是稻子，如果种在地力贫瘠的稻田里，生长出的稻穗、稻粒就会稀疏不饱满。勤劳的农民便多施肥，想尽各种方法助苗成长。人、畜的粪便、榨油的枯饼（因其中油已榨去，故称。其中芝麻籽、萝卜籽榨油后的枯饼最好，油菜籽饼次之，大眼桐枯饼又次之，樟树籽饼、乌桕籽饼、棉花籽饼又次之），还有草皮、树叶，这些都能提高土地肥力，促进水稻生长，普天之下都是这样做的（南方磨绿豆粉时，用溲浆灌田，肥效相当不错。在豆子便宜时，将黄豆撒在稻田里，一粒黄豆腐烂后可肥稻田三寸见方，所得的收益是所耗黄豆成本的两倍）。长年受冷水浸泡的稻田，宜用骨灰点蘸秧根（任意禽、兽骨灰都可以），或以石灰将秧根埋上，但向阳的暖土田便无须如此了。土质坚硬的田，要耕成垄，将硬土块叠起堆放在柴草上烧碎，但黏土和土质疏松的稻田便无须如此。

稻工

凡稻田刈获不再种者，土宜本秋耕垦，使宿稿化烂[①]，敌粪力一倍。或秋旱无水及怠农春耕，则收获损薄也。凡粪田若撒枯浇泽，恐霖雨至，过水来，肥质随漂而去。谨视天时，在老农心计也。凡一耕之后，勤者再耕、三耕，然后施耙[②]，则土质匀碎，而其中膏脉释化也[③]。

凡牛力穷者，两人以杠悬耜[④]，项背相望而起土，两人竟日仅敌一牛之力。若耕后牛穷，制成磨耙，两人肩手磨轧，则一日敌三牛之力也。凡牛，中国惟水、黄两种，水牛力倍于黄。但畜水牛者，冬与土室御寒，夏与池塘浴水，畜养心计亦倍于黄牛也。凡牛春前力耕汗出，切忌雨点，将雨则疾驱入室。候过谷雨，则任从风雨不惧也。

吴郡力田者，以锄代耜，不借牛力。愚见贫农之家，会计牛值与水草之资、窃盗死病之变，不若人力亦便。假如有牛者，供办十亩，无牛用锄，而勤者半之。既已无牛，则秋获之后，田中无复刍牧之患[⑤]，而菽麦麻蔬诸种，纷纷可种。以再获偿半荒之亩，似亦相当也。

凡稻分秧之后数日，旧叶萎黄而更生新叶。青叶既长，则耔可施焉（俗名挞禾）[⑥]。植杖于手，以足扶泥壅根，并屈宿田水草[⑦]，使不生也。凡宿田茵草之类[⑧]，遇耔而屈折。而稊、稗与荼、蓼[⑨]，非足力所可除者，则耘以继之[⑩]。耘者苦在腰手，辨在两眸。非类既去，而嘉谷茂焉。从此泄以防潦，溉以防旱，旬月而“奄观铚刈”矣[⑪]。

注释

①宿稿：旧稻茬。稿：谷类植物的茎秆。②耙：把土块弄碎的农具。③膏脉：肥沃的土壤。此指土中肥质。④耜：翻土农具。此指犁铧。⑤刍（chú）：喂牲畜的草。⑥耔：即壅根，在植物根上的培土。⑦屈：通“曲”，此指使水草弯曲。⑧茵（wǎng）：田间杂草，亦称水稗子。⑨稊（tí）：形似稗草的杂草。稗（bài）：稻田主要杂草，与谷形似。荼：菊科苦菜。蓼：蓼科田间杂草。⑩耘：用手除草。⑪奄观铚刈：语出《诗经·周颂·臣工》，意谓同去观看开镰收割。铚（zhì）：古代一种短镰刀。

译文

凡是收割后不再种植的稻田，应该在当年秋季翻耕、开垦，使旧稻茬腐烂在稻田里，这样所取得的肥效将是粪肥的一倍。如果秋天干旱无水，或是懒散的农家误了农时，到来年春天才翻耕，最终的收获就会减少。如果撒枯饼或浇粪水在田里施肥，就怕碰上连绵大雨，雨水一冲，肥质就会随水漂走。密切注意天气变化，就要靠老农的智慧了。稻田耕过一遍之后，有些勤快的农民还要耕上第二遍、第三遍，然后再耙地碎土，使土质匀碎，而其中的肥分自会均匀散开。

有的农户家中没有耕牛，就两个人以木杠悬着犁铧，一前一后拉犁翻耕，两个人辛苦干一整天，才能抵得上一头牛的劳动效率。如果犁耕后无牛可驱使，就做个磨耙，两人用肩和手拉着耙碎土，这样辛苦干一整天相当于三头牛的劳动效率。我国中原地区只有水牛、黄牛两种，其中水牛力气要比黄牛大一倍。但是养水牛，冬季需要有土屋来御寒，夏天还要放到池塘中浴水，养水牛所花费的心力，也要比黄牛多一倍。牛在春分之前用力耕地会出汗，切忌让牛淋雨，将要下雨时就赶紧将牛赶进室内。等到过了谷雨之后，任凭风吹雨淋也不怕了。

苏州一带耕田的农民，用铁锄代替犁，因此不用耕牛。依我愚见，贫苦的农户，如果合计一下购买耕牛的本钱和水草饲料的费用，以及牛被盗、生病、死亡等意外损失，还不如用人力划算些。假如有牛的农户能耕种十亩田，没有牛而用铁锄辛勤耕作的农户也能耕种五亩田。既然无牛，那么秋收之后，也就无须考虑在田里种饲草、放牧这些麻烦事儿，而豆、麦、麻、蔬菜等作物尽可种植。这样，用第二次的收获来补偿少耕种五亩地的损失，似乎也与有牛的人家得失相当。

水稻插秧后数日，旧叶便枯黄而长出新叶来。新叶长出后，就可以耔田了（俗名叫作“挞禾”）。手里把着木棍，用脚把泥培在稻禾根上，并且把原来田里的小杂草踩弯，使它不能生长。稻田里的水稗子草之类的杂草，可以在耔田用脚踩折。但稊草、稗草与苦菜、水蓼等杂草却不是用脚力就能除掉的，必须紧接着用手来耘。耘田的人腰和手会比较辛苦，而分辨稻禾和稗草则要靠双眼。杂草除尽，禾苗就会长得很茂盛。此后，还要排水防涝，灌溉防旱，一两个月后，就要准备开镰收割了。

稻灾

凡旱稻种，秋初收藏，当午晒时烈日火气在内，入仓廪中关闭太急，则其谷粘带暑气（勤农之家偏受此患）。明年，田有粪肥，土脉发烧，东南风助暖，则尽发炎火，大坏苗穗，此一灾也。若种谷晚凉入廪，或冬至数九天收贮雪水、冰水一瓮（交春即不验），清明湿种时，每石以数碗激洒，立解暑气，则任从东南风暖，而此苗清秀异常矣（祟在种内[1]，反怨鬼神）。

凡稻撒种时，或水浮数寸，其谷未即沉下，骤发狂风，堆积一隅，此二灾也。谨视风定而后撒，则沉匀成秧矣。凡谷种生秧之后，防雀聚食，此三灾也。立标飘扬鹰俑，则雀可驱矣。凡秧沉脚未定，阴雨连绵，则损折过半，此四灾也。邀天晴霁三日[2]，则粒粒皆生矣。凡苗既函之后，亩土肥泽连发，南风熏热，函内生虫（形似蚕茧）[3]，此五灾也。邀天遇西风雨一阵，则虫化而谷生矣。

凡苗吐穑之后[4]，暮夜“鬼火”游烧[5]，此六灾也。此火乃朽木腹中放出。凡木母火子[6]，子藏母腹，母身未坏，子性千秋不灭。每逢多雨之年，孤野坟墓多被狐狸穿塌，其中棺板为水浸，朽烂之极，所谓母质坏也，火子无附，脱母飞扬。然阴火不见阳光，直待日没黄昏，此火冲隙而出，其力不能上腾，飘游不定，数尺而止。凡禾、穑叶遇之立刻焦炎。逐火之人见他处树根放光，以为鬼也，奋梃击之，反有“鬼变枯柴”之说。不知向来鬼火见灯光而已化矣（凡火未经人间传灯者[7]，总属阴火，故见灯即灭）。

凡苗自函活以至颖栗[8]，早者食水三斗，晚者食水五斗，失水即枯（将刈之时少水一升，谷数虽存，米粒缩小，入碾、臼中亦多断碎），此七灾也。汲灌之智，人巧已无余矣。凡稻成熟之时，遇狂风吹粒殒落；或阴雨竟旬，谷粒沾湿自烂，此八灾也。然风灾不越三十里，阴雨灾不越三百里，偏方厄难亦不广被[9]。风落不可为。若贫困之家，苦于无霁，将湿谷升于锅内，燃薪其下，炸去糠膜，收炒糗以充饥[10]，亦补助造化之一端矣。

注释

①祟：迷信说法指鬼怪。此指形成灾害的根源。②邀天：期盼上天。③函：此指刚生出尚未展开的新叶。④吐穑：抽穗。⑤鬼火：实为磷火。⑥木母火子：宋应星按古代五行相生说，以为火生于木，故木为母，火为子。⑦未经人间传灯者：古时日常用火，多靠保存火种，日日相传，或从人家借火。⑧颖栗：生成稻穗并形成稻粒。⑨偏方：一方，局部区域。⑩炒糗（qiǔ）：作为干粮的炒米。

译文

早稻种子在初秋时收藏，如果正午在烈日下曝晒，稻种内含有火气，收入仓库又急忙关闭仓门，则稻种就会沾带着暑气（勤快的农家反偏受此害）。次年播种，田里的粪肥发酵使土壤温度升高，再加上东南风带来的暖热气息，整片稻禾就会如同受到火烧一样发灾，这会给苗穗造成很大的损害，这是稻子的第一种灾害。如果稻种在晚上凉了以后再入仓，或在冬至后的数九寒天时节收藏一缸雪水、冰水（立春之后就无效了），到来年清明浸种的时候，每石稻种激洒几碗，暑气就能够立刻消除，播种后任凭东南暖风再吹，禾苗也长得清秀异常（这种灾害的症结在稻种内部，无知的人却埋怨鬼神作怪）。

播撒稻种时，如果田里水深数寸，稻种没有来得及沉下，突然刮起狂风，把稻种吹走并堆积在一个角落，这是第二种灾害。注意风势，待风定后再撒种，这样稻种就能均匀下沉并育成秧苗。稻种长出秧苗之后，就怕雀鸟飞来啄食，这是第三种灾害。在田里竖立一根杆子，上面悬挂些假鹰随风飘扬，就可驱赶雀鸟了。移栽的稻秧还没有完全扎根的时候，遇上阴雨连绵的天气，就会损坏大半，这是第四种灾害。要是遇到天晴三日，秧苗就能全部成活了。秧苗返青长出新叶之后，土里肥力不断散发，加上南风带来的热气熏蒸，稻叶上就会生虫（形状像蚕茧），这是第五种灾害。这时盼望老天来一场西风阵雨，害虫就会死亡，稻谷就能正常生长了。

禾稻抽穗后，夜晚“鬼火”四处飘游烧焦禾稻，这是第六种灾害。“鬼火”是从腐烂的木头中散放出来的。木与火如同母与子，火藏于木中，木不坏，火便在其中永不消失。每逢多雨的年份，荒野中的坟墓多被狐狸挖穿而塌陷，其中棺板被浸透而腐烂，这就是所谓母体坏了，火子失去依附，于是离开母体而四处飞扬。但阴火是见不得阳光的，直到黄昏太阳落山以后，这种鬼火才从坟墓的缝隙里冲出，又无力上升，于是在数尺范围内飘游不定。禾叶和稻穗一旦遇到此火便立刻被烧焦。驱逐“鬼火”的人，一看见别处树根放光，以为是鬼，便举起棍棒用力去打，反而有“鬼变枯柴”之说。但不知历来鬼火见灯光即灭（不是由人点灯、燃薪发出的火，没有经过人们灯火传燃的都属于阴火，所以一见到灯光就会熄灭）。

秧苗自返青生叶到抽穗结实，早稻每蔸需水量三斗，晚稻每蔸需水量五斗，没有水就会枯死（快要收割时如果缺水一升，谷粒数目虽然还是那么多，但米粒会变小，用碾或臼加工的时候，也会多有破碎），这是第七种灾害。在引水灌溉方面，人们的聪明才智已经得到充分的发挥。稻子成熟的时候，如果遇到刮狂风，稻粒就会被吹落；如果遇上连续十来天的阴雨天气，谷粒就会沾湿腐烂，这是第八种灾害。但是风灾的范围一般不超过三十里，阴雨成灾的范围一般也不会超过三百里，这都只是局部地区的灾害，不会涉及很广。谷粒被风吹落这是没有办法的。如果贫苦的农家苦于阴雨，可将湿稻谷放入锅里，锅下点火，爆去糠壳，做炒米饭来充饥，这也是补救自然灾害的一种办法。

水利

凡稻防旱借水，独甚五谷。厥土沙、泥、硗、腻[①]，随方不一。有三日即干者，有半月后干者。天泽不降，则人力挽水以济。凡河滨有制筒车者，堰陂障流，绕于车下，激轮使转，挽水入筒，一一倾于枧内[②]，流入亩中。昼夜不息，百亩无忧（不用水时，拴木碍止，使轮不转动）。其湖池不流水，或以牛力转盘，或聚数人踏转。车身长者二丈，短者半之。其内用龙骨拴串板，关水逆流而上。大抵一人竟日之力，灌田五亩，而牛则倍之。

其浅池、小浍[③]不载长车者，则数尺之车，一人两手疾转，竟日之功可灌二亩而已。扬郡以风帆数扇[④]，俟风转车，风息则止。此车为救潦，欲去泽水以便栽种。盖去水非取水也，不适济旱。用桔槔、辘轳[⑤]，功劳又甚细已。

牛车

踏车

注释

①硗（qiāo）：指土地坚硬而不肥沃。②枧（jiǎn）：水槽。③浍（kuài）：水沟。④扬郡：今江苏扬州地区。⑤桔槔（jié gāo）、辘轳（lù lu）：皆为汲水工具。

译文

五谷之中，水稻最需要防旱。稻田的土质有沙土、泥土、瘦土、肥土的差别，各地情况都不一样。有的稻田不灌水三天就干涸，也有半个月以后才干涸的。如果天不降雨，就要靠人力引水浇灌来补救。靠近河边的农家有造筒车的，先筑坝拦水，让水流绕过筒车的下部，冲激筒车的水轮旋转，再将水引入筒内，各个筒内的水分别倒进引水槽，再流进田里。这样昼夜不停地引水，浇灌百亩稻田不成问题（不用水时，用木头卡住水轮，不让水轮转动）。在没有流水的湖边、池塘边，有的农家用牛力牵动转盘，转盘再带动水车引水。也可以由数人踩踏来转动水车。水车车身长的达两丈，短的也有一丈，水车内用龙骨拴一串串木板，带水逆行向上，再流入田里。一人用水车干一整天，大概能灌田五亩，用牛的话效率可提高一倍。

浅水池和小水沟安放不下长水车，则用数尺长的扒车，一个人用两手握住摇柄迅速转动，一整日仅能灌溉两亩。扬州一带使用数扇风帆，以风力带动水车，刮风时水车旋转，风停止水车停息。这种车专为排涝使用，排除积水以便于栽种。因为它是用来排涝而不是用于取水灌溉的，所以并不适于抗旱。至于用桔槔和辘轳取水，那工效就更低了。

麦

凡麦有数种。小麦曰来，麦之长也；大麦曰牟、曰穬；杂麦曰雀、曰荞，皆以播种同时、花形相似、粉食同功而得麦名也。四海之内，燕、秦、晋、豫、齐、鲁诸道，烝民粒食[①]，小麦居半，而黍、稷、稻、粱仅居半。西极川、云，东至闽、浙、吴、楚腹焉，方长六千里中种小麦者，二十分而一。磨面以为捻头、环饵、馒首、汤料之需[②]，而饔飧不及焉[③]。种余麦者五十分而一，闾阎作苦以充朝膳[④]，而贵介不与焉[⑤]。

穬麦独产陕西，一名青稞，即大麦，随土而变。而皮成青黑色者，秦人专以饲马，饥荒，人乃食之（大麦亦有粘者，河洛用以酿酒）。雀麦细穗，穗中又分十数细子，间亦野生。荞麦实非麦类[⑥]，然以其为粉疗饥，传名为麦，则麦之而已。

凡北方小麦，历四时之气，自秋播种，明年初夏方收。南方者种与收期时日差短。江南麦花夜发，江北麦花昼发，亦一异也。大麦种获期与小麦相同，荞麦则秋半下种，不两月而即收。其苗遇霜即杀，邀天降霜迟迟，则有收矣。

注释

①烝民：众民。②捻头、环饵、馒首、汤料：大致相当于今天的花卷、面饼、馒头及汤面之类。③饔飧（yōng sūn）：早饭和晚饭，指主食正餐。④闾阎（lǘ yán）作苦：在市井百姓中做苦力的人。⑤贵介：富贵之家。⑥荞麦实非麦类：在现代的植物分科中，麦为禾本科，而荞麦属蓼科。

译文

麦有很多品种。小麦叫“来”，是麦中最主要的品种；大麦叫“牟”或“穬”；杂麦叫“雀”或“荞”。这些麦都是同一时间播种，花的形状相似，又都是磨成面粉食用的，所以都称为麦。四海之内，河北、陕西、山西、河南、山东各省居民口粮中，小麦占了一半，而黍子、小米、稻子、高粱等加起来总共只占一半。西至四川、云南，东至福建、浙江、江苏及中部的楚地（今湖北、湖南及安徽、江西一带），方圆六千里的地区，种小麦的占二十分之一。将小麦磨成面粉用来做花卷、饼糕、馒头和汤面等食用，但不作正餐。种其他麦类的，只有五十分之一，民间贫苦百姓用作早饭，富贵人家是不吃的。

穬麦只产在陕西一带，一名青稞，即大麦，随土质不同而有变种。外皮青黑色的，陕西人专用于喂马，只有在饥荒的时候人们才吃它（大麦也有带黏性的，黄河、洛水地区的人们用来酿酒）。雀麦的麦穗比较细小，每个麦穗又分十几个小穗，这种麦偶尔也有野生的。至于荞麦，它实际上并不是麦类，然而因为人们将其磨成面粉充饥，传称为麦，也姑且算是麦类吧。

北方的小麦，经历秋、冬、春、夏四季的气候变化，秋天播种，来年初夏才收割。南方的小麦，从播种到收割的时间相对短一些。江南麦子晚间开花，江北麦子白天开花，这也算一件奇事。大麦的播种和收割的日期与小麦相同。荞麦则在中秋时播种，不到两个月就可以收割了。荞麦苗遇霜就会冻死，所以希望得天时，霜降得晚些，荞麦就能丰收了。

麦工

凡麦与稻，初耕、垦土则同，播种以后则耘、耔诸勤苦皆属稻，麦惟施耨[①]而已。凡北方厥土坟垆易解释者[②]，种麦之法耕具差异，耕即兼种。其服牛起土者，耒不用耕[③]，并列两铁于横木之上，其具方语曰耩[④]。耩中间盛一小斗，贮麦种于内，其斗底空梅花眼。牛行摇动，种子即从眼中撒下。欲密而多，则鞭牛疾走，子撒必多；欲稀而少，则缓其牛，撒种即少。既播种后，用驴驾两小石团压土埋麦。凡麦种紧压方生。南地不与北同者，多耕多耙之后，然后以灰拌种，手指拈而种之。种过之后，随以脚跟压土使紧，以代北方驴石也。

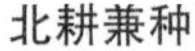
北耕兼种

北盖种

耕种之后，勤议耨锄。凡耨草用阔面大镈[⑤]。麦苗生后，耨不厌勤(有三过四过者)。余草生机尽诛锄下，则竟亩精华尽聚嘉实矣。功勤易耨，南与北同也。凡粪麦田，既种以后，粪无可施，为计在先也。陕洛之间忧虫蚀者，或以砒霜拌种子[⑥]，南方所用惟炊烬也[⑦]（俗名地灰）。南方稻田有种肥田麦者，不冀麦实。当春小麦、大麦青青之时，耕杀田中，蒸罨土性，秋收稻谷必加倍也。

凡麦收空隙，可再种他物。自初夏至季秋，时日亦半载，择土宜而为之，惟人所取也。南方大麦有既刈之后乃种迟生粳稻者。勤农作苦，明赐无不及也。凡荞麦，南方必刈稻，北方必刈菽、稷而后种。其性稍吸肥腴，能使土瘦。然计其获入，业偿半谷有余，勤农之家何妨再粪也。

注释

①耨（nòu）：古代锄草工具。②厥：其。坟垆：本指高起的黑色硬土。此指松土。③耕：或作“耜”，指犁头。④耩（jiǎng）：北方播种兼翻土的农具，又叫耧。单耕叫耩地，兼播则叫摇耧。⑤镈（bó）：古代锄草工具。⑥砒霜：剧烈的杀虫鼠药剂。⑦炊烬：即灶中草木灰。

译文

在耕地、翻土上，麦田与稻田的工序相同，但播种以后，稻田要勤于拔草、壅根，麦田则只要锄草就可以了。北方土质疏松，易于分解，种麦的方法和所用耕具与种稻有所不同，耕和种是同时进行的。驱牛翻土，不装犁头，而是用横木插上两个并排的尖铁，当地人称为耩。耩中间装个小斗，斗内盛麦种，斗底钻些梅花眼。牛走时摇动斗，种子就从眼中撒下。如想要种得又密又多，就赶牛快走，种子就撒得多；如要稀些少些，就赶牛慢走，撒种就少。播种后，用驴拖两个小石磙压土埋麦种。麦种必须压紧方能成活。南方土质与北方不同，麦田必须经过多次耕耙，再用草木灰拌种，用手抓着种子点播。播种后，随即用脚跟把土踩紧，代替北方用驴拉石磙子压土。

播种后要勤于锄草。锄草要用宽面大锄。麦苗生出来后，锄得越勤越好（有锄三四次的）。杂草锄尽，田里的全部肥分就都用来结成饱满的麦粒了。功夫勤，草就容易除净，这点南方和北方是一样的。麦田在播种后就不必施肥了，应当在播种前预先施足基肥。陕西洛水地区怕害虫蛀蚀麦种，有用砒霜拌种的，南方则只用草木灰（俗称地灰）拌种。南方稻田有种麦子来肥田的，并不指望收获麦粒，而是当春天小麦、大麦长得青绿时，将其耕翻压死在田里，作绿肥来改良土壤，秋收时稻谷的产量必定能倍增。

麦收后的空隙，可以再种其他作物。从初夏到秋末，有近半年时间，完全可以因地制宜地选种其他作物，由人决定。南方有在大麦收割后再种晚熟粳稻的。农民的辛勤劳动，总会得到酬报。至于荞麦，南方在收割完稻后，北方在割完豆、稷后才播种，因为荞麦的特性是吸收肥料较多，会使土壤变瘦。然而要是算计一下种荞麦的收入，足以抵偿原来收获的谷物的一半有余，勤劳的农家又何妨再施些肥呢！

麦灾

凡麦妨患抵稻三分之一。播种以后，雪、霜、晴、潦皆非所计。麦性食水甚少，北土中春再沐雨水一升，则秀华成嘉粒矣。荆、扬以南唯患霉雨[①]。倘成熟之时晴干旬日，则仓禀皆盈，不可胜食。扬州谚云“寸麦不怕尺水”，谓麦初长时，任水灭顶无伤；“尺麦只怕寸水”，谓成熟时寸水软根，倒茎沾泥，则麦粒尽烂于地面也。

江南有雀一种，有肉无骨[②]，飞食麦田数盈千万，然不广及，罹害者数十里而止。江北蝗生，则大祲之岁也[③]。

注释

①荆、扬以南：泛指长江流域及以南地区。②有肉无骨：指雀肥，并非真无骨。③大祲：大灾。

译文

麦所受灾害只有稻的三分之一。播种以后，雪、霜、旱、涝都不必顾虑。麦的特性是需水很少，北方在仲春时只要有一场能浇透地的大雨，麦子就能开花并结出饱满的麦粒了。荆州、扬州以南地区，最怕的就是梅雨天气。如果在麦子成熟期内连晴十来天，就会麦粒满仓，吃也吃不完了。扬州有谚语说“寸麦不怕尺水”，这是说麦子生长初期，就算水淹灭顶也无妨；所谓“尺麦只怕寸水”，这是说麦子成熟期内，一寸深的水就能把麦根泡软，麦秆倒伏在田里沾泥，麦粒也就都烂在地里了。

江南有一种雀，有肉无骨，成千上万地飞到麦田啄食麦子，但为害的范围不广，受害地区不过方圆几十里。可是江北地区一旦出现蝗虫，便是大灾之年了。

黍、稷、粱、粟

凡粮食，米而不粉者种类甚多。相去数百里，则色、味、形、质随方而变，大同小异，千百其名。北人唯以“大米”呼粳稻，而其余概以“小米”名之。凡黍与稷同类，粱与粟同类[①]。黍有粘有不粘（粘者为酒），稷有粳无粘。凡粘黍、粘粟统名曰秫，非二种外更有秫也。黍色赤、白、黄、黑皆有，而或专以黑色为稷，未是。至以稷米为先他谷熟，堪供祭祀，则当以早熟者为稷，则近之矣。

凡黍在《诗》《书》，有虋、芑、秬、秠等名[②]，在今方语有牛毛、燕颔、马革、驴皮、稻尾等名。种以三月为上时，五月熟；四月为中时，七月熟；五月为下时，八月熟。扬花结穗总与来、牟不相见也。凡黍粒大小，总视土地肥硗、时令害育。宋儒拘定以某方黍定律[③]，未是也。

凡粟与粱统名黄米。粘粟可为酒。而芦粟一种[④]，名曰高粱者，以其身高七尺如芦、荻也。粱、粟种类名号之多，视黍稷犹甚，其命名或因姓氏、山水，或以形似、时令，总之不可枚举。山东人唯以谷子呼之，并不知粱粟之名也。

已上四米皆春种秋获，耕耨之法与来、牟同，而种收之候则相悬绝云。

注释

①黍与稷同类，粱与粟同类：黍又称黍子、糜子，禾本科黍属，黏者曰黍，同种的另一变种为不黏者，称为穄，古时也称稷。粱即谷子，北方叫小米，没有黏性，是粟的一种，禾本科狗尾草属。②虋（mén）、芑、秬、秠：《尔雅·释草》：“虋，赤苗也。”郭璞注：“今之赤粱粟。”《尔雅》又称：“芑（qǐ），白苗也。”郭璞注：“今之白粱粟。”又《诗经·大雅·生民》：“维秬（jù）维秠（pī）。”据孔颖达疏，秬、秠是黑粟中的两种。③宋儒拘定以某方黍定律：《宋史·律历志》载宋仁宗时定百黍排列之长为一尺，不久因黍粒参差不齐而作罢。又以 2400 粒黍之重为一两，以山西上党黍粒为准。④芦粟：又称蜀黍，即禾本科高粱。

译文

粮食作物之中，碾成粒而不磨成粉的，有很多种类。相距仅几百里，这些粮食的颜色、味道、形状和品质便因地而变，虽然大同小异，但名称却成百上千。北方人只将粳稻称作大米，其余的都称作小米。黍与稷同属一类，粱与粟又属同一类。黍也有黏的，也有不黏的（黏的可以酿酒）。稷只有不黏的，没有黏的。黏黍、黏粟统称为秫，除了这两种以外，还另有叫秫的作物。黍有红、白、黄、黑等色，有人专把黑黍称为稷，这是不正确的。至于说因为稷米比其他谷类早熟，可供作祭祀，因此把早熟的黍称作稷，这个说法还差不多。

在《诗经》《尚书》记载中，黍有虋、芑、秬、秠等名称，现在的方言中也有牛毛、燕领、马革、驴皮、稻尾等名称。黍最早的在三月播种，五月成熟；其次是在四月播种，七月成熟；最晚的在五月播种，八月成熟。其开花和结穗的时间总与大麦、小麦不同。黍粒的大小视土地肥瘦、时令好坏而定。宋朝的儒生刻板地以某一地区的黍粒作为度量衡的标准，这是错误的。

粟与粱统称黄米，其中黏粟可酿酒。另有一种芦粟，名叫高粱，因为其茎秆高达七尺，很像芦、荻。粱、粟的种类、名称比黍、稷还要多，其命名或依据姓氏、山川，或根据形状、时令，名称不胜枚举。山东人统称为谷子，而不知粱、粟之名。

以上四种粮食都是春种秋收，其耕锄方法与大麦、小麦相同，但播种和收割的时间，就和麦子相差悬殊了。

麻

凡麻可粒可油者，惟火麻、胡麻二种[①]。胡麻即脂麻，相传西汉始自大宛来[②]。古者以麻为五谷之一，若专以火麻当之，义岂有当哉？窃意《诗》、《书》五谷之麻，或其种已灭，或即菽、粟之中别种，而渐讹其名号，皆未可知也。

今胡麻味美而功高，即以冠百谷不为过。火麻子粒压油无多，皮为疏恶布，其值几何？胡麻数龠充肠[③]，移时不馁。粔饵、饴饧得粘其粒[④]，味高而品贵。其为油也，发得之而泽，腹得之而膏，腥膻得之而芳，毒厉得之而解[5]。农家能广种，厚实可胜言哉。

种胡麻法，或治畦圃，或垄田亩。土碎、草净之极，然后以地灰微湿，拌匀麻子而撒种之。早者三月种，迟者不出大暑前。早种者花实亦待中秋乃结。耨草之功唯锄是视。其色有黑、白、赤三者。其结角长寸许，有四棱者房小而子少，八棱者房大而子多。皆因肥瘠所致，非种性也。收子榨油每石得四十斤余，其枯用以肥田。若饥荒之年，则留供人食。

注释

①火麻：即大麻，中国原产桑科大麻。②大宛：汉朝时西域小国。北宋沈括《梦溪笔谈》卷二十六载："胡麻直是今油麻……张骞始自大宛得油麻之种……"但二十世纪六十年代，在浙江吴兴的钱山漾新石器时代遗址中出土了芝麻。③龠（yuè）：古代容量单位，二龠为合，十合为升。④粔（jù）饵：米糕。饴饧：指甜食。⑤毒厉：恶疮。厉：古同"癞"。

译文

麻类中既可作粮食又可作油料的，只有大麻和芝麻两种。芝麻就是脂麻，据说是西汉时期才从中亚的大宛国传入的。古时把麻列为五谷之一，如果是专指大麻，难道是恰当的吗？我私下以为，古代《诗经》《尚书》中所说五谷中的麻，或者已经绝种了，或者就是豆、粟中的别种，名称逐渐以讹传讹，亦未可知。

现在的芝麻，味道好，用途大，即使将其列为百谷首位也不过分。大麻子出油不多，将麻皮织成粗麻布，能有多大价值？芝麻只要有少量进肚，很久都不会饿。糕饼、糖果上粘点芝麻，味道好品相好 。芝麻榨了油，抹在头发上会使头发光泽发亮，吃到肚里则增加滋养，放在膻腥食物里会发出香味，涂在毒疮上能解毒。农家如果能多种些芝麻，那好处是说不尽的。

种芝麻的方法，或在田里作畦，或者培土垄。把土块尽可能地打碎并把杂草清除，然后将草木灰稍微湿润一下，与芝麻种子拌匀，播撒在田里。早种的芝麻在三月下种，晚种的芝麻要在大暑前。早种的芝麻也要到中秋才能开花结实。除草全靠用锄。其色有黑、白、红三种。所结的蒴果长约一寸，呈四棱形的房小而粒少，八棱的房大而粒多，这都是由土地的肥瘠决定的，与品种的特性无关。芝麻收子榨油，每石可得油四十多斤，其枯饼用来肥田。如遇灾荒之年，就留给人吃。

菽

凡菽种类之多，与稻、黍相等，播种、收获之期，四季相承。果腹之功在人日用，盖与饮食相终始。

一种大豆，有黑、黄两色，下种不出清明前后。黄者有五月黄、六月爆、冬黄三种。五月黄收粒少，而冬黄必倍之。黑者刻期八月收。淮北长征骡马必食黑豆，筋力乃强。

凡大豆视土地肥硗、耨草勤怠、雨露足悭，分收入多少。凡为豉、为酱、为腐，皆于大豆中取质焉。江南又有高脚黄，六月刈早稻方再种，九、十月收获。江西吉郡种法甚妙，其刈稻田竟不耕垦，每禾稿头中拈豆三、四粒[①]，以指扱之，其稿凝露水以滋豆，豆性充发[②]，复浸烂稿根以滋。已生苗之后，遇无雨亢干，则汲水一升以灌之。一灌之后，再耨之余，收获甚多。凡大豆入土未出芽时，防鸠雀害，驱之惟人。

一种绿豆，圆小如珠。绿豆必小暑方种，未及小暑而种，则其苗蔓延数尺，结荚甚稀。若过期至于处暑，则随时开花结荚，颗粒亦少。豆种亦有二，一曰摘绿，荚先老者先摘，人逐日而取之。一曰拔绿，则至期老足，竟亩拔取也。凡绿豆磨澄晒干为粉，荡片搓索，食家珍贵。做粉溲浆灌田甚肥。凡畜藏绿豆种子，或用地灰石灰，或用马蓼[③]，或用黄土拌收，则四五月间不愁空蛀。勤者逢晴频晒，亦免蛀。

凡已刈稻田，夏秋种绿豆，必长接斧柄，击碎土块，发生乃多。凡种绿豆，一日之内，遇大雨扳土则不复生。既生之后，防雨水浸，疏沟浍以泄之。凡耕绿豆及大豆田地，耒耜欲浅，不宜深入。盖豆质根短而苗直，耕土既深，土块曲压，则不生者半矣。"深耕"二字不可施之菽类，此先农之所未发者[④]。

一种豌豆，此豆有黑斑点，形圆同绿豆，而大则过之。其种十月下，来年五月收。凡树木叶迟者[⑤]，其下亦可种。

一种蚕豆，其荚似蚕形，豆粒大于大豆。八月下种，来年四月收。西浙桑树之下遍繁种之。盖凡物树叶遮露则不生，此豆与豌豆，树叶茂时彼已结荚而成实矣。襄、汉上流，此豆甚多而贱，果腹之功不啻黍稷也。

一种小豆，赤小豆入药有奇功，白小豆（一名饭豆）当餐助嘉谷。夏至下种，九月收获，种盛江淮之间。

一种稆豆，此豆古者野生田间，今则北土盛种。成粉荡皮可敌绿豆。

燕京负贩者，终朝呼稆豆皮，则其产必多矣。

一种白藊豆，乃沿篱蔓生者，一名蛾眉豆。

其他豇豆、虎斑豆、刀豆，与大豆中分青皮、褐色之类，间繁一方者，犹不能尽述。皆充蔬代谷，以粒烝民者，博物者其可忽诸！

注释

①禾稿：指收割后的稻茬。②充发：为水所泡而充涨。③马蓼：蓼科的马蓼，其子实可入药。④先农之所未发者：北魏·贾思勰《齐民要术·大豆第六》引西汉人氾胜之的《氾胜之书》已提及“大豆……戴甲而生，不用深耕。”⑤树木叶迟：指树木春天生也迟，秋冬落叶亦晚。

译文

豆子的种类与稻、黍一样繁多，播种和收获的时间，在一年四季中接连不断。作为日常生活的食物，豆类的功用是与饮食分不开的。

有一种大豆，分黑色和黄色两种，播种期都在清明节前后。黄豆有“五月黄”“六月爆”和“冬黄”三种。五月黄产量低，冬黄则要比它多一倍。黑豆要到八月才能收获。淮北地区长途运载货物的骡马，一定要吃黑豆才能筋强力壮。

大豆收获的多少，视土地的肥瘠、锄草的勤惰、雨水的多少而定。豆豉、豆酱和豆腐，都以大豆为原料。江南还有一种叫作“高脚黄”的大豆，等到六月割了早稻时才种，九月、十月收获。江西吉安一带大豆的种法十分巧妙，收割后的稻茬田不再耕垦，直接在每蔸稻茬中用手指捅进三四粒豆种。稻茬所凝聚的露水滋润着豆种，豆子发芽后，又用浸烂的稻根来滋养。豆子出苗后，遇到干旱无雨，每蔸需浇灌约一升水。浇水以后，再将杂草除去，收获必多。大豆播种后没发芽的时候，要避免鸠雀为害，只有靠人去驱赶。

有一种绿豆，圆小如珠。绿豆必须在小暑时才能播种，不到小暑就种，则其苗秧会蔓延数尺，结的豆荚非常稀少。如果过了小暑甚至到了处暑时才播种，则会随时开花结荚，豆粒亦少。绿豆也有两个品种，一种叫作“摘绿”，其豆荚先老的先摘，人们每天都要摘取。另一种叫作“拔绿”，要等全部熟透后再整块地拔取。将绿豆磨成粉浆，澄去浆水，晒干成绿豆粉，再做成粉皮、粉条，都是珍贵的食品。做绿豆粉剩下的溲浆可用来浇灌田地，肥效很高。储藏绿豆种子，或用草木灰、石灰，或用马蓼，或用黄土和种子拌收，这样四五月间不愁蛀空。勤快的农家遇到晴天经常晒一晒，也可以避免虫蛀。

夏、秋两季在收割后的稻田里种绿豆，必须用长的斧柄将土块打碎，这样出苗才多。绿豆播种后，如果在当天遇上大雨，土壤板结，就长不出豆苗了。绿豆出苗以后，要防止雨水浸泡，疏通垄沟排水。种绿豆和大豆田地，耕地要浅，不宜太深。因为豆类根短苗直，耕土过深的话，豆芽就会被土块压弯，起码会有一半长不出苗来。因此“深耕”并不适用于豆类，这是先农们所不曾提到过的。

有一种豌豆，豆粒上有黑斑点，形状圆圆的如同绿豆，但又比绿豆大。十月播种，来年五月收获。在落叶晚的树下也可以种植。

有一种蚕豆，它的豆荚似蚕形，豆粒比大豆要大。八月播种，来年四月收获。浙江西部地区在桑树下普遍种植。大凡作物被树叶遮盖都长不好，但蚕豆和豌豆在树叶茂盛时就已经结荚长成豆粒了。襄河、汉水上游产蚕豆多且价格便宜，作为粮食的功用不次于黍、稷。

小豆有赤小豆，入药有奇效，白小豆（一名饭豆）是掺在米饭里吃的好东西。小豆夏至时播种，九月收获，大量种植于长江、淮河之间的地区。

有一种稆豆，古时野生在田里，现在北方已经大量种植。磨成粉作粉皮可抵得上绿豆。北京的小商贩整天叫卖“稆豆皮”，可见它的产量一定是很多的。

有一种白藊豆，是沿着篱笆而蔓生的，也叫蛾眉豆。

其他如豇豆、虎斑豆、刀豆以及大豆中的青皮、褐皮等品种，仅在某一地区种植，就不能一一详尽叙述了。这些豆类都可充作蔬菜或代替粮食供百姓食用，博物学者怎么能忽视它们呢！

乃服第二[①]

宋子曰：人为万物之灵，五官百体，赅而存焉[②]。贵者垂衣裳[③]，煌煌山龙[④]，以治天下。贱者短褐、枲裳[⑤]，冬以御寒，夏以蔽体，以自别于禽兽。是故其质则造物之所具也。属草木者，为枲、麻、苘、葛[⑥]，属禽兽与昆虫者，为裘、褐、丝、绵。各载其半，而裳服充焉矣。

天孙机杼[⑦]，传巧人间。从本质而见花，因绣濯而得锦。乃杼柚遍天下[⑧]，而得见花机之巧者，能几人哉？“治乱”“经纶”字义[⑨]，学者童而习之，而终身不见其形象，岂非缺憾也！先列饲蚕之法，以知丝源之所自。盖人物相丽，贵贱有章，天实为之矣[⑩]。

注释

①乃服：汉·韩婴《韩诗外传》：“于是黄帝乃服黄衣。”梁·周兴嗣《千字文》：“乃服衣裳。”乃服，此指衣服。②赅：完备。③垂衣裳：《周易·系辞》：“黄帝、尧、舜垂衣裳而天下治。”注：垂衣裳以辨贵贱。④煌煌：鲜明貌。山龙：绘绣在衣裳上的图案。《尚书·虞书·益稷》：“予欲观古人之象，日、月、星辰、山、龙、华虫。”⑤短褐：古时穷人穿的短粗毛衣。枲（xǐ）裳：麻织的粗衣。枲：大麻的雄株，只开雄花，不结果实。⑥苘（qǐng）：锦葵科苘麻，俗称青麻。葛：豆科葛属，藤本，茎皮纤维可织葛布。⑦天孙：天上的织女。《史记·天官书》：“织女，天女孙也。”机杼：织机与梭。⑧杼柚：都是织机上的梭子，一纬一经。《诗·小雅·大东》：“杼柚其空。”朱熹《诗集传》：杼，持纬者；柚，受经者。⑨“治乱”“经纶”字义：治乱、经纶，人们皆用作治国的名词，其实这两组词全是由织布、治丝演变而来。⑩贵贱有章，天实为之：人有贵贱，是天经地义，即以所穿衣服的等级而言，老天就生有丝、麻，以为区别。这种封建等级观念显然是不妥当的。

译文

宋子说：人为万物之灵长，五官和全身肢体都长得很齐备。尊贵的人穿着饰有山、龙等图案的华服以统治天下。卑贱的人身着粗麻布衣服，冬天用来御寒，夏天借以遮掩身体，以与禽兽相区别。因此，人们所穿着的衣服的原料是自然界所提供的。其中属于植物一类的有棉、大麻、苘麻、葛，属于禽兽昆虫之类的有皮、毛、丝、绵。二者各占一半，做衣服就足够了。

巧妙如同天上织女那样的纺织技术，已经传遍了人间。人们把原料纺出带有花纹的布匹，又经过刺绣、染色而制成华美的锦缎。虽然织机到处都有，但是真正见识过提花机纺织技巧的有多少人呢？像“治乱”“经纶”这些词的原意，读书人自小就学习过，但他们终生都没有见过它们的实际形象，这难道不是巨大的缺憾吗！这里我先叙述养蚕的方法，让读者明白丝是从何而来的。人和衣服是相称的，贵与贱从衣服可以分辨出来，这是上天的安排吧！

蚕种

凡蛹变蚕蛾，旬日破茧而出，雌雄均等。雌者伏而不动，雄者两翅飞扑，遇雌即交，交一日、半日方解。解脱之后，雄者中枯而死，雌者即时生卵。承藉卵生者，或纸或布，随方所用（嘉、湖用桑皮厚纸[①]，来年尚可再用）。一蛾计生卵二百余粒，自然粘于纸上，粒粒匀铺，天然无一堆积。蚕主收贮，以待来年。

注释

①嘉、湖：今浙江嘉兴、湖州一带。

译文

蚕由蛹变成蚕蛾，需经十天才能破茧而出，雌蛾和雄蛾数目大致相等。雌蛾伏着不活动，雄蛾振动两翅飞扑，遇到雌蛾就交配，交配半天甚至一天才相互解脱。解脱之后，雄蛾因体内精力枯竭而死，雌蛾则立即产卵。用纸或布来承接蚕卵，因地制宜（嘉兴和湖州用厚的桑皮纸，次年仍可使用）。一只雌蛾可产卵二百多粒，这些蚕卵自然地粘在纸上，一粒一粒均匀铺开，不会重叠堆积。养蚕的人把蚕卵收藏起来，以待来年之用。

蚕浴

凡蚕用浴法[①]，唯嘉、湖两郡。湖多用天露、石灰，嘉多用盐卤水。每蚕纸一张，用盐仓走出卤水二升[②]，参水浸于盂内，纸浮其面（石灰仿此）。逢腊月十二即浸浴，至二十四日，计十二日，周即漉起，用微火烘干。从此珍重箱匣中，半点风湿不受，直待清明抱产。

其天露浴者，时日相同。以篾盘盛纸，摊开屋上，四隅小石镇压。任从霜雪、风雨、雷电，满十二日方收。珍重待时如前法。盖低种经浴，则自死不出，不费叶故，且得丝亦多也。晚种不用浴。

注释

①蚕用浴法：指古人用人工淘汰低劣蚕种的办法。②卤水：制盐时产生的含钠、镁等盐类的苦味溶液，用作消毒。

译文

蚕种用浴洗方法处理的，只有嘉兴、湖州两个地方。湖州多采用天露（天然露水）浴法和石灰浴法，嘉兴则多采用盐水或卤水浴法。每张粘有蚕卵的纸，用盐仓内流出来的卤水两升掺水倒入盆内，纸便会浮在水面上（石灰浴仿照此法）。每逢腊月十二日开始浸浴，至二十四日为止，共十二天，到时把蚕纸捞起，滴干水，再用微火烤干。然后小心妥善保管在箱盒里，不让蚕种被风寒、湿气侵入，直到清明节时才取出蚕卵进行孵化。

用天然露水浴蚕，时间同上。用竹篾盘盛蚕纸，摊开平放在屋顶上。四角用小石块压住。任凭它经受霜雪、风雨、雷电，满十二天后再收起来。保存方式、时间与前述方法相同。孱弱的蚕种经过浴洗，就会自然死亡而不出幼蚕，所以不会浪费桑叶，收茧得丝也较多。而对于一年中孵化、饲养两次的“晚蚕”则不需要浴种。

种忌

凡蚕纸用竹木四条为方架，高悬透风避日梁枋之上，其下忌桐油、烟煤火气。冬月忌雪映，一映即空。遇大雪下时，即忙收贮，明日雪过，依然悬挂，直待腊月浴藏。

译文

用四根竹棍或木棍做成方架，把蚕纸放在上面，再把方架高挂在通风避阳光的房梁上，下面千万不要有桐油、烟煤的火气。冬天要避免雪光映照，蚕卵一经雪光映照就会变成空壳。因此，遇到下大雪时，要赶紧将蚕纸收贮起来，次日雪停，依然挂起来，直到腊月浴种后收藏。

种类

凡蚕有早、晚二种[①]。晚种每年先早种五六日出（川中者不同），结茧亦在先，其茧较轻三分之一。若早蚕结茧时，彼已出蛾生卵，以便再养矣（晚蛹戒不宜食）。凡三样浴种，皆谨视原记，如一错误，或将天露者投盐浴，则尽空不出矣。凡茧色唯黄、白二种。川、陕、晋、豫有黄无白，嘉、湖有白无黄。若将白雄配黄雌，则其嗣变成褐茧。黄丝以猪胰漂洗[②]，亦成白色，但终不可染漂白[③]、桃红二色。

凡茧形亦有数种，晚茧结成亚腰葫芦样，天露茧尖长如榧子形，又或圆扁如核桃形。又一种不忌泥涂叶者，名为贱蚕，得丝偏多。

凡蚕形亦有纯白、虎斑、纯黑、花文数种，吐丝则同。今寒家有将早雄配晚雌者，幻出嘉种，一异也。野蚕自为茧[④]，出青州、沂水等地，树老即自生。其丝为衣，能御雨及垢污。其蛾出即能飞，不传种纸上。他处亦有，但稀少耳。

注释

①早、晚二种：早蚕为一年孵化一次，晚蚕则一年孵化两次。②猪胰：从猪脂肪中提制的肥皂。③漂：疑当作“缥”，青白色。④野蚕：即

柞蚕，鳞翅目天蚕蛾科，以山毛榉科栎属（辽东柞、麻栎）树叶为食物。

译文

蚕分早蚕和晚蚕两种。晚蚕每年比早蚕先孵出五六天（四川的蚕与此不同），结茧也在早蚕之前，但它的茧约比早蚕的茧轻三分之一。当早蚕结茧时，晚蚕已出蛾产卵，以供再养了（晚蚕蚕蛹不可食用）。用上述三种方法浴种，都要认真记准原来的标记，一旦弄错了，比如将已用天露水浴过的蚕种再放到盐卤水中进行盐浴，那么蚕卵就会全部变空，不会出蚕了。蚕茧的颜色只有黄、白两种，四川、陕西、山西、河南有黄茧而无白茧，嘉兴、湖州有白茧而无黄茧。如果将白茧雄蛾和黄茧雌蛾交配，则其后代就会结出褐色茧。黄色的蚕丝用猪胰漂洗，也可以变成白色，但始终不能染成青白、桃红两种颜色。

蚕茧的形状也有好几种。晚蚕结成束腰像葫芦形的茧，天然露水浴过的蚕结成尖长像榧子形的茧，也有圆扁像核桃形的茧。还有一种不怕吃沾泥土桑叶的蚕，名叫“贱蚕”，吐丝反而比较多。

蚕的体色也有纯白、虎斑、纯黑、花纹色几种，吐丝都是一样的。现在的贫苦人家有用雄性早蚕蛾与雌性晚蚕蛾交配而培育出良种，真是令人惊奇啊。有一种野蚕，无须饲养，自行结茧，多产于山东的青州及沂水等地，树叶枯黄时即自生蛾。用这种蚕吐的丝织成的衣服，能防雨且耐脏。其蚕蛾钻出茧壳即能飞，不在纸上产卵传种。其他地方也有野蚕，但很稀少。

抱养

凡清明逝三日，蚕虦即不偎衣衾暖气[①]，自然生出。蚕室宜向东南，周围用纸糊风隙，上无棚板者宜顶格[②]，值寒冷则用炭火于室内助暖。凡初乳蚕，将桑叶切为细条。切叶不束稻麦稿为之，则不损刀。摘叶用瓮坛盛，不欲风吹枯悴。

二眠以前，腾筐方法皆用尖圆小竹筷提过[③]。二眠以后则不用箸，而手指可拈矣。凡腾筐勤苦，皆视人工。怠于腾者，厚叶与粪湿蒸，多致压死。凡眠齐时，皆吐丝而后眠。若腾过，须将旧叶些微拣净。若粘带丝缠叶在中，眠起之时，恐其即食一口，则其病为胀死。三眠已过，若天气炎热，急宜搬出宽凉所，亦忌风吹。凡大眠后，计上叶十二餐方腾，太勤则丝糙。

注释

①蚕虲（miáo）：幼蚕。②顶格：以木为格，扎于屋顶。③腾筐：养蚕欲洁，为清除蚕筐中的蚕粪及残叶，须将蚕移入另一筐内，称腾筐，又称“除沙”。

译文

清明节过后三天，不必用衣被来保暖，幼蚕就会自然而出。蚕室最好是面向东南方，周围墙壁上透风的缝隙要用纸糊好，室内顶部如果没有棚板的要装上顶棚，遇到寒冷天则用炭火给室内加温。喂养初生的幼蚕，要把桑叶切成细条。切桑叶的墩子用稻麦秆捆扎成，这样就不会损坏刀口了。摘下的桑叶要用瓮坛装好，不要被风吹干了水分。

在蚕二眠以前，腾筐方法都是用尖圆的小竹筷将蚕提过去。二眠以后就不用竹筷子，可以直接用手拈了。腾筐次数多少，全在人的勤惰。腾筐不勤，则残叶与蚕粪堆得较厚，就会变得湿热，常常会把蚕给压死。蚕总是先吐丝而后入眠。如在这个时候腾筐，则须将零碎的残叶都拣干净了。如果有粘着丝的残叶留下来的话，蚕觉醒之后，哪怕只吃一口残叶，也会得病胀死。三眠过后，如果天气炎热，应尽快将蚕搬到宽敞凉爽的地方，但也忌受风。大眠之后，要喂食十二次桑叶再腾筐，腾筐太勤，蚕吐的丝就会变得粗糙。

养忌

凡蚕畏香，复畏臭。若焚骨灰、淘毛圊者[①]，顺风吹来，多致触死。隔壁煎鲍鱼、宿脂[②]，亦或触死。灶烧煤炭，炉爇沉、檀[③]，亦触死。懒妇便器动气侵[④]，亦有损伤。若风则偏忌西南，西南风太劲，则有合箔皆僵者。凡臭气触来，急烧残桑叶，烟以抵之。

注释

①毛圊（qīng）：粪坑。②宿脂：放置时间过长而变质的猪油。③爇（ruò）：烧。沉檀：沉香、檀香。④懒妇便器：懒惰妇人所用的便溺

器具，必甚污秽。

译文

蚕既害怕香味，又害怕臭味。如果有烧骨头或淘厕所的气味顺风吹来，触到蚕，往往会把蚕熏死。隔壁煎咸鱼或不新鲜的油脂，其气味也能把蚕熏死。灶里烧煤炭，香炉里燃沉香、檀香，其气味也会把蚕熏死。懒妇摇动便桶时散发出的臭气，也会损伤蚕。如果刮风，蚕只怕西南风，西南风吹得太猛，满筐的蚕都会冻僵。遇有臭气袭来，要赶紧燃烧残桑叶，用烟来抵挡。

叶料

凡桑叶无土不生。嘉、湖用枝条垂压，今年视桑树傍生条，用竹钩挂卧，逐渐近地面，至冬月则抛土压之，来春每节生根，则剪开他栽。其树精华皆聚叶上，不复生葚与开花矣。欲叶便剪摘，则树至七八尺即斩截当顶，叶则婆娑可扳伐，不必乘梯缘木也。其他用子种者，立夏桑葚紫熟时取来，用黄泥水搓洗，并水浇于地面，本秋即长尺余。来春移栽，倘灌粪勤劳，亦易长茂。但间有生葚与开花者，则叶最薄少耳。又有花桑，叶薄不堪用者，其树接过①，亦生厚叶也。

又有柘叶三种②，以济桑叶之穷。柘叶浙中不经见，川中最多。寒家用浙种，桑叶穷时，仍啖柘叶，则物理一也。凡琴弦、弓弦丝，用柘养蚕，名曰棘茧，谓最坚韧。凡取叶必用剪，铁剪出嘉郡桐乡者最犀利，他乡未得其利。剪枝之法，再生条次月叶愈茂，取资既多，人工复便。凡再生条叶，仲夏以养晚蚕，则止摘叶而不剪条。二叶摘后，秋来三叶复茂，浙人听其经霜自落，片片扫拾以饲绵羊，大获绒毡之利。

注释

①接：嫁接。②柘（zhè）叶三种：桑树柘科，又称黄桑，叶可喂蚕。有全缘、二裂和三裂三种。

译文

桑树在各个地方都可以种植。浙江嘉兴、湖州用压条法培植桑树，选当年桑树上长的侧枝用竹钩拉下来，使它逐渐接近地面，到了冬天就用土压住枝条。第二年春天，每节树枝都能长出根来，这时便可以剪开分别移栽了。用这种方法培植的桑树，精华都聚积在叶片上，不再结葚、开花了。要想使桑叶便于剪摘，可以等桑树长到七八尺高时，斩截去树顶，繁茂的枝叶就会披散下来，可扳枝摘取，不必登梯爬树了。此外，用种子种的桑树，立夏时摘下熟得发紫的桑葚果，用黄泥水搓洗，然后连水一块浇到地里，当年秋天就可以长到一尺多高，来年春天再进行移栽。如果勤于浇水施肥，枝叶也很容易长得茂盛。但也会有少数结葚、开花的，叶子就会薄且少。还有一种花桑，叶子太薄不能用，但通过嫁接也能长出厚叶。

还有柘叶三种，可以弥补桑叶的不足。柘树在浙江并不常见，而在四川最多。穷苦人家饲养浙江蚕种，桑叶不够喂，就用柘叶充之，同样能够将蚕喂养大。琴弦和弓弦所用的丝，都来自柘叶喂养的蚕，所得蚕茧名叫“棘茧”，据说其蚕丝最为坚韧。采摘桑叶必须用剪刀，嘉兴府桐乡出产的铁剪最为锋利，别处的剪刀都比不上它。桑树经过剪枝之后，新生枝条一个月后就会长出茂盛的叶子，这样取得的桑叶又多，摘取也方便。再生枝条的桑叶，农历五月用以喂养晚蚕，就只摘叶而不剪枝。第二茬桑叶摘取后，到秋天第三茬桑叶又茂盛起来，浙江人任其经霜自落，然后将落叶全都扫拾起来，用来饲养绵羊，可大获羊毛毡绒的收益。

食忌

凡蚕大眠以后，径食湿叶。雨天摘来者，任从铺地加餐；晴日摘来者，以水洒湿而饲之，则丝有光泽。未大眠时，雨天摘叶用绳悬挂透风檐下，时振其绳，待风吹干。若用手掌拍干，则叶焦而不滋润，他时丝亦枯色。凡食叶，眠前必令饱足而眠，眠起即迟半日上叶无妨也。雾天湿叶甚坏蚕，其晨有雾，切勿摘叶。待雾收时，或晴或雨，方剪伐也。露珠水亦待盱干而后剪摘[①]。

注释

①盱（xū）干：晾干。

译文

蚕经大眠以后，就可直接吃潮湿的桑叶了。雨天摘下的叶子，可随便铺在地上喂蚕；晴天摘下的叶子，要用水淋湿后再去喂蚕，这样蚕吐出的丝才更有光泽。但蚕在还没有到大眠时，雨天摘下的桑叶要用绳子悬挂在通风的屋檐下，不时地振动绳子，让风吹干叶子。若用手掌轻轻拍干，则叶子干枯而不新鲜滋润，将来蚕吐的丝也不会有光泽。蚕眠前必须让它们吃饱而后眠，眠起后，即使迟半日上叶也无妨。雾天的潮湿的桑叶对蚕的危害很大，因此一旦看见早晨有雾，切勿摘叶。等雾散后，无论晴雨都可以剪摘桑叶。带露珠的桑叶要等晒干后再进行剪摘。

病症

凡蚕卵中受病，已详前款[①]。出后湿热积压，防忌在人。初眠腾时，用漆盒者不可盖掩逼出气水。凡蚕将病，则脑上放光，通身黄色，头渐大而尾渐小。并及眠之时，游走不眠，食叶又不多者，皆病作也。急择而去之，勿使败群。凡蚕强美者必眠叶面，压在下者或力弱或性懒，作茧亦薄。其作茧不知收法，妄吐丝成阔窝者，乃蠢蚕，非懒蚕也。

注释

①前款：前面的章节。

译文

蚕卵所遇到的病害，前面已经详细叙述了。蚕从卵中孵出后要防止湿热、积压，这关键在于养蚕人的工作状况。蚕初眠腾筐时，用漆盒盛装的，就不要盖上盖，以免捂出水气。蚕要发病时，脑部发光，全身发黄，头部渐渐变大而尾部渐渐变小。此外，有些蚕在该入眠时仍游走不眠，吃桑叶又不多，这都是病态。应该立即挑拣淘汰出去，以免传染蚕群。健康且色泽好的蚕一定会在叶面上睡眠，压在桑叶下面的蚕，不是体弱，便是懒惰，所结的蚕茧亦薄。那些作茧不得法，胡乱吐丝结成松散丝窝的，是不正常的蚕而不是不活动蚕。

老足

凡蚕食叶足候，只争时刻。自卵出蚴，多在辰、巳二时，故老足结茧亦多辰、巳二时。老足者，喉下两唊通明[①]，捉时嫩一分则丝少。过老一分，又吐去丝，茧壳必薄。捉者眼法高，一只不差方妙。黑色蚕不见身中透光，最难捉。

注释

① 唊（qiǎn）：蚕胸部下边两旁的丝腺。

译文

当蚕吃足桑叶并日趋成熟时，要尽早捉蚕结茧。蚕卵孵化多在辰时和巳时，所以发育成熟的蚕结茧也多在这个时间。老熟的蚕喉下两颊透明，捉蚕时，如果捉的蚕嫩一分、未完全成熟的话，吐丝就少；如果捉的蚕过于成熟的话，因为它已吐掉一部分丝，这样其茧壳必定较薄。捉蚕的人眼法高明，若能捉得一只不错才算高妙。体色黑的蚕，即便老熟了也看不见其身体内透明的部分，因此最难辨捉。

结茧

凡结茧必如嘉、湖，方尽其法。他国不知用火烘，听蚕结出，甚至丛杆之内、箱匣之中，火不经，风不透。故所为屯、漳等绢[①]，豫、蜀等绸，皆易朽烂。若嘉、湖产丝成衣，即入水浣濯百余度，其质尚存。其法析竹编箔，其下横架料木约六尺高，地下摆列炭火（炭忌爆炸），方圆去四五尺即列火一盆。初上山时[②]，火分两略轻少，引他成绪[③]，蚕恋火意，即时造茧，不复缘走。

茧绪既成，即每盆加火半斤，吐出丝来随即干燥，所以经久不坏也。其茧室不宜楼板遮盖，下欲火而上欲风凉也。凡火顶上者，不以为种，取种宁用火偏者。其箔上山用麦稻稿斩齐，随手纠捩成山[④]，顿插箔上。做山之人最宜手健。箔竹稀疏，用短稿略铺洒，防蚕跌坠地下与火中也。

注释

①屯、漳：安徽屯溪、福建漳州。②上山：上簇，将熟蚕逐个捉起放在蚕箔的山簇上结茧。③成绪：吐出丝缕的头绪。④纠捩（liè）：扭结。

译文

结蚕茧时，必须要采用嘉兴、湖州的方法，才能达到完善的地步。其他地方都不懂得怎样用火烘烤除湿，任由蚕随便吐丝结茧，甚至让茧结到丛秆之中或箱匣里，既不用火烘，也不通风。因此，用这种蚕丝织成的屯溪、漳州的绢，河南、四川的绸，都容易朽烂。如果用嘉兴、湖州产的蚕丝做衣服，即使放在水里洗上一百多次，丝质还是完好的。嘉兴、湖州的做法是，削竹编成竹席状的蚕箔，下面用木料搭架，离地约六尺高，地面放置炭火（要防止炭火爆出），前后左右每隔四五尺就摆放一个火盆。蚕开始上簇结茧时，火力稍微小一些，引蚕吐丝，因为蚕喜欢温暖，便即时造茧，不再到处游走。

茧衣结成后，每盆炭火再添上半斤炭，则蚕吐出的丝随即干燥，所以这种丝能经久不坏。供蚕结茧的屋子不应当用楼板遮盖，因为结茧时下面要用火烘，而上面需要通风。凡是火盆正顶上的蚕茧不能用作蚕种，取蚕种要用远离火盆的。蚕箔上的山簇用切割整齐的稻麦秆随手扭结而成，垂直插在蚕箔上。做山簇的人最好手力大。蚕箔上的竹条稀疏时，可以略铺一些短稻草秆，以防蚕掉到地下或火盆中。

取茧

凡茧造三日，则下箔而取之。其壳外浮丝，一名丝匡者，湖郡老妇贱价买去（每斤百文），用铜钱坠打成线，织成湖绸。去浮之后，其茧必用大盘摊开架上，以听治丝、扩绵。若用厨箱掩盖，则浥郁而丝绪断绝矣[①]。

注释

①浥郁：霉湿气闷，不通风。

译文

蚕结茧三天后，就可拿下蚕箔而取茧。蚕茧壳外面的浮丝叫“丝匡”(茧衣)，湖州的老妇用很便宜的价钱买回去（每斤约一百文钱)，用铜钱坠子做纺锤，将其打成线，织成湖绸。剥掉浮丝后的蚕茧，必须摊开在大盘里，放在架子上，以待缫丝或制丝绵。如用橱柜、箱子把蚕茧装盖起来，会使其受潮不通风，造成断丝。

物害

凡害蚕者，有雀、鼠、蚊三种。雀害不及茧，蚊害不及早蚕，鼠害则与之相终始。防驱之智是不一法，唯人所行也（雀屎粘叶，蚕食之立刻死烂)。

译文

危害蚕的有麻雀、老鼠、蚊子三种动物。麻雀危害不到茧，蚊子危害不到早蚕，而老鼠的危害则始终存在。防害除害的办法是多种多样的，随人施行（麻雀屎粘在桑叶上，蚕吃了会立即死亡、腐烂)。

择茧

凡取丝必用圆正独蚕茧，则绪不乱。若双茧并四五蚕共为茧，择去取绵用。或以为丝则粗甚。

译文

缫丝用的茧，必须选择圆滑端正的独头茧，这样缫丝时丝绪就不会乱。如果是双宫茧或由四五条蚕一起结成的同宫茧，则应挑出来制丝绵。若用这类茧缫丝，丝就会很粗劣。

造绵

凡双茧并缫丝锅底零余，并出种茧壳，皆绪断乱不可为丝，用以取绵。用稻灰水煮过（不宜石灰），倾入清水盆内。手大指去甲净尽，指头顶开四个，四四数足，用拳顶开又四四十六拳数，然后上小竹弓。此《庄子》所谓“洴澼絖[①]”也。

湖绵独白净清化者，总缘手法之妙。上弓之时，惟取快捷，带水扩开。若稍缓，水流去，则结块不尽解，而色不纯白矣。其治丝余者名锅底绵，装绵衣、衾内以御重寒，谓之“挟纩[②]”。凡取绵人工，难于取丝八倍，竟日只得四两余。用此绵坠打线织湖绸者，价颇重。以绵线登花机者名曰花绵，价尤重。

注释

①洴澼絖（píng pì kuàng）：指在水中漂洗丝绵。《庄子·逍遥游》：“宋人有善为不龟手之药者，世世以洴澼絖为事。”②挟纩（jiā kuàng）：指里面装有丝棉的衣或被。

译文

双宫茧和缫丝后残留在锅底的碎丝断茧，以及种茧出蛾后的茧壳，都是丝绪断乱的，虽然无法缫丝，却可用来造丝绵。将其用稻灰水煮后（不宜用石灰），倒在清水盆内。将大拇指的指甲剪干净，用指头顶开四个蚕茧，连续叠套在其余指头上，四个指头中每个手指都叠套四个蚕茧，即所谓“四四数足”。再用拳将茧顶开，拉宽到一定范围，如此共顶四四一十六拳，可顶开十六个蚕茧，然后用小竹弓敲打。这就是《庄子》所说的“洴澼絖”。

湖州的丝绵特别洁白、纯净，是由于造丝绵的手法非常巧妙。上弓操作时，贵在动作敏捷，带水将丝绵拉开。如果动作稍慢，水已流去，则丝绵结块而不能完全均匀地拉开，颜色看起来也就不纯白了。那些缫丝剩下的，叫作锅底绵，将其装入衣被里用来御寒，称为“挟纩”。造丝绵所费的人工，八倍于缫丝，每人劳动一整天也只得四两多丝绵。用这种丝绵坠打成线织成湖绸，价值很高。用这种绵线在提花机上织出的产品叫作“花绵”，价钱更贵。

治丝

凡治丝，先制丝车[1]。其尺寸、器具开载后图。锅煎极沸汤，丝粗细视投茧多寡，穷日之力一人可取三十两。若包头丝，则只取二十两，以其苗长也。凡绫罗丝，一起投茧二十枚，包头丝只投十余枚。凡茧滚沸时，以竹签拨动水面，丝绪自见。提绪入手，引入竹针眼[2]，先绕星丁头[3]（以竹棍做成，如香筒样），然后由送丝竿勾挂[4]，以登大关车[5]。

断绝之时，寻绪丢上，不必绕接。其丝排匀不堆积者，全在送丝竿与磨不之上[6]。川蜀丝车制稍异，其法架横锅上，引四、五绪而上，两人对寻锅中绪，然终不若湖制之尽善也。

凡供治丝薪，取极燥无烟湿者，则宝色不损。丝美之法有六字，一曰出口干，即结茧时用炭火烘。一曰出水干，则治丝登车时，用炭火四五两盆盛，去车关五寸许，运转如风转时，转转火意照干，是曰出水干也（若晴光又风色，则不用火）。

注释

①丝车：即缫车。②竹针眼：即集绪眼，将多个茧的绪集聚起来的部件。③星丁头：导丝用的滑轮。④送丝竿：即移丝竿。⑤大关车：脚踏转动的绕丝部件。⑥磨不（dūn）：指使移丝竿摆动的脚踏摇柄。诸本误作“磨木”。

译文

凡缫丝，先要制作缫车。缫车的尺寸、部件及其组合构造都列在后面的插图中。缫丝时首先要将锅内的水煮至极沸，将蚕茧投入锅中，生丝的粗细取决于投茧多少。一个人劳累一整天，可缫丝三十两。如果缫包头巾用的丝，只能得到二十两，因为这种丝比较细长。缫绫罗用的丝，一次要投入锅内二十个蚕茧，缫包头巾用的丝只需投入十几个蚕茧。当茧在锅内滚沸时，用竹签拨动水面，丝绪自会出现。用手牵住丝绪引入竹针眼，先绕过星丁头（以竹棍做成，形似香筒），然后将丝钩挂在送丝竿上，再连接到大关车上。

遇到断丝时，只要找到丝绪头搭上去，不必绕接原来的丝。想要使丝在大关车上排列均匀而不堆积在一起，关键在于送丝竿和脚踏摇柄的互相配合。四川缫车的形式稍有不同，其缫丝的方法是把缫车横架在锅上，两人面对面地各自寻找锅中的绪丝，一次牵出四五根绪丝上车，但这种方法终究不如湖州缫车完善。

供缫丝用的柴薪，要选择非常干燥且无烟湿之气的，这样才不会损害丝的色泽。想使丝质美好，有六字口诀，一叫“出口干”，即蚕结茧时用炭火烘干；一叫“出水干”，就是说在缫丝上大关车时，用盆盛装四五两炭生火，放在离大关车五寸左右的地方，当大关车飞快旋转时，生丝借火温边转边干，丝一边转一边被火烘干，这就是所说的“出水干”（如果是晴天又有风，就不用火烘了）。

调丝

凡丝议织时，最先用调。透光檐端宇下，以木架铺地，植竹四根于上，名曰络笃。丝匡竹上，其傍倚柱高八尺处，钉具斜安小竹偃月挂钩。悬搭丝于钩内，手中执籰旋缠[①]，以俟牵经、织纬之用。小竹坠石为活头[②]，接断之时，扳之即下。

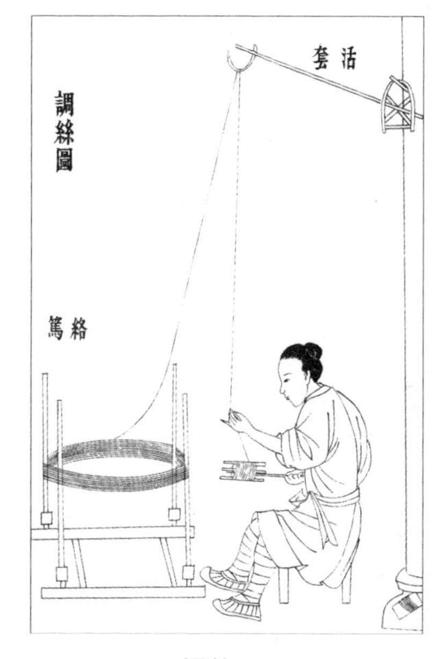

调丝

注释

①籰（yuè）：绕丝、线的工具。

②活头：即图中“活套”。

译文

准备织丝时，首先要绕丝。在光线明亮的屋檐下，将木架平放在地上，木架上直插四根竹竿，叫作“络笃”。将丝套在四根竹上，在络笃旁边的立柱上高八尺的地方，用铁钉固定一根带有半月形挂钩的倾斜的小竹竿。将丝悬挂在半月形钩内，手里拿着绕丝棒旋转绕丝，以备牵经、织纬时用。小竹竿一端垂下一个小石块作为活头，断丝时一拉小绳，挂钩就落下来了。

纬络[1]

凡丝既籰之后，以就经纬。经质用少而纬质用多。每丝十两，经四纬六，此大略也。凡供纬籰，以水沃湿丝，摇车转铤而纺于竹管之上[2]（竹用小箭竹）。

注释

①纬络：即卷纬，卷绕供织丝用的纬线。②铤（dìng）：丝锭。或作“锭”。

译文

丝在籰上绕好后，就可做经纬线了。经线用丝少，纬线用丝多。每十两丝，经线用四两，纬线用六两。供卷纬线用的籰，要将上面的丝用水湿润，再摇卷纬车带动锭子转动，将丝缠绕于竹管之上（竹管用小箭竹做）。

经具

凡丝既籰之后，牵经就织。以直竹竿穿眼三十余，透过篾圈，名曰溜眼。竿横架柱上，丝从圈透过掌扇，然后缠绕经耙之上。度数既足，将印架捆卷。既捆，中以交竹二度，一上一下间丝，然后扱于筘内（此筘非织筘[1]）。扱筘之后，以的杠与印架相望[2]，登开五、七丈。或过糊者，就此过糊。或不过糊，就此卷于的杠，穿综就织[3]。

注释

①织筘（kòu）：织机之部件，呈梳状，将经线穿入梳齿，使其按一定宽度排列，以控制织品的宽度，故又称定幅筘。②的杠：织机上卷绕经线的经轴。③综：织机上使经线上下交错以受纬线的部件。

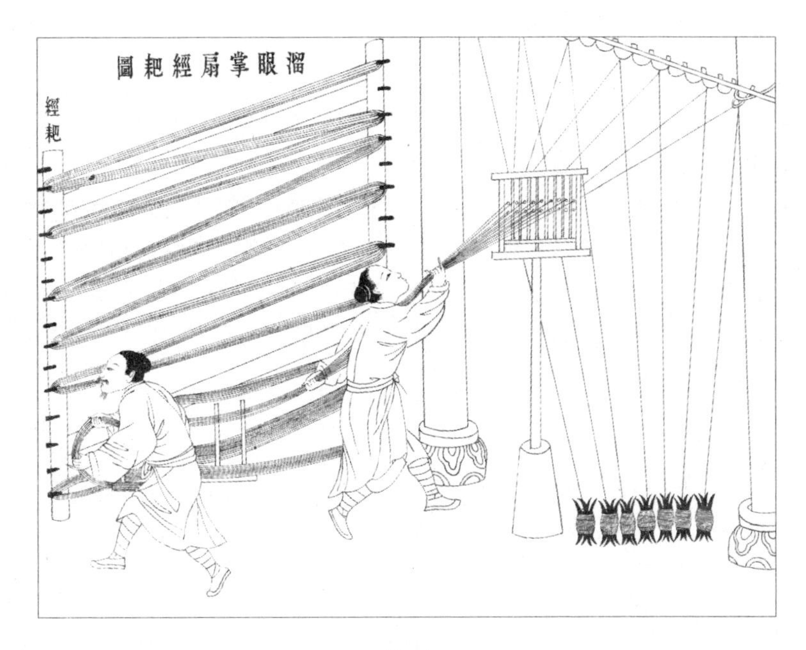

经具

译文

丝绕在上籰以后，便可牵拉经线准备织造了。在一根直竹竿上钻出三十多个小眼，眼内穿上篾圈，名叫溜眼。将这根竹竿横架在木柱子上，丝通过篾圈再穿过掌扇（分丝筘），然后缠绕在经耙（牵纬架）上。丝达到足够长度时，就卷在印架（卷经架）上。卷好以后，中间用两根交竹（经线分交棒）把丝分隔成一上一下两层，然后插于梳丝筘内（此梳筘不是织机上的筘）。穿过梳丝筘后，把的杠与印架相对拉开五至七丈远。需要浆丝的就此浆丝，不需要浆丝的就此卷在的杠上，即可穿综筘而投梭织造了。

过糊

凡糊用面筋内小粉为质。纱、罗所必用，绫、绸或用或不用。其染纱不存素质者[①]，用牛胶水为之，名曰清胶纱。糊浆承于筘上，推移染透，推移就干。天气晴明，顷刻而燥，阴天必借风力之吹也。

注释

①素质：丝的本来性质。

译文

浆丝用的糊要以揉面筋沉下的小粉为原料。织纱、罗的丝必须要过浆，织绫、绸的丝则可以浆也可以不浆。用染过的丝织纱，因丝已失掉原来本性，要用牛胶水过浆，这种纱叫作清胶纱。浆丝的糊料放在梳丝筘上，来回推移梳丝筘将丝浆透，随推随干。如果天气晴朗，丝顷刻即干，阴天则要借助风力把丝吹干。

边维

凡帛不论绫、罗，皆别牵边，两傍各二十余缕。边缕必过糊，用筘推移梳干。凡绫、罗必三十丈、五六十丈一穿，以省穿接繁苦。每匹应截画墨于边丝之上，即知其丈尺之足。边丝不登的杠，别绕机梁之上。

译文

丝织品不管是厚的绫还是薄的罗，纺织时都要另外牵边，其两边各牵引经线二十多根。边经线必须过浆，用筘推移梳干。一般来说，绫罗的经丝，每三十丈或五六十丈穿一次筘，以省去穿接的繁苦。每织一匹（四丈）应该在边经线上用墨画记号，以掌握长度。牵边的丝线不必绕在的杠（经轴）上，而是另外绕在织机的横梁上。

经数

凡织帛，罗、纱筘以八百齿为率。绫、绢筘以一千二百齿为率。每筘齿中度经过糊者，四缕合为二缕，罗、纱经计三千二百缕，绫、绸经计五千、六千缕。古书八十缕为一升[①]，今绫、绢厚者，古所谓六十升布也。凡织花文必用嘉、湖出口、出水，皆干丝为经，则任从提挈，不忧断接。他省者即勉强提花，潦草而已。

注释

①古书八十缕为一升：《仪礼·表服》："緦者十五升，抽其半，有事其缕，无事其布，曰緦。"郑玄注："云緦者十五升抽其半者，以八十缕为升。"

译文

织相对薄的罗、纱用的筘以八百个齿为标准，织相对厚的绫、绢用的筘则以一千二百个齿为标准。每个筘齿中穿入过浆的经线，每四根合成两股，罗、纱的经线共计有三千二百根，绫、绸的经线总计有五六千根。古书记载每八十根为一升，现在较厚的绫、绢也就是古时所说的六十升布。织带花纹的丝织品必须用浙江嘉兴、湖州所产结茧和缫丝时都用火烘干的丝作经线，这种丝可任意提拉也不必担心会断头。其他地区的丝，即使能勉强做提花织物，也相对粗糙而不精致。

花机式

凡花机通身度长一丈六尺，隆起花楼，中托衢盘，下垂衢脚（水磨竹棍为之，计一千八百根）。对花楼下掘坑二尺许，以藏衢脚[①]（地气湿者，架棚二尺代之）。提花小厮坐立花楼架木上。机末以的杠卷丝，中用叠助木两枝，直穿二木，约四尺长，其尖插于筘两头。

叠助，织纱罗者，视织绫绢者减轻十余斤方妙。其素罗不起花纹，与软纱、绫绢踏成浪梅小花者，视素罗只加桄二扇[②]。一人踏织自成，不用提花之人，闲住花楼，亦不设衢盘与衢脚也。其机式两接，前一接平安，自花楼向身一接斜倚低下尺许，则叠助力雄。若织包头细软，则另为均平不斜之机。坐处斗二脚，以其丝微细，防遏叠助之力也。

注释

①衢脚：使提花机上经线复位的机件。②桄（guàng）：竹木制成的绕线器具。

译文

提花机全长约一丈六尺，其中高高隆起的是花楼，中间托着的是衢盘，下面垂着的是衢脚（用加水磨光的竹棍做成，共一千八百根）。在花楼的正下方挖一个约两尺深的坑，用来安放衢脚（如果地底下潮湿，可架两尺高的棚来代替）。提花的徒工坐立在花楼的木架子上。提花机的末端以的杠卷丝，中间用两根叠助木（打纬的摆杆），垂直穿接两根约四尺长的木棍，棍尖分别插入织筘的两端。

织纱、罗用的叠助木，比织绫、绢的轻十几斤才算好。织素罗不用起花纹，要在软纱、绫绢上织出波浪纹和梅花等小花纹，比织素罗只多加两扇综框，由一个人踏织就可以了，不用提花的人闲坐在花楼上，也不用设置衢盘与衢脚。其织机形制分为两段，前一段水平安放，自花楼朝向织工的一段，向下倾斜一尺多，这样叠助木（筘座摆杆）的冲力就会大些。如果织包头巾一类的细软丝织物，则要重新安放水平而不倾斜的织机。在人坐的地方装上两个脚架，这是因为织包头巾的丝很细，要防止叠助木的冲力过大。

腰机式

凡织杭西、罗地等绢，轻素等绸，银条、巾帽等纱，不必用花机，只用小机。织匠以熟皮一方置坐下，其力全在腰尻之上，故名腰机。普天织葛、苎、棉布者，用此机法，布帛更整齐坚泽，惜今传之犹未广也。

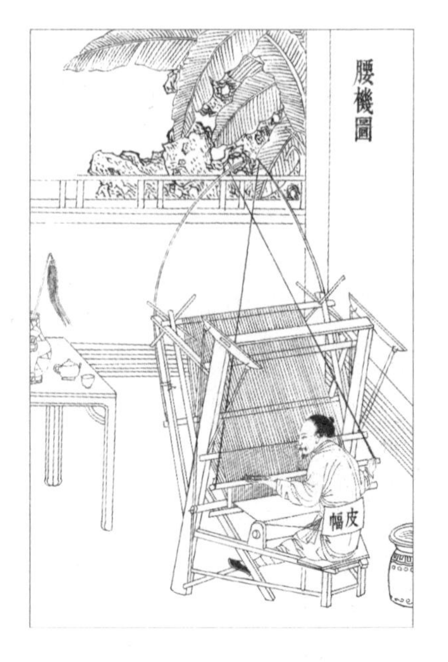

腰机

译文

织杭西、罗地等绢，轻素等绸，以及银条、巾帽等纱，都不必使用提花机，而只用小织机就可以了。织匠用一块熟皮作靠背，操作时全靠腰部和臀部用力，所以又叫作腰机。各地织葛、苎麻、棉布的，都用这种织机。织出的布、帛更整齐结实而有光泽，可惜至今还没有广泛流传。

结花本

凡工匠结花本者[①]，心计最精巧。画师先画何等花色于纸上，结本者以丝线随画量度，算计分寸秒忽而结成之[②]。张悬花楼之上，即织者不知成何花色，穿综带经，随其尺寸、度数提起衢脚，梭过之后居然花现。盖绫绢以浮经而见花，纱罗以纠纬而见花。绫绢一梭一提，纱罗来梭提，往梭不提。天孙机杼，人巧备矣。

注释

①结花本：挑花结本，根据画稿花纹图案，用经纬交织挑制出花纹，其中最重要的工序就是挑花。②秒忽：古代以万分之一寸为一秒，十分之一秒为一忽。秒忽即指很短。

译文

担任结织花纹工序的工匠，心思最为精细巧妙。画师先将某种花纹图案画在纸上，工匠能用丝线按照画样仔细量度，精确计算，毫无差错地织出纹样。花样悬挂在花楼上，即便织工不知道会织出什么花样，但只要穿综带经，按照纹样的尺寸、度数，提起衢脚，穿梭织造后，花样就会呈现出来。因为绫绢是以浮起经线而显现花纹，纱罗是纠结纬线而显现花纹。因此织绫绢是投一梭提一次衢脚，织纱罗是来梭时提，回梭时不提。天上织女的纺织技术，人间的巧匠也能全面掌握了。

穿经

凡丝穿综度经，必用四人列坐。过筘之人手执筘耙先插，以待丝至。丝过筘，则两指执定，足五七十筘，则绦结之。不乱之妙，消息全在交竹[①]。即接断，就丝一扯即长数寸。打结之后，依还原度，此丝本质自具之妙也。

注释

①交竹：一种工具，可将丝上下分开，不致紊乱。

译文

将经线穿过综再穿过织筘，需要四个人前后排列坐着操作。穿织筘的人手握筘钩先插入筘齿中，等对面的人将丝递过来。丝过筘后，用两个手指捏住，每穿好五十至七十个筘齿，就把丝扭结起来。丝之所以不乱的奥妙，全在于可将丝上下分开的交竹。接断丝时，将丝一拉就能拉长几寸。打好结后，仍回缩到原来的长度。这种良好的弹性是丝本身就具有的。

分名

凡罗，中空小路以透风凉，其消息全在软综之中。衮头两扇打综[①]，一软一硬[②]。凡五梭三梭（最厚者七梭）之后，踏起软综，自然纠转诸经，空路不粘。若平过不空路而仍稀者曰纱，消息亦在两扇衮头之上。直至织花绫绸，则去此两扇，而用桄综八扇[③]。

凡左右手各用一梭交互织者，曰绉纱。凡单经曰罗地，双经曰绢地，五经曰绫地。凡花分实地与绫地，绫地者光，实地者暗。先染丝而后织者曰缎（北土屯绢，亦先染丝）。就丝绸机上织时，两梭轻，一梭重，空出稀路者，名曰秋罗，此法亦起近代。凡吴、越秋罗，闽、广怀素[④]，皆利搢绅当暑服，屯绢则为外官、卑官逊别锦绣用也。

注释

①衮头：相当于花机中的老鸦翅，即织地纹的提综杠杆。②软：软综，即绞综，以软线制成，用以织平纹。硬：硬综，织纠纹或网纹。两综并用可织平纹，又可起绞孔。③桄综：辘踏牵动的综，八扇综此起彼伏，即织成花纹。④怀素：即熟罗。

译文

罗之类丝织物，中间有一串纱孔排成横路，用来透风取凉，其织造的关键全在于织机上的软综（绞综）。用两扇衮头打综，一软综一硬综，既可织成平纹，又可起绞孔。一般织五梭或三梭（最厚的七梭）纬线之后，踏起软综，自然会使两股经丝绞组成绞纱孔，形成清晰的网眼。如果一直织下去，不排成横路而普遍稀疏有孔的，叫作纱。织纱的关键也在于软综的两扇衮头。织花绫绸时，则去掉两扇衮头，改用桄综八扇。

左右手各用一梭交互织成的叫作绉纱；经线单起单落织成的叫作罗地；用经线双起双落织成的叫绢地；经线每隔四根提起一根织成的叫绫地。提花织物分平纹实地（素地）与斜纹绫地（花地）两种，绫地光亮，实地较暗。先染丝而后织成质地较厚密的织物叫作缎（北方的屯绢也是先染丝）。丝在织机上如织两梭平纹、一梭起绞综，形成一排排稀疏横路的，叫作秋罗。这种织法也是近代才出现的。江苏南部和浙江的秋罗以及福建、广东的熟罗，都是供官绅作夏服用的，而屯绢则是地方官、小官用作锦绣代用品的衣料。

熟练

凡帛织就犹是生丝，煮练方熟①。练用稻稿灰入水煮，以猪胰脂陈宿一晚②，入汤浣之，宝色烨然。或用乌梅者，宝色略减。凡早丝为经、晚丝为纬者，练熟之时每十两轻去三两。经、纬皆美好早丝，轻化只二两。练后日干张急，以大蚌壳磨使乖钝，通身极力刮过，以成宝色。

注释

①煮练：利用化学药剂除去丝胶的过程。②猪胰脂：从猪脂肪中提制的肥皂。

译文

丝织品织成后还是生丝，要经过煮练之后，才能成为熟丝。煮练方法是先将生丝用稻秆灰加水一起煮，再加上猪胰脂浸泡一晚，最后放进热水中洗濯，煮练之后丝色鲜明。如果用乌梅水煮，丝色就会差些。用早蚕的蚕丝为经线并以晚蚕的蚕丝为纬线而织成的丝，煮练后每十两会减轻三两。如果经纬线都用上等的早蚕丝，那么十两只减轻二两。煮练后要用热水洗掉碱性并立即晾干绷紧，再用磨光滑的大蚌壳用力将丝织品全面地刮磨一遍，使它显出光泽来。

龙袍

凡上供龙袍，我朝局在苏、杭。其花楼高一丈五尺，能手两人扳提花本，织过数寸即换龙形。各房斗合，不出一手。赭、黄亦先染丝，工器原无殊异，但人工慎重与资本皆数十倍，以效忠敬之谊。其中节目微细，不可得而详考云。

译文

上供给皇帝用的龙袍，我朝（明朝）的织造局设在苏州和杭州两地。生产龙袍的纱机，花楼高达一丈五尺，由两名技术精湛的织造能手，手拿设计好的花样提花，每织成几寸之后，便变换提织龙形图案的另一部分。一件龙袍要由机房各部分工织造单独部分，再拼合而成，而不是由一个人完成的。所用的丝先染成赭、黄等色，所用织具本没有什么特别，但织工须小心谨慎，工作繁重，人工和成本都要多增加几十倍，以表示对朝廷忠诚敬重之意。至于织造过程中的许多细节，无法详细考察。

倭缎[①]

凡倭缎制起东夷，漳、泉海滨效法为之。丝质来自川蜀，商人万里贩来，以易胡椒归里。其织法亦自夷国传来，盖质已先染，而斫线夹藏经面[②]，织过数寸即刮成黑光。北虏互市者见而悦之。但其帛最易朽污，冠弁之上顷刻集灰，衣领之间移日损坏。今华夷皆贱之，将来为弃物，织法可不传云。

注释

①倭缎：此指带有金属线的天鹅绒，或称漳绒。其制法是否源于日本国，恐有疑问。②线：别本误作“绵”。从技术上看，此处应剪铜线夹织到经线里。线为铜线省义。

译文

制作倭缎的方法源自日本国，福建漳州、泉州等沿海地区曾加以仿制。织倭缎的丝来自四川，商贩万里贩来，再换易胡椒而归。这种倭缎的织法也是从日本传来的，先将丝进行染色作为纬线，再将剪断的铜线夹织入经线之中，织成数寸以后，将织物刮成黑光。北方少数民族的商人在互市贸易时一看见这种织物就很喜欢。但因其最易污损，用它制成帽子戴上后，很快便会积满灰尘，制成衣领穿不了几天就会损坏。因此现在各地都不看重它，将来这种倭缎或许会被抛弃，其织法未必会流传下去。

布衣

凡棉布御寒，贵贱同之。棉花古书名枲麻[①]，种遍天下。种有木棉、草棉两者，花有白、紫二色。种者白居什九，紫居什一。凡棉春种秋花，花先绽者逐日摘取，取不一时。其花粘子于腹，登赶车而分之。去子取花，悬弓弹化（为挟纩温衾、袄者[②]，就此止功）。弹后以木板擦成长条以登纺车，引绪纠成纱缕。然后绕籰，牵经就织。凡纺工能者一手握三管纺于铤上（捷则不坚）。

凡棉布寸土皆有，而织造尚松江，浆染尚芜湖。凡布缕紧则坚，缓则脆。碾石取江北性冷质腻者（每块佳者值十余金）。石不发烧，则缕紧不松泛。芜湖巨店首尚佳石。广南为布薮，而偏取远产，必有所试矣。为衣敝浣，犹尚寒砧捣声，其义亦犹是也。

外国朝鲜造法相同，惟西洋则未核其质，并不得其机织之妙。凡织布有云花、斜文、象眼等，皆仿花机而生义。然既曰布衣，太素足矣[③]。织机十室必有，不必具图。

注释

①枲（xǐ）麻：指大麻之雄株，与棉花无涉。古书称棉花所织成之布为白叠、吉贝。②挟纩（jiā kuàng）：把丝绵装入衣衾内，制成棉袍、棉被。③太素：指最朴实的织法。

译文

用棉衣御寒，富人和穷人都一样。在古书中棉花被称为“枲麻”，全国各地都有种植。棉花有木棉和草棉两种，花也有白色和紫色两种。其中种白棉花的占十分之九，种紫棉花的占十分之一。棉花在春天播种，秋天结棉桃，先裂开吐絮的棉桃逐天摘取，而不是所有棉桃同时摘取。棉絮与棉籽粘在棉桃内，需要用轧花、脱籽的赶车才能将二者分开。棉花去籽后，用悬弓来弹松（作棉被、棉衣的棉花，就加工到这一步为止）。棉花弹松后在木板上搓成长条，再在纺车上牵引棉绪纺成棉纱。然后将棉纱绕在籰子上，就可牵经织布了。纺织能手一只手能同时握住三个纺锤，把三根棉纱纺在锭子上（纺得太快，则棉纱不坚）。

棉布各地都有生产，但织造技术以松江为最高，浆染以芜湖为最高。棉纱纺得紧密，棉布就结实；纺得松，棉布就不结实。碾石要选用江北所产性冷而质细的石料（好的每块能值十多两银子）。用这种碾石碾布时不容易发热，则棉纱紧密而不松散。芜湖的大布店最注重纺纱是否用了好碾石。广东是棉布的集中地，但广东人却偏用远地出产的碾石，一定是经过试验才这样做的。人们浆洗旧衣服时也习惯放在性冷的石板上捶打，道理也是如此。

外国朝鲜棉布的织布方法也与中国相同，只是西洋棉布还没有进行研究，也不了解其机织技术。棉布上可以织出云花、斜纹、象眼等花纹，都是仿照花机原理而织出的。但既然叫作布衣，织成平纹也就够了。每十家之中必有织机，就不必附图了。

枲著

凡衣、衾挟纩御寒，百人之中，止一人用茧绵，余皆枲著[①]。古缊袍，今俗名胖袄。棉花既弹化，相衣、衾格式而入装之。新装者附体轻暖，经年板紧，暖气渐无。取出弹化而重装之，其暖如故。

注释

①枲著：本指麻衣，因作者将枲误为棉之古称，故此处指棉衣。

译文

做棉衣和棉被御寒的，采用丝绵的人只有百分之一，其余都用棉絮。古时的缊袍，今俗称为胖袄（大棉袄，江西土语）。将棉花弹松以后，根据衣被的式样将棉花放进去。新作的棉衣、棉被穿盖起来既轻柔又暖和，用过几年以后，就会变得紧实板结，逐渐就不暖和了。这时将其中棉花取出来弹松软，再重新装制，仍像原来一样暖和。

夏服

凡苎麻无土不生。其种植有撒子、分头两法（池郡每岁以草粪压头[①]，其根随土而高。广南青麻撒子种田茂甚）。色有青、黄两样。每岁有两刈者，有三刈者，绩为当暑衣裳、帷帐。

凡苎皮剥取后，喜日燥干，见水即烂。破析时则以水浸之，然只耐二十刻，久而不析则亦烂。苎质本淡黄，漂工化成至白色（先取稻灰、石灰水煮过，入长流水再漂，再晒，以成至白）。纺苎纱能者用脚车，一女工并敌三工，惟破析时穷日之力只得三五铢重。织苎机具与织棉者同。凡布衣缝线、革履串绳，其质必用苎纠合。

凡葛蔓生[②]，质长于苎数尺。破析至细者，成布贵重。又有苘麻一种，成布甚粗，最粗者以充丧服。即苎布有极粗者，漆家以盛布灰，大内以充火炬。又有蕉纱，乃闽中取芭蕉皮析缉为之[③]，轻细之甚，值贱而质枵[④]，不可为衣也。

注释

①池郡：今安徽池州地区。②葛：豆科藤本，茎皮纤维可织葛布。③芭蕉：芭蕉科芭蕉属。④枵（xiāo）：空虚，此指布的纱缕稀薄。

译文

苎麻没有哪个地方不能生长，种植方法有播种和分根两种（池州每年将草粪压在苎麻根部，根随土而长，广东的青麻以种子撒在田地，长得非常茂盛）。苎麻颜色有青色、黄色两种。每年有收割两次的，也有收割三次的，纺织成布后可以用来做夏天的衣服和帷帐。

苎麻剥皮后，最好在太阳下晒干，否则见水就会腐烂。将麻皮撕破成纤维时先要用水浸泡，但只能浸泡二十刻（五小时），时间久了不撕破就会烂掉。苎麻本是淡黄色的，经过漂洗则变成白色（先用稻草灰、石灰水煮过，再放到流水中漂洗，晒干后就会变得特别白）。熟练的女工用脚踏纺车纺苎纱，一女工可抵三人。但是撕破麻皮，一个人干一整天，也只能得三五铢重的纤维。织苎麻的机具与织棉布的相同。缝布衣的线、绱皮鞋的串绳，都是用苎麻搓成的。

葛是蔓生的，其纤维要比苎麻的长数尺。用撕得很细的葛纤维织成的布十分贵重。另外还有一种苘麻，织成的布很粗，最粗的用来做丧服。即使是苎麻布也有极粗的，漆工用来蘸灰擦磨漆器，而宫内则用来作火把。还有一种蕉纱，是福建地区取芭蕉的韧皮破析、纺织而成的，非常轻盈纤弱，价值低微而丝缕质地稀薄，不能用来做衣服。

裘

凡取兽皮制服统名曰裘。贵至貂、狐[①]，贱至羊、麂[②]，值分百等。貂产辽东外徼建州地及朝鲜国。其鼠好食松子，夷人夜伺树下，屏息悄声而射取之。一貂之皮方不盈尺，积六十余貂仅成一裘。服貂裘者立风雪中，更暖于宇下。眯入目中，拭之即出，所以贵也。色有三种，一白者曰银貂，一纯黑，一黯黄（黑而长毛者，近值一帽套已五十金）。凡狐、貉亦产燕、齐、辽、汴诸道[③]。纯白狐腋裘价与貂相仿，黄褐狐裘值貂五分之一，御寒温体功用次于貂。凡关外狐，取毛见底青黑，中国者吹开见白色，以此分优劣。

羊皮裘母贱子贵。在腹者名曰胞羔（毛文略具），初生者名曰乳羔（皮上毛似耳环脚），三月者曰跑羔，七月者曰走羔（毛文渐直）。胞羔、乳羔为裘不膻。古者羔裘为大夫之服，今西北搢绅亦贵重之。其老大羊皮硝熟为裘[④]，裘质痴重，则贱者之服耳，然此皆绵羊所为。若南方短毛革，硝其鞟如纸薄[⑤]，止供画灯之用而已。服羊裘者，腥膻之气习久而俱化，南方不习者不堪也。然寒凉渐杀，亦无所用之。

麂皮去毛，硝熟为袄裤御风便体，袜靴更佳。此物广南繁生外，中土则积集楚中，望华山为市皮之所。麂皮且御蝎患，北人制衣而外，割条以缘衾边，则蝎自远去。虎豹至文，将军用以彰身。犬豕至贱，役夫用以适足。西戎尚獭皮[⑥]，以为毳衣领饰。襄黄之人穷山越国射取而远货[⑦]，得重价焉。殊方异物如金丝猿[⑧]，上用为帽套；扯里狲御服以为袍[⑨]，皆非中华物也。兽皮衣人，此其大略，方物则不可殚述。飞禽之中有取鹰腹、雁胁毳毛，杀生盈万，乃得一裘，名天鹅绒者，将焉用之？

注释

①貂：紫貂，哺乳纲食肉目鼬科。毛皮极珍贵，分布于中国东北。貂皮与人参、鹿茸并称为“关东三宝”。②麂（jǐ）：黄麂，哺乳纲鹿科。似鹿，腿细而有力，善跳跃，皮软可制革。③貉（hé）：即狸，哺乳纲犬科，亦称狗獾。④硝熟：用芒硝、朴硝等鞣制动物皮革使之变软。⑤鞹（kuò）：皮革去毛之后称鞹。⑥獭：水獭，哺乳纲鼬科水獭，毛皮珍贵。⑦襄黄：似指今湖北之襄阳一带，襄阳、房县，古称黄棘，或以襄黄称之。一说指东北女真镶黄旗人。⑧金丝猿：金丝猴，哺乳纲疣瘊科，珍贵毛皮动物。⑨扯里狲：即猞猁狲、猞猁，哺乳纲猫科。

译文

凡用兽皮做的衣服统称为裘。贵重的有貂皮、狐皮，便宜的有羊皮、麂皮，价格的等级约有上百种之多。貂产在辽东塞外的建州地区及朝鲜国一带。貂鼠喜欢吃松子，满族地区的捕貂人，夜里悄悄躲藏在松树下守候，屏息悄声，伺机射取。一张貂皮不到一尺见方，积六十多张貂皮连缀起来才能做成一件皮衣。穿貂皮衣的人站在风雪之中，比待在室内还觉得暖和。遇到灰沙进入眼睛，用貂皮一擦即出，所以十分贵重。貂皮的颜色有三种，一种白色的叫作银貂，一种是纯黑色，一种暗黄色的（近来一顶黑色长毛的貂皮帽套已能值五十两银子）。狐和貉也产于北方的河北、山东、辽宁和河南等地。纯白色的狐腋皮衣的价值与貂皮相仿，黄褐色的狐皮衣价值是貂皮衣的五分之一，御寒暖体的功效次于貂皮。关外出产的狐皮，拨开毛露出的皮板是青黑色的，中原地区出产的狐皮把毛吹开露出的皮板则是白色的，用这种方法来区分优劣。

皮衣中，老羊皮衣价格低贱而羔皮衣价格贵重。怀在腹中的羊羔叫胞羔（皮上略有一些毛纹），刚出生的叫作乳羔（皮上的毛卷曲得像耳环的钩脚），三个月大的叫作跑羔，七个月大的叫作走羔（皮上的毛逐渐变直）。用胞羔、乳羔的皮做皮衣没有羊膻气。古时羔皮衣为大夫之服，现今西北的官绅也很看重它。老羊皮经过芒硝鞣制之后，做成的皮衣穿起来显得很笨重，是下层人穿的，然而这些皮衣都是绵羊皮做的。如果是南方的短毛羊皮，经过芒硝鞣制之后皮板就变得像纸一样薄，只能用来制作画灯了。穿羊皮衣的人，对于羊皮的腥膻气味，穿久了就习惯了，但南方不习惯此味的人则受不了。不过往南天气逐渐变暖，皮衣也没什么用处了。

麂皮去毛，用芒硝鞣制后做成袄裤，穿起来遮风蔽体，做成鞋子、袜子更好。这种动物广东多有，中原地区则集中于湖南、湖北一带，望华山是毛皮交易的场所。麂皮还能防御蝎患，北方人除了用麂皮做衣服之外，还剪成长条镶被边，这样蝎子就会避得远远的。虎豹皮的花纹最美，将军们用来作战服装饰自己，显示威武。猪、狗皮最不值钱，脚夫苦力用来做鞋子穿。西北少数民族最看重水獭皮，用来镶饰细毛皮衣的领子。襄黄人翻山越岭去猎取水獭后，卖到很远的地方去，可以赚很多钱。异域他乡的珍奇物产，如金丝猴的皮，皇帝用来做帽套；猞猁狲皮，皇帝用来做皮袍，这些都不是中原所出产的。用兽皮做衣服的大致情况便是如此，各地特产不能尽述。飞禽之中，有取鹰腹、雁腋的细毛做衣服的，杀生过万，乃得一裘，称之为天鹅绒，如何忍心穿呢？

褐毡

凡绵羊有二种，一曰蓑衣羊[①]，剪其毳为毡、为绒片，帽、袜遍天下，胥此出焉。古者西域羊未入中国，作褐为贱者服，亦以其毛为之。褐有粗而无精，今日粗褐亦间出此羊之身。此种自徐、淮以北州郡，无不繁生，南方唯湖郡饲畜绵羊，一岁三剪毛（夏季稀革不生）。每羊一只岁得绒袜料三双。生羔牝牡合数得二羔，故北方家畜绵羊百只，则岁入计百金云。

一种矞艻羊[②]（番语），唐末始自西域传来[③]。外毛不甚蓑长，内毳细软，取织绒褐。秦人名曰山羊，以别于绵羊。此种先自西域传入临洮，今兰州独盛，故褐之细者皆出兰州，一曰兰绒，番语谓之孤古绒，从其初号也。山羊毳绒亦分两等，一曰挡绒，用梳栉挡下[④]，打线织帛，曰褐子、把子诸名色。一曰拔绒，乃毳毛精细者，以两指甲逐茎挦下，打线织绒褐。此褐织成，揩面如丝帛滑腻。每人穷日之力打线只得一钱重，费半载工夫方成匹帛之料。若挡绒打线，日多拔绒数倍。凡打褐绒线，冶铅为锤，坠于绪端，两手宛转搓成。

凡织绒褐机大于布机，用综八扇，穿经度缕，下施四踏轮，踏起经隔二抛纬，故织出文成斜现。其梭长一尺二寸。机织、羊种皆彼时归夷传来[⑤]（名姓再详），故至今织工皆其族类，中国无与也。凡绵羊剪毳，粗者为毡，细者为绒。毡皆煎烧沸汤投于其中搓洗，俟其粘合，以木板定物式，铺绒其上，运轴赶成。凡毡绒白、黑为本色，其余皆染色，其氍毹、氆氇等名称[⑥]，皆华夷各方语所命。若最粗而为毯者，则驽马诸料杂错而成，非专取料于羊也。

注释

①蓑衣羊：即蒙古羊，是中国分布最广的绵羊品种，因其外貌披散如蓑衣，故名。②矞艻（yù lè）：当为羭艻，即羖䍽（gǔ lì）羊，《本草纲目》卷五十《兽部·羊》引宋人苏颂《图经本草》云："羊之种类甚多，而羖羊亦有褐色、黑色、白色者，毛长尺余，亦谓之羖䍽羊。"又宋人寇宗奭《本草衍义》云："羖䍽羊出陕西、河东。"③西域：今新疆境内，唐代时新疆少数民族东迁，将哈萨克种肥尾绵羊引入甘肃、陕西。④搊（chōu）：用手指（或带齿的东西）在物体上划过。⑤归夷：归化之夷，即内附的少数民族。⑥氍毹（qú shū）：新疆地区少数民族制造的有花纹的毛织地毯。此物汉代就已出现，《三辅黄图·未央宫》："规地以罽宾（古中亚国名）氍毹。"氆氇（pǔ lu）：藏语音译，藏族生产的斜纹毛织物，用作衣料，唐代以来为藏族地区主要毛织品。

译文

绵羊有两种，一种叫蓑衣羊，剪下它的细毛制成毛毡、绒片，全国各地的绒帽、绒袜，都以此为原料。古时西域的羊种还没有传到中原之前，制作下层人穿的毛布衣，也是以这种羊毛为原料。毛布只有粗糙的而没有太精致的，现在的粗毛布有的也是用这种羊毛制作的。这种羊在徐州地区和淮河以北各地都大量饲养，南方只有浙江湖州饲养绵羊，一年剪羊毛三次（夏季毛稀，不长新毛）。一只羊每年所剪的毛可制作三双绒袜。成年的公羊和母羊配种后可生两只小羊，所以一个北方家庭如果饲养百只绵羊，一年可收入百两银子。

还有一种羖䍽羊（西部民族的称呼），唐代末年才从西域（新疆）传入中原。这种羊外毛披散得不是很长，但内毛很细软，可用来织绒毛布。陕西人称之为山羊，以区别于绵羊。这种羊先从西域传到甘肃临洮，现在唯独兰州养得最多，所以细毛布都出自兰州，又名兰绒，西北少数民族称之为孤古绒，这是早期的叫法。山羊的细毛绒也分两等：一种叫作搊绒，是用梳篦从羊身上梳下来的，打成线织成绒毛布，有褐子、把子等名称；另一种叫作拔绒，是细毛中比较精细的，用两指甲逐根从羊身上拔下，打成线织成绒毛布。这样织成的毛布，布面像丝帛一样光滑柔软。每人拔一天只能打出一钱重的线，费半年时间才能凑成制作一匹绒布所需的毛料。若用搊绒打线，每天比拔绒多数倍。打毛布绒线时，用铅锤坠在线端，用双手宛转揉搓成绒线。

织绒毛布的织机大于织布机，用综片八扇，让经线从此通过，下面与四个踏轮相连，每踏起两根经线，才过一次纬线，因此能织成斜纹。织机的梭子长一尺二寸。这种织机和羊种都是当时过来的新疆少数民族传来的(名称还有待详考)，所以至今织布工匠还都是那个民族的人，没有中原人。从绵羊身上剪下的细毛，粗的做毡，细的做绒。制作毡时将烧沸的水浇在羊毛上搓洗，待其相互黏合后，用木板格成一定的式样，把绒铺在上面，转动机轴轧成。毡绒的本色是白色与黑色，其他颜色都是染成的。至于“氍毹”“氆氇”等名称，都是根据各地方言命名的。制作毯子所用的最粗的毛里面掺杂了劣质的马毛等料，并非用纯羊毛制成的。

彰施第三

宋子曰：霄汉之间云霞异色，阎浮之内花叶殊形[①]。天垂象而圣人则之[②]，以五彩彰施于五色[③]，有虞氏岂无所用其心哉[④]？飞禽众而凤则丹，走兽盈而麟则碧。夫林林青衣[⑤]，望阙而拜黄朱也[⑥]，其义亦犹是矣。君子曰："甘受和，白受采[⑦]。"世间丝、麻、裘、褐皆具素质，而使殊颜异色得以尚焉，谓造物不劳心者，吾不信也。

注释

①阎浮之内：阎浮提，佛经用语，或译南瞻部洲。本仅指印度本土，后用指整个人间世界。②天垂象而圣人则之：《周易·系辞上》："天垂象，见吉凶，圣人象之；河出图，洛出书，圣人则之。"此处"天垂象"指上文所言之霞、花等自然界的景象。③以五彩彰施于五色：《尚书·益稷》："予欲宣力四方，汝为。……以五采彰施于五色作服，汝明。"此言为虞舜召见禹时所说。彰施：鲜明地展现出来。④有虞氏：即虞舜。此句言虞舜当初就是有意这样做的。⑤林林：林林总总，众多。青衣：指下层百姓。⑥黄朱：指身着黄袍的帝王和穿红袍的大官。此句指贵人穿特殊的颜色的衣服，以区别于众庶，正如百鸟中唯凤色丹，百兽中唯麟色碧。⑦甘受和，白受采：语出《礼记·礼器》。

译文

宋子说：天上的云霞五颜六色，地上的花叶也千姿百态。大自然呈现出的这些色彩缤纷的景象，古代的圣人便加以模仿，用染料将衣服染成青、黄、赤、白、黑五种颜色，难道虞舜是无心为之吗？飞禽众多而只有凤凰丹红无比，走兽遍野而唯有麒麟青碧异常。那些身穿青衣的平民望着皇宫，向帝王百官遥拜，也含有这层意思。君子说："甜味易与其他味道相调和，白料易染成各种色彩。”世界上的丝、麻、皮、粗布都是素的底色，因而可以染上各种颜色。如果说造物不花费心思，我是不相信的。

诸色质料

大红色：其质红花饼一味[①]，用乌梅水煎出[②]，又用碱水澄数次。或稻稿灰代碱，功用亦同。澄得多次，色则鲜甚[③]。染房讨便宜者，先染芦木打脚[④]。凡红花最忌沉、麝[⑤]，袍服与衣香共收，旬月之间其色即毁。凡红花染帛之后，若欲退转，但浸湿所染帛，以碱水、稻灰水滴上数十点，其红一毫收转，仍还原质。所收之水藏于绿豆粉内[⑥]，放出染红，半滴不耗。染家以为秘诀，不以告人。

莲红、桃红色，银红、水红色：以上质亦红花饼一味，浅深分两加减而成。是四色皆非黄茧丝所可为，必用白丝方现。

木红色：用苏木煎水[⑦]，入明矾、棓子[⑧]。

紫色：苏木为地，青矾尚之。

赭黄色：制未详。

鹅黄色：黄檗煎水染[⑨]，靛水盖上。

金黄色：芦木煎水染，复用麻稿灰淋，碱水漂。

茶褐色：莲子壳煎水染，复用青矾水盖[⑩]。

大红官绿色：槐花煎水染[⑪]，蓝淀盖，浅深皆用明矾。

豆绿色：黄檗水染，靛水盖。今用小叶苋蓝煎水盖者[⑫]，名草豆绿，色甚鲜。

油绿色：槐花薄染，青矾盖。

天青色：入靛缸浅染，苏木水盖。

葡萄青色：入靛缸深染，苏木水深盖。

蛋青色：黄檗水染，然后入靛缸。

翠蓝、天蓝二色：俱靛水分深浅。

玄色：靛水染深青，芦木、杨梅皮等分煎水盖[⑬]。又一法，将蓝芽叶水浸，然后下青矾、棓子同浸，令布帛易朽。

月白、草白二色：俱靛水微染，今法用苋蓝煎水，半生半熟染。

象牙色：芦木煎水薄染，或用黄土。

藕褐色：苏木水薄染，入莲子壳、青矾水薄盖。

附：染包头青色。此黑不出蓝靛，用栗壳或莲子壳煎煮一日⑭，漉起，然后入铁砂、皂矾锅内，再煮一宵即成深黑色。

附：染毛青布色法。布青初尚芜湖，千百年矣，以其浆碾成青光，边方外国皆贵重之。人情久则生厌。毛青乃出近代，其法取松江美布染成深青，不复浆碾，吹干，用胶水掺豆浆水一过。先蓄好靛，名曰标缸，入内薄染即起。红焰之色隐然，此布一时重用。

注释

①红花饼：由菊科红花的花制成的饼，用以染红。制法见本章《造红花饼法》。②乌梅：酸梅，蔷薇科，其果汁煮后呈酸性，可去除红花中的黄色素。③“又用碱水澄数次”五句：红花含红色素染料，用碱性溶液可提高其溶度，使颜色鲜明。④芦木：即黄栌，漆科，其木可作黄色染料。⑤沉：沉香，瑞香科香料木材。麝：麝香，雄麝香鹿香腺的分泌物，为贵重香料。⑥绿豆粉：色素的吸附剂，可吸附红色素，但再染时需加乌梅水等酸性溶液。⑦苏木：苏枋木，豆科木本，根可提取黄色染料，枝干含红色染料。⑧明矾：即白矾，一种媒染剂，与染料形成色淀而固着在织物上。棓（bèi）子：即五倍子，又名五食子，寄生在漆科盐肤木树叶上的虫瘿，含鞣酸，可作媒染剂。⑨黄檗：芸香科黄柏，内皮含黄色染料。除染衣料外，还可染纸。⑩青矾：绿矾，又名皂矾，也是媒染剂。⑪槐花：豆科槐树的花，可染成黄色。⑫小叶苋蓝：小叶蓼蓝。⑬杨梅皮：杨梅科杨梅树的树皮，含单宁，有固色作用。⑭栗壳：壳斗科板栗的果实。

译文

大红色：原料只有红花饼一种，用乌梅水煎煮红花饼，再用碱水澄清几次。或用稻草灰代替碱水，效果大致相同。澄清多次后，颜色便特别鲜艳。有的染房图便宜，先用黄栌木水打底色，再用红花水染。红花最忌沉香和麝香，如果红色衣服与熏衣的这类香料放在一起，个把月内衣服就会褪色。用红花染过的丝织物，若想退还本色，只要将染过的丝织物浸湿，滴上几十滴碱水或稻灰水，红色就一点也没有了，仍恢复原来的素色。洗下来的红色水倒在绿豆粉里进行收藏，下次再用它来染红色，一点都不损耗。染房将此作为秘方而不肯告人。

莲红色、桃红色、银红色、水红色：以上四种颜色的原料也是红花饼，颜色的深浅根据所用红花饼分量的增减而定。黄色茧丝不能染成这四种颜色，必须用白色茧丝才能呈色。

木红色：用苏木煎水，加入明矾、五倍子染成。

紫色：用苏木水打底，再用青矾作为配料一起渲染而成。

赭黄色：制法不详。

鹅黄色：用黄檗煮水先染，再用蓝靛水套染。

金黄色：用黄栌木煮水先染，再用麻秆灰淋出的碱水漂洗。

茶褐色：用莲子壳煮水先染，再用青矾水媒染。

大红官绿色：先用槐花煮水先染，再用蓝靛套染，不管颜色深浅，都要用明矾来进行调节。

豆绿色：用黄檗水先染，再用蓝靛水套染。现在用小叶苋蓝煮水套染的叫作草豆绿，颜色十分鲜艳。

油绿色：用槐花薄染，再用青矾水媒染。

天青色：先在靛缸里染成浅蓝色，再用苏木水套染而成。

葡萄青色：先在靛缸里染成深蓝色，再用深苏木水套染而成。

蛋青色：先用黄檗水染，然后入靛缸中再染成。

翠蓝、天蓝两种颜色：用蓝靛水染成，只是深浅各有不同。

玄色：先用蓝靛水染成深青色，再用等量黄栌木、杨梅皮煮水套染。还有一种方法，先用蓝芽嫩叶做成的染液浸染，然后加入青矾、五倍子一起浸泡，但是这种方法容易使布和丝帛腐烂。

月白、草白两种颜色：都是用蓝靛水稍微染一下，现在的方法是用苋蓝煮水，煮到半生半熟的时候染。

象牙色：用黄栌木煮水微染，或用黄土染。

藕褐色：先用苏木水微染，再加入莲子壳、青矾一起煮水套染。

附：包头青色的染法。这种黑色不是用蓝靛染出来的，而是将栗子壳或莲子壳用水煮一整天，然后捞出来将水沥干，再加入铁砂、皂矾到锅里再煮一整夜，就会变成深黑色。

附：毛青布色的染法。布青色最初流行于安徽芜湖地区，至今已有近千年的历史了。因为这种颜色的布浆碾后发出青光，边远地区和国外的人都很珍爱它，将其视为贵重的布料。但一样东西用久了就会生厌，这是人之常情。于是近世又推出了毛青色，其制法是用松江上等好布，先染成深青色，不再浆碾，吹干后在掺胶水和豆浆的水中过一遍。事先存放的最好的蓝靛，叫标缸，将布在其中稍微渲染一下就立即取出。青布上便会隐约带有红光，这种布曾风靡一时。

蓝淀

凡蓝五种[1]，皆可为淀[2]。茶蓝即菘蓝，插根活。蓼蓝、马蓝、吴蓝等皆撒子生。近又出蓼蓝小叶者，俗名苋蓝，种更佳。

凡种茶蓝法，冬月割获，将叶片片削下，入窖造淀。其身斩去上下，近根留数寸，熏干，埋藏土内。春月烧净山土，使极肥松，然后用锥锄（其锄勾末向身长八寸许）刺土打斜眼，插入于内，自然活根生叶。其余蓝皆收子撒种畦圃中。暮春生苗，六月采实，七月刈身造淀。

凡造淀，叶与茎多者入窖，少者入桶与缸。水浸七日，其汁自来。每水浆一石下石灰五升，搅冲数十下，淀信即结。水性定时，淀沉于底。近来出产，闽人种山皆茶蓝，其数倍于诸蓝。山中结箬篓[3]，输入舟航。其掠出浮沫晒干者，曰靛花。凡靛入缸必用稻灰水先和，每日手执竹棍搅动，不可计数，其最佳者曰标缸。

注释

①蓝：可提取染料蓝靛的几种植物的统称。②淀：同“靛”，一种蓝色的染料。③箬（ruò）篓：竹篓。

译文

蓝有五种，都可以用来制作蓝淀。茶蓝也就是菘蓝，扦插就能成活。蓼蓝、马蓝、吴蓝等都是播撒种子种植的。近来又出现了一种小叶蓼蓝，俗称苋蓝，是更好的蓝品种。

种植茶蓝的方法是，在立冬之月（农历十月）收割，将茶蓝的叶子一片一片地摘下来，放入花窖制成蓝淀。将剩下的茶蓝茎秆的两头切掉，只留靠根的部位数寸，熏干后埋在土里贮藏。来年春天（农历二月），放火将山上的杂草烧掉，使土壤变得很疏松肥沃，然后用锥锄（这种锄的锄钩向内弯曲，约长八寸）掘土，打成斜洞，将保存的茶蓝茎段插入其中，根部自然会成活而长出叶子。其余几种蓝都是收子作种，撒在园圃中，春末就会出苗，六月采收种子，七月就可割蓝造淀。

制作蓝淀的时候，要是茎和叶很多，就放在花窖里，少的放在桶里或缸里，加水浸泡七天，自然会浸出蓝液。每一石蓝液加入石灰五升，搅打几十下，蓝淀很快就会结成。静放后，蓝淀就沉积在底部。近来所生产的蓝淀，多是福建人在山上遍种的茶蓝制得的，其数量比其他蓝的总和还要多几倍。他们在山上将茶蓝装入竹篓内，由船运到外地售卖。制作蓝淀时，将漂在上面的浮沫取出晒干后，就是靛花。放在缸里的蓝淀，必须要先用稻灰水搅拌调匀，每天手持竹棍搅拌无数次，其中质量最好的就是标缸。

红花

红花，场圃撒子种，二月初下种。若太早种者，苗高尺许即生虫如黑蚁，食根立毙。凡种地肥者，苗高二、三尺。每路打橛[①]，缚绳横拦，以备狂风拗折。若瘦地，尺五以下者，不必为之。

红花入夏即放绽，花下作梂汇多刺[②]，花出梂上。采花者必侵晨带露摘取。若日高露旰，其花即已结闭成实，不可采矣。其朝阴雨无露，放花较少，旰摘无妨，以无日色故也。红花逐日放绽，经月乃尽。入药用者不必制饼。若入染家用者，必以法成饼然后用，则黄汁净尽，而真红乃现也。其子煎压出油，或以银箔贴扇面，用此油一刷，火上照干，立成金色。

注释

①橛（jué）：小木桩。②梂（qiú）：球状花萼。

译文

红花是在田圃里撒播种子种植的，二月初就下种。如果种得太早，花苗长到一尺左右时，就会生出像黑蚂蚁一样的虫子，这种虫子咬食花的根部，很快就会使花苗死亡。种在肥沃地里的红花，花苗能长到二尺到三尺高。这就要在每行打桩，绑上绳子将红花横拦起来，以防红花被狂风吹断。如果种在瘦地里，花苗高度在一尺五寸以下，就不必这样做了。

红花到了夏天就开花，花下面结出多刺的球状花托和花苞，花就长在球状花托上。采花的人必须在天刚亮红花还带着露水的时候摘取，若等到太阳升起、露水干时，红花就已经闭合而不能摘了。当早晨阴雨而没有露水时，花开得比较少，因为没有太阳，晚点摘也可以。红花逐日开放，大约一个月才能开完。药用的红花不必制成花饼。若用来制染料在染房中使用，则必须按照一定的方法制成花饼后再用。制成饼后，其中的黄色汁液已经除尽，真正的红色就显出来了。红花籽实煎煮后榨出的油，刷在贴有银箔的扇面上，在火上烘干后，立即变成金色。

造红花饼法

带露摘红花，捣熟以水淘，布袋绞去黄汁。又捣以酸粟或米泔清。又淘，又绞袋去汁。以青蒿覆一宿[①]，捏成薄饼，阴干收贮。染家得法，“我朱孔阳[②]”，所谓猩红也（染纸吉礼用，亦必用制饼[③]，不然全无色）。

注释

①青蒿：菊科植物，有抑菌作用。②我朱孔阳：语出《诗经·豳风·七月》：“我朱孔阳，为公子裳。”孔阳：非常鲜明。③制饼：或作“紫矿”。

译文

摘取带着露水的红花，捣烂并用水淘洗后，装入布袋并拧去黄汁；然后取出来再捣，用发酸的淘米水再次淘洗，装入布袋中再拧去汁液。用青蒿盖一夜，捏成薄饼，阴干后收藏好。如果染色方法得当，就可以把衣裳染成鲜艳的猩红色（贺帖用的大红纸，也必须用红花饼来染，否则染不出大红色来）。

附：燕脂、槐花

燕脂古造法以紫矿染绵者为上[①]，红花汁及山榴花汁者次之[②]。近济宁路但取染残红花滓为之，值甚贱。其滓干者名曰紫粉，丹青家或收用，染家则糟粕弃也。

凡槐树十余年后方生花实。花初试未开者曰槐蕊，绿衣所需，犹红花之成红也。取者张度籅稠其下而承之[③]。以水煮一沸，漉干捏成饼，入染家用。既放之，花色渐入黄，收用者以石灰少许晒拌而藏之。

注释

①燕脂：即胭脂，红色颜料即化妆品。明人张自烈《正字通》曰："燕脂以红蓝花汁凝脂为之，燕国所出。"紫矿：蝶形花科紫矿属植物，为紫胶虫的主要寄主。其生产的紫胶以及紫胶虫的分泌物呈鲜朱红色，可作颜料。花亦可为红色或黄色染料。②山榴：石南科植物，其花红色。③张度籅稠其下：在树下密布竹筐。

译文

制造燕脂的古方，以用紫矿制成并可染丝的为上品，红花汁、山榴花汁做的次之。近来山东济宁一带有人只用染剩的红花滓来作燕脂，价钱很便宜。干的红花滓叫紫粉，画家有时会用到它，但染房则把它当作糟粕扔掉。

槐树生长十几年后才能开花结果。它刚长出的还没开放花的叫作槐蕊，染绿色衣料时所必需的原料，就像染红色要用红花一样。采摘槐花时要将竹筐成排放在槐树下来接取。槐花加水煮沸，捞起沥干后捏成饼，给染房用。已开的花逐渐变成黄色，收用槐花时必须拌少量石灰晒干后贮藏。

粹精第四[①]

宋子曰：天生五谷以育民，美在其中，有“黄裳”之意焉[②]。稻以糠为甲，麦以麸为衣，粟、粱、黍、稷毛羽隐然。播精而择粹[③]，其道宁终秘也？饮食而知味者，食不厌精[④]。杵臼之利，万民以济，盖取诸《小过》[⑤]。为此者岂非人貌而天者哉[⑥]？

注释

①粹精：《周易·乾卦》：“大哉乾乎，刚健中正，纯粹精也。”此指谷物加工，使其更加纯粹。②美在其中，有“黄裳”之意焉：《周易·坤卦》：“黄裳元吉，文在中也……美在其中，而畅于四支。”此处借喻粮食颗粒外有黄衣包裹，而精华则在其中。③播：通“簸”，播精指簸取其精而择其粹。④食不厌精：《论语·乡党》：“食不厌精，脍不厌细。”⑤小过：《周易·系辞下》：“臼杵之利，万民以济，盖取诸小过。”《小过》为《周易》第六十二卦，震（雷）上艮（山）下，或上动下静，而杵臼的工作原理也是杵在上动，臼在下静。⑥人貌而天者：虽然是人的行为，却能合于天道。

译文

宋子说：自然界生长五谷养育万民，而谷粒包藏在黄色谷壳里，像身披“黄裳”一样美。稻谷以糠皮为甲壳，麦子以麸皮为外衣，粟、粱、黍、稷都如同隐藏在毛羽之中。通过扬簸和碾磨等工序将谷物去壳、加工成米和面，这种方法难道会一直是个秘密吗？讲求饮食滋味的人们，都希望粮食加工得越精美越好。加工谷物的杵臼，给万民带来了巨大的便利，这大概是受到了《小过》卦象的启发吧。发明这类技术的人，难道不是人类中的天才吗？

攻稻

凡稻刈获之后，离稿取粒。束稿于手而击取者半，聚稿于场而曳牛滚石以取者半。凡束手而击者，受击之物或用木桶，或用石板。收获之时雨多霁少，田稻交湿不可登场者，以木桶就田击取。晴霁稻干，则用石板甚便也。

凡服牛曳石滚压场中，视人手击取者力省三倍。但作种之谷，恐磨去壳尖，减削生机，故南方多种之家，场禾多借牛力，而来年作种者则宁向石板击取也。

凡稻最佳者九穰一秕[①]，倘风雨不时，耘耔失节，则六穰四秕者容有之。凡去秕，南方尽用风车扇去。北方稻少，用扬法，即以扬麦、黍者扬稻，盖不若风车之便也。

凡稻去壳用砻[②]，去膜用舂、用碾。然水碓主舂，则兼并砻功，燥干之谷入碾亦省砻也。凡砻有二种，一用木为之，截木尺许（质多用松），斫合成大磨形，两扇皆凿纵斜齿，下合植榫穿贯上合，空中受谷。木砻攻米二千余石，其身乃尽。凡木砻，谷不甚燥者入砻亦不碎，故入贡军国、漕储千万，皆出此中也。一土砻，析竹匡围成圈[③]，实洁净黄土于内，上下两面各嵌竹齿。上合笃空受谷[④]，其量倍于木砻。谷稍滋湿者入其中即碎断。土砻攻米二百石，其身乃朽。凡木砻必用健夫，土砻即孱妇弱子可胜其任。庶民饔飧皆出此中也。

凡既砻，则风扇以去糠秕，倾入筛中团转。谷未剖破者浮出筛面，重复入砻。凡筛大者围五尺，小者半之。大者其中心偃隆而起，健夫利用；小者弦高二寸，其中平洼[⑤]，妇子所需也。

凡稻米既筛之后，入臼而舂，臼亦两种。八口以上之家，掘地藏石臼其上。臼量大者容五斗，小者半之。横木穿插碓头（碓嘴冶铁为之，用醋滓合上），足踏其末而舂之。不及则粗，太过则粉，精粮从此出焉。晨炊无多者，断木为手杵，其臼或木或石以受舂也。既舂以后，皮膜成粉，名曰细糠，以供犬豕之豢。荒歉之岁，人亦可食也。细糠随风扇播扬分去，则膜尘净尽而粹精见矣。

凡水碓，山国之人居河滨者之所为也，攻稻之法省人力十倍，人乐为之。引水成功，即筒车灌田同一制度也。设臼多寡不一，值流水少而地窄者，或两三臼；流水洪而地室宽者，即并列十臼无忧也。

江南信郡水碓之法巧绝。盖水碓所愁者，埋臼之地，卑则洪潦为患，高则承流不及。信郡造法，即以一舟为地，撅桩维之[6]。筑土舟中，陷臼于其上。中流微堰石梁，而碓已造成，不烦椓木壅坡之力也。又有一举而三用者，激水转轮头，一节转磨成面，二节运碓成米，三节引水灌于稻田，此心计无遗者之所为也。

凡河滨水碓之国，有老死不见砻者，去糠去膜皆以臼相终始，惟风筛之法则无不同也。凡硙砌石为之[7]，承藉、转轮皆用石。牛犊、马驹惟人所使，盖一牛之力，日可得五人。但入其中者，必极燥之谷，稍润则碎断也。

注释

①穰（ráng）：此指饱满的谷粒。秕（bǐ）：不饱满的谷粒。②砻（lóng）：破壳去谷的碾磨型农具，状如石磨，由镶有木齿或竹齿的上下臼、摇臂及支座等组成。下臼固定，上臼旋转，臼齿搓擦使稻壳裂脱。③匡：同“框”，边框，围子。④笃（chōu）：本指竹制滤酒器具。此指漏斗。⑤平洼：此指凹陷。⑥撅桩维之：在船边打桩将船围住，以作固定。一说在岸上打下木桩，用绳把船拴牢。⑦硙（wèi）：据文意和插图，当作“碾”。

译文

稻子收割之后，要脱秆取粒。脱粒的方法中，手握稻秆以摔打方式脱粒的占一半，把稻子铺在晒场上，用牛拉石磙进行脱粒的也占一半。手摔脱粒，被摔打之物或用木桶，或用石板。稻子收获的时候，如果遇上多雨少晴的天气，稻田和稻谷都很潮湿，则不可到晒场上脱粒，就用木桶在田间就地脱粒。如果遇上晴天稻子很干，则用石板脱粒更为方便。

用牛拉石磙压场脱粒要比手摔脱粒省力三倍。但留作稻种的稻谷，怕被磨掉保护谷胚的壳尖而使种子发芽率降低，所以南方种植水稻较多的人家，在场上脱粒多借牛力，而来年作稻种的则宁可在石板上摔打脱粒。

最好的稻谷，每十颗中有九颗是颗粒饱满的，只有一颗是干瘪的。倘若风雨不调，除草、壅根不及时，则间或有六颗饱满、四颗干瘪的情况。去掉秕谷的方法，南方都用风车扇去。北方稻少，则用扬场的方法，就是用扬麦和黍的办法来扬稻，但不如用风车方便。

稻谷去壳用砻，去皮用舂或碾。但是用水碓舂谷，则兼有砻的作用，干燥的稻谷用砻加工也可以不用砻。砻有两种，一种是用木头做的，截木一尺多（多用松木），砍削并合成磨盘形状，两扇都凿出纵向的斜齿，下扇用榫与上扇接合，谷从上扇孔中进入。木砻磨米二千多石就会损坏。用木砻磨米，即便是不太干燥的稻谷也不会被磨碎，因此上缴的军粮、官粮，漕运或库存以千万石计的，都要用木砻加工。另一种是土砻，破开竹子编成一个圆筐，中间用干净的黄土填充压实，上下两扇各镶上竹齿。上扇装竹篾漏斗受谷，其量为木砻的两倍。稻谷稍湿时，入土砻中就会磨碎。土砻磨米二百石就会损坏。使用木砻的必须是身体强壮的劳动力，而土砻即使是体弱力小的妇女儿童也能胜任。老百姓吃的米都是用土砻加工的。

稻谷经砻磨脱壳后，要用风车扇去糠秕，再倒进筛中团团转动。未破壳的稻谷便会浮出筛面，再倒入砻中进行加工。大的筛子周长五尺，小的筛子周长约为大筛的一半。大筛的中心稍微隆起，供强壮的劳动力使用；小筛的边高只有二寸，中心稍凹，供妇女儿童使用。

稻米筛过以后，放到臼里舂，臼也有两种。八口以上的人家，掘地埋石臼。大臼的容量是五斗，小臼的容量约为大臼的一半。另外用横木插入碓头（碓嘴用铁制成，用醋滓黏合），用脚踩踏横木的末端舂米。舂得不足，米就会粗糙；舂得过分，米就细碎成粉了。精米都是这样加工出来的。吃粮不多的人家，截木做成手杵，其臼用木制或用石制来舂捣。舂后的稻谷皮都成了粉，叫作细糠，可用来饲养猪狗。灾荒之年，人也可以吃。细糠被风车扬去，稻谷除尽了皮膜和尘土，便得到精白的米了。

水碓是住在山区靠河边的人们所使用的，用它来加工稻谷，要比人工省力十倍，因此人们都乐意使用水碓。水碓的引水构件与灌田的筒车的引水构件有同样的结构。水碓上设臼的数目多少不一，如果流水量小而地方也狭窄，就设置两三个臼；如果流水量大而地方又宽敞，那么即使并排设置十个臼也没问题。

江南广信府造水碓的方法非常巧妙。造水碓的困难在于埋臼的地方难选，地势太低可能会被洪水淹没，地势太高水又流不上去。广信府造法是用一条船作为埋臼之地，再在船边打桩将船围住。船中填土埋臼。如果在河的中流填石筑坝，安装水碓便无须打桩围堤了。更有一身而三用的水碓，激水转动轮轴，水碓第一节带动水磨磨面，第二节带动水碓舂米，第三节引水浇灌稻田，这是考虑得非常周密的人所创造的。

使用水碓的河滨地区，有人一辈子也没有见过砻，稻谷脱壳去糠都用石臼，只有风车和筛子是各个地方通用的。碾子以石砌成，碾盘、转轮皆用石。用牛犊或马驹来拉碾都可以，随人自便。一牛之力，一日可抵五人。但入碾中的必须是极干燥的稻谷，稍湿一点，米就会被碾碎。

攻麦

凡小麦其质为面。盖精之至者，稻中再舂之米；粹之至者，麦中重罗之面也。

小麦收获时，束稿击取，如去稻法。其去秕法，北土用扬，盖风扇流传未遍率土也。凡扬不在宇下，必待风至而后为之。风不至，雨不收，皆不可为也。

凡小麦既扬之后，以水淘洗尘垢净尽，又复晒干，然后入磨。凡小麦有紫、黄二种，紫胜于黄。凡佳者每石得面一百二十斤，劣者损三分之一也。

凡磨大小无定形，大者用肥健力牛曳转[①]。其牛曳磨时用桐壳掩眸，不然则眩晕。其腹系桶以盛遗，不然则秽也。次者用驴磨，斤两稍轻。又次小磨，则止用人推挨者。

凡力牛一日攻麦二石，驴半之。人则强者攻三斗，弱者半之。若水磨之法，其详已载《攻稻·水碓》中，制度相同，其便利又三倍于牛犊也。

凡牛、马与水磨，皆悬袋磨上，上宽下窄，贮麦数斗于中，溜入磨眼。人力所挨则不必也。

凡磨石有两种，面品由石而分。江南少粹白上面者，以石怀沙滓，相磨发烧，则其麸并破，故黑颣掺和面中[②]，无从罗去也。江北石性冷腻，而产于池郡之九华山者美更甚[③]。以此石制磨，石不发烧，其麸压至扁秕之极不破，则黑疵一毫不入，而面成至白也。凡江南磨二十日即断齿，江北者经半载方断。南磨破麸得面百斤，北磨只得八十斤，故上面之值增十之二。然面筋、小粉皆从彼磨出，则衡数已足，得值更多焉。

凡麦经磨之后，几番入罗，勤者不厌重复。罗筐之底用丝织罗地绢为之[④]。湖丝所织者[⑤]，罗面千石不损，若他方黄丝所为，经百石而已朽也。凡面既成后，寒天可经三月，春夏不出二十日则郁坏。为食适口，贵及时也。

凡大麦则就舂去膜，炊饭而食，为粉者十无一焉。荞麦则微加舂杵去衣，然后或舂或磨以成粉而后食之。盖此类之，视小麦，精粗贵贱大径庭也。

注释

①健：或作“犍”，指骟去睾丸的公牛。②黑颣（lèi）：瑕疵。此指黑麸皮。③池郡之九华山：今安徽池州境内的九华山。④罗地：一种丝织品。⑤湖丝：浙江湖州府产的丝。

译文

小麦是面粉原料。稻谷中最精细的是舂过多次的精米，小麦中最精细的是反复罗筛过的细白面粉。

收获小麦的时候，用手握住麦秆摔打脱粒，其方法和稻谷脱粒相同。去掉秕麦的方法，北方多用扬场的办法，这是因为风车的使用还没有普及全国。扬麦不能在屋檐下，而且一定要等有风的时候才能进行。风不来，雨不停，都不能扬麦。

小麦扬过后，用水淘洗将尘垢完全洗干净，再晒干，然后入磨。小麦有紫、黄两种，紫胜于黄。好麦每石可磨得面粉一百二十斤，劣麦少三分之一。

磨的大小没有固定的形制，大磨要用肥壮有力的牛来拉。牛拉磨时要用桐壳遮眼，否则牛会眩晕。牛腹下系一只桶以盛牛的粪便，不然就把地面弄脏了。小磨用驴来拉，重量稍轻些。再小的磨只需要人推。

用牛一日能磨两石麦子，用驴则能磨一石。强壮的人一天能磨麦三斗，体弱的人则能磨一斗半。至于水磨之法，已详载于《攻稻·水碓》一节中，结构相同，其功效又三倍于牛。

牛马拉的磨与水磨，都要在磨上方悬挂一个上宽下窄的袋子，内装麦数斗，缓缓自动滑入磨眼，人力推磨时就用不着了。

造磨的石料有两种，面粉的品质也因石料而异。江南细白的上等面粉很少，因磨石石料含沙，相磨发热，则麦麸破碎，以致黑麸混入面中，无法罗筛去除。江北石料性凉且细腻，池州府九华山出产的石料更好。以此石制成的磨，磨面时石头不会发热，麦麸虽压得很扁但不会破碎，所以黑麸皮一点都不会掺混到面里，这样磨成的面粉极白。江南的磨用二十天即断齿，而江北的磨要用半年才断齿。南方的磨因磨破麸皮，每石得面百斤，北方的磨只得八十斤，所以上等面粉的价钱就要贵十分之二。然而从北方的磨里出来的麸皮还可以提取面筋和小粉，则总产量也是足够的，收益也就更多了。

麦子磨过以后，还要多次入罗，勤劳的人们不厌重复。罗筐底用丝织罗地绢制作。如果用湖州丝所制的罗底，那么罗一千石面也不会破，如用其他黄丝作罗底，则罗过百石即已损坏。面粉在磨好以后，在寒冷季节里可以存放三个月，春夏时节则不出二十天就会受潮而变质。为使食物适口，贵在及时食用。

大麦舂后去膜便可烧饭，磨成面粉食用的不到十分之一。荞麦微加舂杵去皮，然后或舂或磨作成荞麦粉食用。这些粮食与小麦相比，精粗贵贱就差得太远啦！

攻黍、稷、粟、粱、麻、菽

凡攻治小米，扬得其实，舂得其精，磨得其粹。风扬、车扇而外，簸法生焉。其法篾织为圆盘，铺米其中，挤匀扬播。轻者居前，簸弃地下[①]；重者在后，嘉实存焉。凡小米舂、磨、扬、播制器，已详《稻》《麦》之中。惟小碾一制在《稻》《麦》之外。北方攻小米者，家置石墩，中高边下，边沿不开槽。铺米墩上，妇子两人相向，接手而碾之。其碾石圆长如牛赶石，而两头插木柄。米堕边时，随手以小彗扫上。家有此具，杵臼竟悬也[②]。

凡胡麻刈获，于烈日中晒干，束为小把，两手执把相击。麻粒绽落，承藉以簟席也。凡麻筛与米筛小者同形，而目密五倍。麻从目中落，叶残角屑皆浮筛上而弃之。

凡豆菽刈获，少者用枷，多而省力者仍铺场，烈日晒干，牛曳石赶而压落之。凡打豆枷，竹木竿为柄，其端锥圆眼，拴木一条，长三尺许，铺豆于场，执柄而击之。凡豆击之后，用风扇扬去荚叶，筛以继之，嘉实洒然入廪矣。是故舂、磨不及麻，硙碾不及菽也[③]。

注释

①簸弃：或作“揲弃”。②悬：悬置而不用也。③硙（wèi）：石磨。或作“碨”。

译文

加工小米的方法是：扬净后得到实粒，舂后得到小米，磨后得到小米粉。除风扬、车扇外，还有一种簸法。其方法是用篾条编成圆盘，将米铺入其中，均匀地扬簸。轻的扬到前面，抛弃到地上；重的留在后面，都是饱满的米粒。加工小米用的舂、磨、扬、播等工具，已详载于《攻稻》《攻麦》两节中。只是小碾在《攻稻》《攻麦》两节中没有谈到。北方加工小米，在家中安置一个石墩，中间高，四边低，边沿不开槽。米铺在墩上，妇女两人面对面，相互手持石碳碾压。碾石是长圆形的，好像牛拉的石碳，两头插上木柄。米落到碾的边沿时，就随手用小扫帚扫进去。家里有了这种工具，就用不着杵臼了。

芝麻收割后，在烈日下晒干，捆成小把，然后双手各执一把相互拍打。芝麻粒就会脱粒，下面用竹席承接。芝麻筛和小的米筛形状相同，但筛眼比米筛密五倍。芝麻粒从筛眼中落下，再将浮在筛上的残叶、角屑等杂物抛弃。

豆类收获后，量少的用打枷脱粒，如果量多，省力的办法仍然是铺在晒场上，在烈日下晒干，用牛拉石碳来脱粒。打豆枷用竹竿或木杆作柄，柄的前端钻个圆眼，拴上一条长约三尺的木棒，把豆铺在场上，手执枷柄甩打。豆打落后，用风车扬去荚叶，再筛过，得到的饱满豆粒就可入仓了。所以说，芝麻用不着舂和磨，豆类用不着磨和碾。

作咸第五

宋子曰：天有五气，是生五味[①]。润下作咸，王访箕子而首闻其义焉[②]。口之于味也，辛酸甘苦经年绝一无恙。独食盐禁戒旬日，则缚鸡胜匹[③]，倦怠恹然。岂非天一生水[④]，而此味为生人生气之源哉？四海之中，五服而外[⑤]，为蔬为谷，皆有寂灭之乡，而斥卤则巧生以待[⑥]。孰知其所已然？

注释

①天有五气，是生五味：按中国古代五行说，东方木，味酸；南方火，味苦；西方金，味辛；北方水，味咸；中央土，味甘。见《尚书·洪范》及《礼记·月令》。②润下作咸，王访箕子而首闻其义焉：《尚书·洪范》序云：武王伐殷，既胜，以箕子归镐京，访以天道，箕子为陈天地之大法，叙述其事，作《洪范》。《洪范》起首即说五行，且云："水曰润下，火曰炎上，木曰曲直，金曰从革，土曰稼穑。润下作咸，炎上作苦，曲直作酸，从革作辛，稼穑作甘。"③缚鸡胜匹：缚一只鸡，比捆匹牛马还吃力。④天一生水：《汉书·律历志》："天以一生水，地以二生火，天以三生木，地以四生金，天以五生土。"⑤五服：指边荒之地。⑥斥卤：盐卤。

译文

宋子说：大自然有五行之气，由此又产生五味。五行中的水湿润而流动，具有盐的咸味，周武王访问箕子后才第一次懂得了这个道理。对于人来说，五味中的辣、酸、甜、苦，经年缺少其中之一，对身体都毫无影响。唯独盐，十天不吃，便会手无缚鸡之力，疲倦不振，无精打采。这不正好说明大自然产生水，而水中产生的咸味是人生命力的源泉吗？四海之内，边荒以外，到处都有不长蔬菜和谷物的不毛之地，而食盐却巧妙地分布于各处，以待人们取用。有谁能知道其中的道理呢？

盐产

凡盐产最不一，海、池、井、土、崖、砂石，略分六种，而东夷树叶[①]，西戎光明不与焉[②]。赤县之内[③]，海卤居十之八，而其二为井、池、土碱。或假人力，或由天造。总之，一经舟车穷窘，则造物应付出焉。

注释

①东夷树叶：东北地区少数民族将泌盐植物叶上的盐霜刮取食用。如吉林产怪柳科的西河柳等。②西戎光明：产于西北，无色透明晶体，可食用。《本草纲目》卷十一称其多产山石上，有“开盲明目”之效。③赤县：华夏、中国。

译文

盐的出产来源不一，大略可分为海盐、池盐、井盐、土盐、崖盐和砂石盐等六种，而东北少数民族地区出产的树叶盐和西北少数民族地区出产的光明盐还不包括在其中。中国境内，海盐产量占十分之八，剩下十分之二是井盐、池盐和土盐。这些盐有的是靠人工提取出来的，有的则是天然生成的。总之，凡是在交通运输不便、外地食盐难以运到的地方，大自然都会就地提供盐产，供人食用。

海水盐

凡海水自具咸质。海滨地高者名潮墩，下者名草荡，地皆产盐。同一海卤传神，而取法则异。

一法：高堰地，潮波不没者，地可种盐。种户各有区画经界，不相侵越。度诘朝无雨[①]，则今日广布稻麦稿灰及芦茅灰寸许于地上，压使平匀。明晨露气冲腾，则其下盐茅勃发[②]。日中晴霁，灰、盐一并扫起淋煎。

一法：潮波浅被地，不用灰压，候潮一过，明日天晴，半日晒出盐霜，疾趋扫起煎炼。

一法：逼海潮深地，先掘深坑，横架竹木，上铺席苇，又铺沙于苇席之上。俟潮灭顶冲过，卤气由沙渗下坑中。撤去沙苇，以灯烛之，卤气冲灯即灭，取卤水煎炼③。总之功在晴霁，若淫雨连旬，则谓之盐荒。又淮场地面，有日晒自然生霜如马牙者，谓之大晒盐。不由煎炼，扫起即食。海水顺风飘来断草，勾取煎炼，名蓬盐。

凡淋煎法，掘坑二个，一浅一深。浅者尺许，以竹木架芦席于上，将扫来盐料（不论有灰无灰，淋法皆同），铺于席上。四围隆起作一堤垱形，中以海水灌淋，渗下浅坑中。深者深七八尺，受浅坑所淋之汁，然后入锅煎炼。

凡煎盐锅古谓之“牢盆④”，亦有两种制度。其盆周阔数丈，径亦丈许。用铁者以铁打成叶片，铁钉拴合，其底平如盂，其四周高尺二寸。其合缝处一经卤汁结塞，永无隙漏。其下列灶燃薪，多者十二三眼，少者七八眼，共煎此盘。南海有编竹为者，将竹编成阔丈深尺，糊以蜃灰⑤，附于釜背。火燃釜底，滚沸延及成盐。亦名盐盆，然不若铁叶镶成之便也。凡煎卤未即凝结，将皂角椎碎⑥，和粟米糠二味，卤沸之时投入其中搅和，盐即顷刻结成。盖皂角结盐，犹石膏之结腐也。

凡盐淮扬场者，质重而黑，其他质轻而白。以量较之。淮场者一升重十两，则广、浙、长芦者只重六七两⑦。凡蓬草盐不可常期，或数年一至，或一月数至。凡盐见水即化，见风即卤，见火愈坚。凡收藏不必用仓廪。盐性畏风不畏湿，地下叠稿三寸，任从卑湿无伤。周遭以土砖泥隙，上盖茅草尺许，百年如故也。

注释

①度：推测。诘朝：第二天。②盐茅：盐像茅草一样丛生。③卤水：含盐分的水。主要成分是食盐（氯化钠），也有少量硫酸钙、氯化镁等杂质，味苦。④牢盆：《本草纲目》卷十一食盐条云：“其煮盐之器，汉谓之牢盆。今或鼓铁为之，南海人编竹为之。”⑤蜃灰：蛤蜊壳烧成的灰。⑥皂角：豆科皂角树的荚果，又名皂荚。能发泡，用以絮聚卤水中杂质，促进食盐结晶。⑦长芦：长芦盐场，我国四大盐场之一，在今渤海沿岸。

译文

海水本身就具有盐质。海滨地势高的地方叫作潮墩，地势低的地方叫作草荡，这些地方都产盐。虽然同样的盐出于海中，但制盐的方法却各不相同。

一种方法是：在海潮不能浸漫的堤岸高地上种盐。种盐户各有划定的区域和界限，互不侵越。预计次日无雨，则今日将一寸多厚的稻麦秆灰及芦茅灰遍地撒上，压紧并使其均匀。次日早晨雾气冲腾之时，盐分便像茅草一样在灰层中长出。白天晴朗时，将灰和盐一起扫起来后淋洗、煎炼。

另一种方法是：在潮水较浅的地方，不用草木灰压。只等潮水过后，至次日天晴，半天就能晒出盐霜，然后赶快扫起来，加以煎炼。

还有一种方法是：将海潮引至深处，预先挖掘一个深坑，上面横架竹或木，上铺苇席，苇席上铺沙。当海潮淹没坑顶而冲过之后，卤气便经过沙子渗入坑内。将沙子和苇席撤去，用灯放在坑内照之。当卤气能把灯冲灭的时候，就可以取卤水出来煎炼了。总之，成功的关键在于能否天晴，如果阴雨连绵十日，盐被迫停产，则称为盐荒。在江苏淮扬一带，人们靠日光把海水晒干，这种经过日晒而自然凝结的盐霜好像马牙似的，就叫作大晒盐。不需要煎炼，扫起来就可以食用。此外，顺风从海水中漂来的海草，人们捞起来煎炼而制出的盐叫作蓬盐。

盐的淋洗和煎炼的方法是挖一浅一深两个坑。用竹或木将芦席架在坑上，将扫起来的盐料（不论有灰的还是无灰的，淋洗的方法都是一样的），铺在席上。席的四周堆得高些，做成堤坝形，中间用海水灌淋，盐卤水便可渗入浅坑中。深的坑有七八尺深，用来容纳浅坑淋灌下的卤水，然后倒入锅里煎炼。

煎盐的锅古时叫作“牢盆”，也有两种形制。牢盆周围数丈，直径也有一丈多。铁制的是将铁打成叶片，再用铁钉铆合，其底平如盂，边高一尺二寸。接缝处一旦被卤水内盐分结晶堵塞后，就永远不会泄漏。牢盆下面砌灶烧柴，灶眼多的有十二三个，少的也有七八个，共同烧煮。南方沿海地区有用竹制成的，将竹编成阔一尺丈、深一尺的盆，糊上蜃灰，附于锅背。锅下烧火，卤水滚沸便逐渐成盐。这种盆也叫作盐盆，但不如铁片镶成的牢盆便利。煎炼盐卤汁时，如果没有即时凝结，可将皂角捣碎，掺和粟米糠，待卤水沸腾后投入其中搅拌，食盐便顷刻结晶析出。加入皂角而使盐凝结，就好像做豆腐时使用石膏一样。

江苏淮扬一带盐场出产的盐，质重而黑，其他地方出产的盐轻且白。如以重量来对比，淮扬盐场的盐，一升重约十两，而广东、浙江、长芦盐场的盐只有六七两重。蓬草盐的来源不稳定，有时候数年来一次，有时候一月来数次。盐遇水即溶解，见风即流盐卤，见火则愈发坚硬。储藏盐不必用仓库。盐的特性是怕风不怕湿，只要在地上铺三寸厚的稻草秆，任凭地势低湿亦无妨。如果周围再用砖砌上，缝隙用泥封堵上，上面盖上一尺多厚的茅草，则放置一百年也不会变质。

池盐

凡池盐，宇内有二，一出宁夏，供食边镇；一出山西解池，供晋、豫诸郡县。解池界安邑、猗氏、临晋之间[①]，其池外有城堞，周遭禁御。池水深聚处，其色绿沉。土人种盐者，池傍耕地为畦垄[②]，引清水入所耕畦中。忌浊水，参入即淤淀盐脉。

凡引水种盐，春间即为之，久则水成赤色。待夏秋之交，南风大起，则一宵结成，名曰颗盐，即古志所谓大盐也。以海水煎者细碎，而此成粒颗，故得大名。其盐凝结之后，扫起即成食味。种盐之人，积扫一石交官，得钱数十文而已。其海丰、深州引海水入池晒成者[③]，凝结之时扫食不加人力，与解盐同。但成盐时日，与不借南风则大异也。

注释

①安邑、猗氏、临晋：皆为山西古县名。解池实际位于晋南的安邑、解州之间。②傍：同“旁”，旁边。③海丰、深州：海丰即今广东海丰县。深州疑指海丰之一地。一说海丰即今河北盐山县，深州即今河北深州，但此二地距离海甚远，当误。

译文

我国有两个池盐产地，一处在宁夏，出产的食盐供边镇食用；另一处在山西解池，出产的食盐供山西、河南各郡县食用。解池位于安邑、猗氏、临晋之间，池外有城墙，周围被护卫。池水深的地方，水呈深绿色。当地制盐的人，在池旁犁地成畦垄，把池内清水引入所犁畦中。切忌浊水渗入，否则泥沙淤积会堵塞盐脉。

引池水种盐春季就要开始，时间晚了水就成红色。等到夏秋之交，南风劲吹，一夜之间就能凝结成盐，这种盐叫作颗盐，也就是古书上所说的大盐。因为海水煎炼的盐细碎，而池盐则成颗粒状，故名大盐。此盐凝结之后，扫起即可食用。制盐的人，积扫一石盐上交给官府，只得几十文铜钱。海丰、深州地区引海水入池晒成的盐，不需煎炼，扫起即食，这点与解池盐相同。但成盐的时间以及它不依靠南风这两点，与解池盐大不相同。

井盐

凡滇、蜀两省远离海滨，舟车艰通，形势高上，其咸脉即韫藏地中。凡蜀中石山去河不远者，多可造井取盐。盐井周圆不过数寸，其上口一小盂覆之有余，深必十丈以外乃得卤信[①]，故造井功费甚难。

其器冶铁锥，如碓嘴形[②]，其尖使极刚利，向石上舂凿成孔。其身破竹缠绳，夹悬此锥。每舂深入数尺，则又以竹接其身使引而长。初入丈许，或以足踏碓梢，如舂米形。太深则用手捧持顿下。所舂石成碎粉，随以长竹接引，悬铁盏挖之而上。大抵深者半载，浅者月余，乃得一井成就。

盖井中空阔，则卤气游散，不克结盐故也。井及泉后，择美竹长丈者，凿净其中节，留底不去。其喉下安消息[③]，吸水入筒，用长絙系竹沉下[④]，其中水满。井上悬桔槔、辘轳诸具，制盘驾牛。牛拽盘转，辘轳绞絙，汲水而上。入于釜中煎炼（只用中釜，不用牢盆），顷刻结盐，色成至白。

西川有火井，事奇甚。其井居然冷水[⑤]，绝无火气。但以长竹剖开去节，合缝漆布，一头插入井底，其上曲接，以口紧对釜脐，注卤水釜中。只见火意烘烘，水即滚沸。启竹而视之，绝无半点焦炎意。未见火形而用火神，此世间大奇事也。

凡川、滇盐井逃课掩盖至易，不可穷诘。

注释

①卤信：盐层。或作“卤性”。②碓嘴形：即打钻工具的钻头，相当于顿钻，即冲击式钻井工具。③消息：相当于阀门。竹筒至井下，其下阀门受卤水压力而张开，卤水进入筒内。提升竹筒，筒中卤水又将阀门关闭。这是用唧筒原理制成的提卤装置。④长絙（gēng）：长粗绳。⑤火井：即今之天然气井，主要含沼气或甲烷，易燃。四川临邛一带在汉代已有火井。

译文

云南和四川远离海滨，交通不便利，地势较高，故其盐脉蕴藏于地中。四川境内离河不远的石山上，多可凿井取盐。盐井的周长不过数寸，其上口盖一个小盆尚且有余，而盐井的深度必须在十丈以上，才能到达盐卤水层，因此凿井特别费功夫，十分困难。

凿井的工具是碓嘴形的铁锥，要把铁锥的尖端做得非常坚固锋利才能将石层冲凿成孔。夹悬此铁锥的锥身用破开两半的竹片做成，再用绳缠紧。每凿进数尺深，则以竹将其接长。最初凿入一丈深，可用脚踏碓梢，就像舂米那样。太深时则用手持铁锥向下冲凿。所舂的岩石已成碎粉，随后接引长竹，悬上铁勺，将碎石挖上来。打一口深井大约需要半年时间，浅井则需要一个多月才能凿成一口。

井口宽阔，卤气就会游散，以致不能凝结成盐。盐井凿到盐卤泉水时，挑选一根长约一丈的好竹子，将竹筒内的节都凿穿，只保留最底下的一节。在竹节的下端安一个吸水的单向阀门以便汲取盐水入筒，用长粗绳拴上竹筒沉到井下，竹筒内会汲满盐水。井上悬桔槔、辘轳等提水工具，架起转盘并套上车。牛拉盘转，辘轳绞绳，吸水而上。然后将卤水倒进锅里煎炼（只用中号的锅，而不用牢盆），很快就能凝结成盐，颜色雪白。

四川西部地区有一种火井，非常奇妙。火井里居然全都是冷水，完全没有一点火气。但是以长竹筒劈开去掉中节，借漆布将合缝封闭，将一头插入井底，另一头接以曲管，其口对准锅底正中，将卤水注入锅中。只见火焰烘烘，卤水即刻沸腾。可是打开竹筒一看，却没有一点烧焦的痕迹。火井中的气没有火的形状，但引燃后却有火的功用，这是世间的一大奇事。

四川、云南的盐井，很容易逃避官税，难以追查。

末盐

凡地碱煎盐，除并州末盐外[①]，长芦分司地土人[②]，亦有刮削煎成者，带杂黑色，味不甚佳。

注释

①并州：今山西中部太原一带。有土盐。末盐：细末状的盐。②长芦

分司：明廷驻北海长芦盐场盐运使在沧州与青州设二分司，掌管盐业。

译文

由地碱煎熬的盐，除了并州的末盐之外，长芦盐场盐运使分司管辖的地区内，也有人刮土熬成盐，这种盐含有杂质，颜色比较黑，味道也不太好。

崖盐

凡西省阶、凤等州邑①，海井交穷。其岩穴自生盐，色如红土，恣人刮取，不假煎炼。

注释

①阶：阶州，今甘肃武都。凤：凤州，今陕西凤县。

译文

陕西省的阶州、凤州等地区，既没有海盐又没有井盐。但当地岩穴中却自成岩盐，色如红土，任人刮取，不必熬炼。

甘嗜第六[1]

宋子曰：气至于芳，色至于靘[2]，味至于甘，人之大欲存焉。芳而烈，靘而艳，甘而甜，则造物有尤异之思矣。世间作甘之味，什八产于草木，而飞虫竭力争衡，采取百花酿成佳味，使草木无全功。孰主张是，而颐养遍于天下哉？

注释

①甘嗜：语出《尚书·甘誓》："太康失邦……甘酒嗜音。"汉人刘熙《释名》云："豉嗜也，五味调和须之而成，乃甘嗜也。"甘嗜即爱好甜味，此指制糖酿蜜或泛指制糖。②靘（qìng）：青黑色。此指颜色艳丽。

译文

宋子说：芳香馥郁的气味，浓艳美丽的颜色，甜美可口的滋味，人们对这些都有着强烈的欲望。有些天然产物芳香特别浓烈，有些颜色特别艳丽，有些滋味尤其可口，这都是大自然的特殊安排。世间具有甜味的东西，十之八九来自草木，而蜜蜂也竭力争衡，采集百花酿成佳蜜，使草木不能独占全功劳。谁在主宰这一切，使草木和蜜蜂产生甜味而滋养天下人呢？

蔗种

凡甘蔗有二种，产繁闽、广间，他方合并得其十一而已。似竹而大者为果蔗[1]，截断生啖，取汁适口，不可以造糖；似荻而小者为糖蔗[2]，口啖即棘伤唇舌，人不敢食，白霜、红砂皆从此出。凡蔗古来中国不知造糖，唐大历间，西僧邹和尚游蜀中遂宁始传其法[3]。今蜀中种盛，亦自西域渐来也。

凡种荻蔗，冬初霜将至，将蔗斫伐，去杪与根，埋藏土内（土忌洼聚水湿处）。雨水前五六日，天色晴明即开出，去外壳，斫断约五六寸长，以两个节为率，密布地上，微以土掩之，头尾相枕，若鱼鳞然。两芽平放，不得一上一下，致芽向土难发。芽长一二寸，频以清粪水浇之，俟长六七寸，锄起分栽。

凡栽蔗必用夹沙土，河滨洲土为第一。试验土色，掘坑尺五许，将沙土入口尝味，味苦者不可栽蔗。凡洲土近深山上流河滨者，即土味甘亦不可种。盖山气凝寒，则他日糖味亦焦苦。去山四五十里，平阳洲土择佳而为之（黄泥脚地，毫不可为）。

凡栽蔗治畦，行阔四尺，犁沟深四寸。蔗栽沟内，约七尺列三丛，掩土寸许，土太厚则芽发稀少也。芽发三四个或六七个时，渐渐下土，遇锄耨时加之。加土渐厚，则身长根深，庶免欹倒之患。凡锄耨不厌勤过，浇粪多少视土地肥硗。长至一二尺，则将胡麻或芸苔枯浸和水灌，灌肥欲施行内。高二三尺则用牛进行内耕之。半月一耕，用犁一次垦土断傍根，一次掩土培根。九月初培土护根，以防斫后霜雪。

注释

①果蔗：禾本科竹蔗。②糖蔗：禾本科荻蔗。③“唐大历间”二句：宋人王灼《糖霜谱》称唐大历年间有邹和尚至四川遂宁传制糖法。但这只能理解为遂宁制糖之始，且邹和尚不是西僧，是汉人。又据南朝梁陶弘景《本草经集注》，中国以蔗制糖早在六朝时已开始，不始于唐。

译文

甘蔗有两种，盛产于福建、广东一带，其他地方所种植的，总共加起来也不过是这两地的十分之一。甘蔗中形似竹但比竹大的，叫作果蔗，截断后可以直接生吃，汁液甜蜜可口，但不能制糖；形似荻但比荻小的，叫作糖蔗，生吃容易刺伤唇舌，所以人们不敢生吃，白糖、红砂糖都是由这种甘蔗生产的。中国古代不知用甘蔗制糖，唐朝大历年间，西域僧人邹和尚游经四川遂宁，始传制糖之法。现在四川大量种植甘蔗，也是从西域逐渐传来的。

种植荻蔗的方法是，在初冬将要下霜的时候，将荻蔗砍倒，去掉梢和根，埋在泥土里（不能埋在低洼积水潮湿的土内）。来年雨水节气的前五六日，趁天气晴朗时将荻蔗挖出，剥去外壳，砍成五六寸长一段，以每段都要有两个节为准，密排在地上，盖上少量土，使头尾相叠，像鱼鳞似的。每段荻蔗上的两个芽都要平放，不能一上一下，致使下面的芽难以萌发出土。荻蔗芽长到一二寸的时候，要经常浇灌清粪水，等到长至六七寸的时候，便可挖出来移植分栽了。

栽种甘蔗必须用沙壤土，靠近江河边的沙泥土是最好的。鉴别土质的方法是，挖一个深约一尺五寸的坑，将坑里的沙土放入口中尝味，味苦者不能用来栽种甘蔗。但靠近深山的河流上游的河边土，即便是土味甘甜也不可栽种甘蔗。这是因为山地气候寒冷，将来制成的蔗糖的味道也会是焦苦的。在距山四五十里的平坦宽阔、阳光充足的河边土地，选择最好的地段来种植（黄泥土根本不适于种植）。

栽种甘蔗时要整地造畦，每行宽四尺，犁四寸深的沟。将蔗栽在沟内，约七尺栽三棵，盖上一寸多厚的土，土太厚出芽就会稀少。每棵长到三四个或六七个芽时，逐渐培土，每逢中耕锄草时都要培土。培的土越来越厚，蔗秆长高而根也扎深了，这样就可避免倒伏的危险。锄耕除草不嫌次数多，浇粪多少视土地肥瘦而定。等到长到一两尺高时，则将芝麻枯饼或油菜籽枯饼泡水浇肥，肥料要浇灌在行内。蔗高两三尺时，则要用牛进入行间耕作。每半月犁耕一次，一次用来翻土并犁断旁根，一次用来掩土培根。九月初则要培土护根，以防砍后蔗根被霜雪冻坏。

蔗品

凡荻蔗造糖，有凝冰、白霜、红砂三品。糖品之分，分于蔗浆之老嫩。凡蔗性至秋渐转红黑色，冬至以后由红转褐，以成至白。五岭以南无霜国土①，蓄蔗不伐以取糖霜。若韶、雄以北②，十月霜侵，蔗质遇霜即杀，其身不能久待以成白色，故速伐以取红糖也。凡取红糖，穷十日之力而为之。十日以前，其浆尚未满足。十日以后恐霜气逼侵，前功尽弃。故种蔗十亩之家，即制车、釜一付以供急用。若广南无霜，迟早惟人也。

注释

①五岭：即跨越湘、赣二省及广东的五岭山脉。岭南指广东、广西。
②韶、雄以北：广东的韶关和南雄以北，即五岭以北。

译文

荻蔗造出的糖有凝冰糖、白霜糖和红砂糖三个品种。糖的品种由荻蔗的老嫩而决定。荻蔗的外皮到秋天就会逐渐变成深红色，冬至以后就会由红色转变为褐色，最后变成白色。五岭以南没有霜冻的地区，荻蔗冬天也留在地里不砍收，让它长得更好些以用来制造白糖。但广东韶关、南雄以北地区，十月即降霜，蔗质一经霜冻即遭破坏，那里的荻蔗不能在田里久放等它变成白色，故而迅速砍伐以取红糖。制造红糖，要尽量在霜降前十天内完成。再早荻蔗糖浆就无法生长充足。再晚又怕霜冻侵袭而导致前功尽弃。所以种蔗多达十亩的人家，应制一套榨糖和煮糖用的车和锅以供急用。至于广东南部没有霜冻的地区，荻蔗收割的早迟就随人自主决定。

造糖

凡造糖车，制用横板二片，长五尺，厚五寸，阔二尺，两头凿眼安柱。上榫出少许，下榫出板二三尺，埋筑土内，使安稳不摇。上板中凿二眼，并列巨轴两根（木用至坚重者），轴木大七尺围方妙。两轴一长三尺，一长四尺五寸。其长者出榫安犁担。担用屈木，长一丈五尺，以便驾牛团转走。轴上凿齿，分配雌雄，其合缝处须直而圆，圆而缝合。夹蔗于中，一轧而过，与棉花赶车同义。

蔗过浆流，再拾其滓，向轴上鸭嘴扱入，再轧，又三轧之，其汁尽矣，其滓为薪。其下板承轴，凿眼只深一寸五分，使轴脚不穿透，以便板上受汁也。其轴脚嵌安铁锭于中，以便捩转[①]。凡汁浆流板有槽枧，汁入于缸内。每汁一石下石灰五合于中[②]。凡取汁煎糖，并列三锅如“品”字，先将稠汁聚入一锅，然后逐加稀汁两锅之内。若火力少束薪，其糖即成顽糖[③]，起沫不中用。

注释

①捩（liè）转：转动。②下石灰五合：蔗汁内杂质妨碍糖分结晶，加石灰可令杂质沉淀。五合：半升，一升为十合。③顽糖：即胶糖，无法结晶。

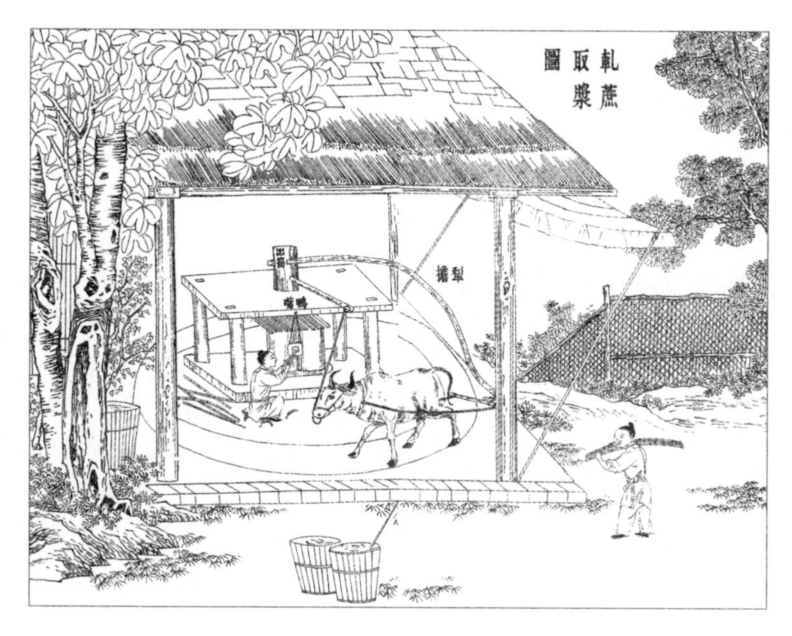

轧蔗取浆

译文

制造糖车要用两块横板，各长五尺、厚五寸、宽二尺，在横板两端凿孔安上柱子。柱子上端的榫头从上横板露出少许，下端的榫头要穿过下横板二三尺，这样才能埋在地下，使整个车身安稳而不摇晃。在上横板的中部凿两个孔眼，并排安放两根大木轴（用极硬而重的木料），做轴的木料的周长大于七尺为最好。两根木轴中一根长三尺，另一根长四尺五寸。长轴的榫头露出上横板以便安装犁担。犁担用一根长一丈五尺的曲木做成，以便驾牛转圈走动。轴上凿互相咬合的凹凸转动齿轮，两轴合缝处必须又直又圆，这样缝才能密合。把甘蔗夹在两轴之间一轧而过，这与轧棉花的赶车是同样的道理。

甘蔗经过压榨便会流出蔗浆，再拾起蔗渣插入轴上的鸭嘴处进行第二次压榨，然后再压榨第三次，蔗汁便被榨尽了，剩下的蔗渣可当柴烧。支承双轴的下横板上凿两个深一寸五分的眼，使轴脚不能穿透下横板，以便在板面上承接蔗汁。轴的下端要镶铁以便于转动。承接蔗汁的下横板上有槽，蔗汁通过槽流入缸内。每石蔗汁要加入五合石灰。取蔗汁熬糖时，将三口铁锅排列成“品”字形，先将浓蔗汁集中在一口锅内，再逐步将稀蔗汁加入另两口锅内。如果火力不足，哪怕只少一把柴，也会把糖浆熬成质量低劣的顽糖，只起泡沫而没有用处。

造白糖

凡闽、广南方经冬老蔗，用车同前法。榨汁入缸，看水花为火色。其花煎至细嫩，如煮羹沸，以手捻试，粘手则信来矣。此时尚黄黑色，将桶盛贮，凝成黑沙[①]。然后以瓦溜（教陶家烧造）置缸上[②]。其溜上宽下尖，底有一小孔，将草塞住，倾桶中黑沙于内。待黑沙结定，然后去孔中塞草，用黄泥水淋下[③]，其中黑滓入缸内，溜内尽成白霜。最上一层厚五寸许，洁白异常，名曰西洋糖（西洋糖绝白美，故名）。下者稍黄褐。

造冰糖者，将洋糖煎化，蛋青澄去浮滓，候视火色。将新青竹破成篾片，寸斩撒入其中。经过一宵，即成天然冰块。造狮、象、人物等，质料精粗由人。凡白糖有五品[④]，“石山”为上，“团枝”次之，“瓮鉴”次之，“小颗”又次，“沙脚”为下。

注释

①黑沙：蔗汁熬煮后的浓液冷却时呈黑色，即黑色糖膏。②瓦溜：用糖膏重力分离糖蜜以取得砂糖的陶制工具，类似过滤漏斗。③黄泥水：取黄泥水上层溶液，起脱色、除蜜作用。④白糖：当作“冰糖”。

译文

福建、广东南部整个冬天放在田里的老蔗，用糖车压榨与前面所讲过的方法相同。榨出的蔗汁流入缸中，熬糖时通过观察蔗汁沸腾时的水花来控制火候。当熬到水花呈细珠状，好像煮沸的肉羹时，就用手捻试一下，如果粘手就说明已经熬到火候了。这时的糖浆还是黄黑色，盛装到桶里，让它凝结成黑色糖膏。然后将瓦溜（请陶工专门烧制而成）放到缸上。这种瓦溜上宽下尖，底部有一个小孔，用草将小孔塞住，把桶里的黑色糖膏倒入瓦溜中。等黑色糖膏凝固后，就除去塞住小孔的草，用黄泥水从上淋下，其中黑滓就会淋进缸内，留在瓦溜中的尽成白糖。最上面的一层约有五寸厚，洁白异常，名叫西洋糖（西洋糖非常白，因而得名）。下面的稍带黄褐色。

制造冰糖的方法是，将白糖熬化，用鸡蛋清澄去浮渣，注意控制火候。将新鲜的青竹破截成一寸长的篾片，撒入糖汁中。经过一夜，就自然凝结成天然冰块那样的冰糖。制作狮、象及人物等形状的糖，糖质的精粗可随人决定。冰糖分为五等，其中“石山”为最上等，“团枝”稍差，“瓮鉴”又差些，“小颗”更差些，“沙脚”为最下等。

造兽糖

凡造兽糖者，每巨釜一口受糖五十斤，其下发火慢煎。火从一角烧灼，则糖头滚旋而起。若釜心发火，则尽尽沸溢于地。每釜用鸡子三个，去黄取清，入冷水五升化解。逐匙滴下，用火糖头之上，则浮沤、黑滓尽起水面，以笊篱捞去[①]，其糖清白之甚。然后打入铜铫[②]，下用自风慢火温之，看定火色然后入模。凡狮、象糖模，两合如瓦为之。杓泻糖入[③]，随手覆转倾下。模冷糖烧，自有糖一膜靠模凝结，名曰享糖，华筵用之。

注释

①笊篱（zhào lí）：一种烹饪工具，用竹篾、柳条、铅丝等编成。似漏勺，有眼，用来捞取食物。②铜铫（diào）：带柄有嘴的小铜锅。③杓：同“勺”。

译文

制作兽糖的方法是，在每口大锅中放糖五十斤，锅下点火慢慢加热熬煎。火从锅的一角徐徐烧热，则溶化的糖液便滚旋而起。如果火在锅底中心燃起，则糖液便会全面沸腾而溅溢到地上。每锅用三个鸡蛋，去蛋黄取蛋清，入冷水五升化开。将蛋清水一勺一勺地浇在糖液滚沸之处，糖液中的泡沫和黑渣便会浮起，这时用笊篱捞去，糖液就变得特别清白。然后将糖液放入有柄及出水口的小铜釜内，下面用慢火保温，看准火候后倒入糖模中。狮糖模和象糖模是由两块像瓦一样的模件构成的。用勺将糖液倒进糖模中，随手翻转，再将糖倒出。因为糖模冷而糖液热，自然会有一层靠近糖模壁的糖膜凝结成相应形状，称为享糖，盛大的筵席上有时会用到它。

蜂蜜

凡酿蜜蜂普天皆有，唯蔗盛之乡则蜜蜂自然减少。蜂造之蜜，出山岩、土穴者十居其八，而人家招蜂造酿而割取者，十居其二也。凡蜜无定色，或青或白，或黄或褐，皆随方土、花性而变。如菜花蜜、禾花蜜之类，百千其名不止也。

凡蜂不论于家于野，皆有蜂王。王之所居造一台如桃大。王之子世为王[①]。王生而不采花，每日群蜂轮值分班，采花供王。王每日出游两度(春夏造蜜时)，游则八蜂轮值以侍。蜂王自至孔隙口，四蜂以头顶腹，四蜂傍翼，飞翔而去。游数刻而返，翼顶如前。

畜家蜂者或悬桶檐端，或置箱牖下，皆锥圆孔眼数十，俟其进入。凡家人杀一蜂、二蜂皆无恙，杀至三蜂则群起螫人，谓之蜂反。凡蝙蝠最喜食蜂，投隙入中，吞噬无限。杀一蝙蝠悬于蜂前，则不敢食，俗谓之“枭令[②]”。凡家畜蜂，东邻分而之西舍，必分王之子去而为君，去时如铺扇拥卫。乡人有撒酒糟香而招之者。

凡蜂酿蜜，造成蜜脾[③]，其形鬣鬣然[④]。咀嚼花心汁吐积而成，润以人小遗，则甘芳并至，所谓“臭腐神奇”也[⑤]。凡割脾取蜜，蜂子多死其中[⑥]，其底则为黄蜡。凡深山崖石上有经数载未割者，其蜜已经时自熟。土人以长竿刺取，蜜即流下。或未经年而攀缘可取者，割炼与家蜜同也。土穴所酿多出北方，南方卑湿，有崖蜜而无穴蜜[⑦]。凡蜜脾一斤炼取十二两。西北半天下，盖与蔗浆分胜云。

注释

①王之子世为王：此说引自《本草纲目》卷三十九《蜜蜂》条，李时珍录王元之《蜂记》云：“蜂王无毒，窠之始营必造一台，大如桃李。王居台上生子于中，王子复为王。”所谓“王台”，指王蜂（母蜂）房。蜂王之子世世为王，这是古人的想象，并无根据。②枭令：即枭示，此处相当于“杀一儆百”。③蜜脾：蜜蜂营造的可以酿蜜的巢房。④鬣（liè）鬣然：似马鬃动而直上貌。⑤臭腐神奇：《庄子·知北游》：“腐朽复化为神奇。”《本草纲目》卷三十九云：“蜂采无毒之花，酿以大便而成蜜，所谓臭腐生神奇也。”按蜂有时飞至粪便处，以摄取水分或盐分，与酿蜜无关。⑥蜂子多死其中：指用布包巢脾绞出蜜汁，巢中幼虫、蜂蛹多致死。⑦崖

蜜：野蜂在石崖中筑巢后所酿的蜜，又称石蜜。穴蜜：北方野蜂在土穴中筑巢酿蜜，又称土蜜。

译文

酿蜜的蜜蜂普天之下到处都有，唯独盛产甘蔗的地方，蜜蜂自然减少。蜜蜂酿的蜜，出自山崖、土穴的野蜂占十分之八，出自人工饲养的蜂只占十分之二。蜂蜜没有固定的颜色，有青色的、白色的、黄色的、褐色的，随各地方的花性而变。如菜花蜜、禾花蜜之类，名目何止成百上千啊！

所有蜜蜂，不论是野蜂还是家蜂，都有蜂王。蜂王所居之处，构筑一个如桃子般大小的台。蜂王之子世代为王。蜂王生来就不采花，每日群蜂轮流分班，采集花蜜供蜂王食用。蜂王每天出游两次（在春夏造蜜季节），出游时，有八只蜜蜂轮流值班服侍。蜂王自己爬至巢口时，就有四只蜂用头顶着蜂王的肚子，把它顶出，另外四只蜂在周围护卫着蜂王，飞翔而去。游不多久就返回，照先前那样顶着蜂王的肚子并护卫着把蜂王送进巢中。

养家蜂的人将蜂桶悬挂在房檐一头，或将蜂箱置于窗下，蜂桶、蜂箱都要钻几十个小圆孔，让蜂群进入。养蜂的人打死一两只家蜂是无妨的，但打死三只以上家蜂时，蜜蜂就会群起蜇人，这叫作“蜂反”。蝙蝠最喜欢吃蜜蜂，如乘机钻入蜂巢，便会吃掉无数蜜蜂。那杀死一只蝙蝠悬挂在蜂桶前，别的蝙蝠就不敢再来吃蜜蜂了，俗话叫作“枭令”。家养的蜜蜂从东邻分群到西舍时，必须分一个蜂王之子去当新的蜂王，届时群蜂排成扇形阵势簇拥护卫新的蜂王飞走。乡人有撒酒糟的，用其香气招引蜜蜂分房。

蜜蜂酿造蜂蜜，要先造成蜜脾，其形状如同一片排列整齐竖直向上的鬃毛。蜜蜂咀嚼花心汁液，吐积而成蜂蜜，再以人尿滋润，则蜂蜜甘甜而芳香，这便是所谓的“化臭腐为神奇”。割取蜜脾提制蜂蜜时，幼蜂多死于其中，蜜脾的底层是黄色的蜂蜡。深山崖石上有经数年未割取过的蜜脾，其中的蜜早已成熟了。当地人用长竹竿把蜜脾刺破，蜂蜜就会流下来。也有的蜜脾不足一年，而人可爬上去割取，割炼方法与家蜂蜜相同。土穴中所酿的蜜多出产在北方，南方地势低气候潮湿，只有“崖蜜”而无“穴蜜”。一斤蜜脾可炼取十二两蜂蜜。西北地区出产的蜜占全国的一半，可与南方出产的蔗糖相媲美。

饴饧

凡饴饧[①]，稻、麦、黍、粟皆可为之。《洪范》云："稼穑作甘[②]。"及此乃穷其理。其法用稻麦之类浸湿，生芽暴干，然后煎炼调化而成。色以白者为上，赤色者名曰胶饴，一时宫中尚之，含于口内即溶化，形如琥珀。南方造饼饵者，谓饴饧为小糖，盖对蔗浆而得名也。饴饧人巧千方以供甘旨，不可枚述。惟尚方用者名"一窝丝[③]"，或流传后代不可知也。

注释

①饴饧（yí xíng）：古代用麦芽或谷芽熬成的糖。②稼穑作甘：《尚书·洪范》："稼穑作甘。"言甜味出自百谷。稼穑：播种并收获粮食。③一窝丝：以饴糖制成的拔丝糖，酥松可口。

译文

饴饧用稻、麦、黍、粟皆可制造。《尚书·洪范》篇中说："粮食可以产生甜味。"从这里可以了解其中的道理。制作饴饧的方法是，将稻麦之类泡湿，待其发芽后晒干，然后煎炼调化而成。色泽以白色的为上等品，红色的叫作胶饴，一时在皇宫内很受欢迎，这种糖含在口中即溶化，形状像琥珀。南方制作糕点的人称饴饧为小糖，这是针对蔗糖而取的名字。人们通过各种技巧将饴饧制成很多甜美食品，种类不胜枚举。仅供宫内人食用的名为"一窝丝"的品种，是否流传后世就不知道了。

陶埏第七[①]

宋子曰：水火既济而土合[②]。万室之国，日勤千人而不足[③]，民用亦繁矣哉。上栋下室以避风雨，而瓴建焉[④]。王公设险以守其国，而城垣雉堞[⑤]，寇来不可上矣。泥瓮坚而醴酒欲清[⑥]，瓦登洁而醯醢以荐[⑦]。商周之际，俎豆以木为之[⑧]，毋亦质重之思耶？后世方土效灵，人工表异，陶成雅器，有素肌、玉骨之象焉。掩映几筵，文明可掬。岂终固哉[⑨]？

注释

①陶埏（shān）：指揉和黏土烧成陶器。埏：以水和泥。②水火既济而土合：《易·既济》："水在火上，既济。"表明万物皆济，此处活用，指经过水和火的交互作用，黏土便凝固而成器了。③万室之国，日勤千人而不足：《孟子·告子下》："万室之国一人陶，则可乎？曰不可，器不足用也。"此变一人为千人，或有深意，然而万室以千人制陶，也太多了，不可能仍不足。④上栋下室以避风雨：《易·系辞下》："上古穴居而野处，后世圣人易之以宫室，上栋下室以避风雨。"瓴建：《史记·高祖本纪》："譬犹居高屋之上建瓴水也。"瓴：本指盛水瓦器，此处指瓦。⑤雉堞（dié）：即女墙，城墙上远望呈锯齿状的小墙。⑥泥瓮：一种肚大口小的陶制盛器。⑦登：高脚器皿。盛食物祭祀时用。醯（xī）：即醋。醢（hǎi）：肉、鱼所做的酱。醯醢此泛指祭祀时所用的调料和食物。⑧俎（zǔ）豆：俎和豆，古代祭祀、宴会时盛肉类等食品的两种器皿。⑨固：一成不变。此言文明是不断进步的，旧的观念岂是可以永远固守的。意指以瓷器来代替木器。

译文

宋子说，通过水与火的交互作用，将黏土烧成陶器供人使用。在有着万户人家的地区内，每天哪怕有千人勤于制陶，也无法满足使用需求，可见民间对陶瓷的需求量是很多的。修建大的小的房屋来避风雨，就要在房顶盖瓦。王公设置险阻以防守邦国，要用砖来建造城墙和女墙，使敌人攻不上来。泥瓮坚固，能使其中存放的甜酒保持清香；高足器皿洁净，可用来盛装用于献祭的供品。商周时代，礼器是用木制造的，难道不是表达质朴庄重之意吗？后来各地因水土不同而发展了不同的技艺，因而制成了优美洁雅的陶瓷器皿，其白如肌肤，质地光滑如玉石。摆设在几案或筵席上，其美丽花纹与光亮色彩交相辉映，十分典雅，令人爱不释手。从这里可以看到事物怎么能一成不变呢？

瓦

凡埏泥造瓦，掘地二尺余，择取无沙粘土而为之。百里之内必产合用土色，供人居室之用。凡民居瓦形皆四合分片。先以圆桶为模骨，外画四条界。调践熟泥，叠成高长方条。然后用铁线弦弓，线上空三分，以尺限定，向泥不平戛一片[①]，似揭纸而起，周包圆桶之上。待其稍干，脱模而出，自然裂为四片。凡瓦大小古无定式，大者纵横八九寸，小者缩十之三。室宇合沟中，则必需其最大者，名曰沟瓦，能承受淫雨不溢漏也。

凡坯既成，干燥之后，则堆积窑中燃薪举火。或一昼夜或二昼夜，视窑中多少为熄火久暂。浇水转釉（音右），与造砖同法。其垂于檐端者有“滴水”，下于脊沿者有“云瓦”，瓦掩覆脊者有“抱同”，镇脊两头者有鸟兽诸形象。皆人工逐一做成，载于窑内受水火而成器则一也。

若皇家宫殿所用，大异于是。其制为琉璃瓦者[②]，或为板片，或为宛筒，以圆竹与斫木为模逐片成造。其土必取于太平府[③]（舟运三千里方达京师，参沙之伪，雇役、掳船之扰，害不可极。即承天皇陵亦取于此[④]，无人议正）造成。先装入琉璃窑内，每柴五千斤烧瓦百片。取出，成色以无名异、棕榈毛等煎汁涂染成绿[⑤]，黛赭石、松香、蒲草等涂染成黄[⑥]。再入别窑，减杀薪火，逼成琉璃宝色。外省亲王殿与仙佛宫观间亦为之，但色料各有配合，采取不必尽同，民居则有禁也。

注释

①不（dūn）：同“墩”。泥不，指经过制炼作为陶瓷原料的泥块。戛：

刮，切。②琉璃瓦：施绿、蓝、黄等色釉料的瓦，专用于宫殿、庙宇等建筑。③太平府：今安徽当涂，当地产的黏土古称太平土。④承天皇陵：明宪宗第四子朱祐杬的陵墓，在今湖北安陆。⑤无名异：一种矿土，含二氧化锰、氧化钴，可作为釉料。⑥黛赭石：亦称赭石或代赭石，主要成分为三氧化二铁、含镁、铝、硅等杂质。

译文

和泥造瓦，要掘地两尺多深，选择不含沙子的黏土为原料。方圆百里之中，一定会有适合的黏土，供人建造房屋之用。民房用瓦的瓦坯都是四片合在一起，再分成单片。先用圆桶作骨模，桶外画出四条等分线。把黏土调和好，踩成熟泥，并堆成一定厚度的长方形泥墩。再用铁线作弓弦，线上留出三分厚的空隙，线长限定一尺，用铁线向黏土墩直切，切出一片，像揭纸张那样将其揭起，将此片泥土围在圆筒模上。等它稍干一些以后，将模子脱离出来，就会自然裂成四片瓦坯了。瓦的大小向来没有一定的规格，大的长宽达八九寸，小的则缩小十分之三。屋顶上的流水槽，必须要用那种最大的瓦片，叫作“沟瓦”，才能承受连续持久的大雨而不会溢漏。

瓦坯造成并干燥之后，堆积在窑内，点火烧柴。有的烧一昼夜，也有的烧两昼夜，这要根据瓦窑里瓦坯的具体数量来定何时熄火。浇水转釉的方法与造砖相同（详见后文）。垂在檐端的瓦叫作“滴水瓦”，用在房脊两边的瓦叫作“云瓦”，覆盖房脊的瓦叫作“抱同瓦”，房脊两头的瓦绘有鸟兽形象。这些瓦都要逐件制成坯，与普通瓦一样都得放入窑中受水火作用方可制成。

至于皇家宫殿所用的瓦，其制作方法就与民房用瓦大不相同了。宫殿瓦的形式是琉璃瓦，或者是板片形，或者是圆筒形，用圆竹与加工的木料做模骨，逐片烧造。所用黏土必取自太平府（用船运三千里才能到达京师。承运的官吏，有掺沙作伪的，有强雇民工、抢夺民船的，害人至极。甚至修建承天皇陵也要用这种土，但是没有人敢提议来纠正）。瓦坯造成后，装入琉璃窑内，每烧一百片瓦要用五千斤柴。烧成后取出来挂色，以无名异、棕榈毛等煎汁涂染成绿色，或用黛赭石、松香、蒲草等染成黄色。再装入另一窑中，减少薪火，用较低窑温烧成带有琉璃光泽的漂亮色彩。外省的亲王宫殿与佛寺道观，也有用琉璃瓦的，但釉料各有配方，制作方法不一定都相同。民房则禁止用这种琉璃瓦。

砖

凡埏泥造砖，亦掘地验辨土色，或蓝或白，或红或黄（闽、广多红泥，蓝者名善泥，江浙居多[1]），皆以粘而不散、粉而不沙者为上。汲水滋土，人逐数牛错趾，踏成稠泥，然后填满木匡之中，铁线弓戛平其面，而成坯形。

凡郡邑城雉、民居垣墙所用者，有眠砖、侧砖两色。眠砖方长条，砌城郭与民人饶富家，不惜工费直垒而上。民居算计者，则一眠之上施侧砖一路，填土砾其中以实之，盖省啬之义也。

凡墙砖而外，甃地者名曰方墁砖[2]。榱桷上用以承瓦者曰楻板砖[3]。圆鞠小桥梁与圭门与窀穸墓穴者曰刀砖[4]，又曰鞠砖。凡刀砖削狭一偏面，相靠挤紧，上砌成圆，车马践压不能损陷。造方墁砖，泥入方匡中，平板盖面，两人足立其上，研转而坚固之，烧成效用。石工磨斫四沿，然后甃地。刀砖之直视墙砖稍溢一分，楻板砖则积十以当墙砖之一，方墁砖则一以敌墙砖之十也。

凡砖成坯之后，装入窑中。所装百钧则火力一昼夜，二百钧则倍时而足。凡烧砖有柴薪窑，有煤炭窑。用薪者出火成青黑色，用煤者出火成白色。凡柴薪窑巅上偏侧凿三孔以出烟，火足止薪之候，泥固塞其孔，然后使水转釉。凡火候少一两则釉色不光；少三两，则名嫩火砖，本色杂现，他日经霜冒雪，则立成解散，仍还土质。火候多一两则砖面有裂纹。多三两则砖形缩小拆裂，屈曲不伸，击之如碎铁然，不适于用。巧用者以之埋藏土内为墙脚，则亦有砖之用也。凡观火候，从窑门透视内壁，土受火精，形神摇荡，若金银熔化之极然，陶长辨之[5]。

凡转釉之法[6]，窑巅作一平田样，四围稍弦起，灌水其上。砖瓦百钧用水四十石[7]。水神透入土膜之下，与火意相感而成。水火既济，其质千秋矣。若煤炭窑视柴窑深欲倍之，其上圆鞠渐小，并不封顶。其内以煤造成尺五径阔饼，每煤一层，隔砖一层，苇薪垫地发火。

若皇居所用砖，其大者厂在临清，工部分司主之。初名色有副砖、券砖、平身砖、望板砖、斧刃砖、方砖之类，后革去半。运至京师，每漕舫搭四十块[8]，民舟半之。又细料方砖以甃正殿者，则由苏州造解。其琉璃砖色料已载《瓦》款。取薪台基厂[9]，烧由黑窑云[10]。

注释

①江浙：当仅指浙江。今江苏省在明代属应天府和南直隶，没有建省。②甃（zhòu）地：以砖铺地。③榱桷（cuī jué）：屋顶椽子。④圆鞠：圆拱。圭门：圆拱门。窀穸（zhūn xī）：即墓穴。⑤陶长：陶工中年长而经验丰富者。⑥转釉之法：砖坯在窑内还原气氛下烧结，再从窑顶浇水使烧料速冷，产生坚固有釉光的青砖或青瓦。⑦石（dàn）：容量单位，十斗为一石。⑧漕舫：运粮的漕船。搭：即搭载。⑨台基厂：在北京崇文门西。⑩黑窑：在北京右安门内，明代专为官内烧造砖瓦的官厂。

译文

和泥造砖，也要挖取地下的黏土，对土色加以鉴别。黏土一般有蓝、白、红、黄几种颜色（福建、广东多红泥，蓝色的叫善泥，浙江较多），均以黏而不散、粉细而不含沙为上料。汲上水来将黏土滋润，再赶几头牛去践踏，踩成稠泥。然后把稠泥填满木框之中，用铁线弓削平其表面，脱下模子就成砖坯了。

郡邑的城墙与民房的院墙所用的砖，有眠砖和侧砖两种。眠砖为长方形，郡邑的城墙和富有人家的墙壁，不惜工费，全部用眠砖一块一块叠砌上去。精打细算的居民建房，则在一层眠砖上面砌一排侧砖，侧砖中间用泥土和沙石瓦砾之类填满，这是为了节约。

除了墙砖以外，还有其他的砖：铺地面的叫作方墁砖，屋椽上用来承瓦的叫作楻板砖，砌圆拱形小桥、拱门和墓穴的叫作刀砖，又叫作鞠砖。刀砖是将其一边削窄，相靠挤紧，砌成圆拱形，即便车马践压也不会损坏坍塌。造方墁砖的方法是，将泥放进木方框中，上面盖上一块平板，两个人站在平板上踏转，把泥压实，烧成后使用。石工先磨削方砖的四周使成斜面，然后铺砌在地面上。刀砖的价钱要比墙砖稍贵一些，楻板砖只值墙砖的十分之一，而方墁砖又比墙砖贵十倍。

砖坯造好后，将其装入窑中烧制。装三千斤砖要烧一个昼夜，装六千斤要烧上两昼夜才够火候。烧砖有的用柴薪窑，有的用煤炭窑。用柴烧成的砖呈青灰色，而用煤烧成的砖呈白色。柴薪窑顶上偏侧要凿三个孔，用来出烟，当火候已足而不需要再烧柴时，就用泥封塞住出烟孔，然后浇水转釉。烧砖的火候若缺少一成，则釉色不光；少三成，就叫作嫩火砖，会现出坯土的原色，日后经过霜雪风雨侵蚀，就会立即松散而重新变回泥土。火候若多一成，砖面就会出现裂纹；多三成，砖块就会缩小开裂、弯曲不直而一敲就碎，如同一堆碎铁，就不再适于砌墙了。善于使用材料的人把它埋在土内作墙脚，这也还算是起到了砖的作用。观火候需从窑门看到内壁，砖坯受到高温的作用，呈摇荡的状态，就像金银完全熔化时那样，这要靠老陶工师傅的经验来分辨。

浇水转釉的方法，是在窑顶开个平面，四周稍高，在上面灌水。每烧砖瓦三千斤要灌水四十石。水气透过土窑之内，与窑内火气相互作用。借助水火的配合作用，就可以形成坚实耐用的砖块了。煤炭窑比柴薪窑深两倍，其顶上的圆拱逐渐缩小，而不用封顶。窑内堆放直径约一尺五寸的煤饼，每放一层煤饼，就放一层砖坯，最下层垫上芦苇或者柴草以便引火燃烧。

皇宫所用的砖，生产大砖的砖厂设在山东临清，由工部设立派出机构掌管。最初定的砖名有副砖、券砖、平身砖、望板砖、斧刃砖及方砖之类，后来被废除一半。这类砖运到京城，按规定每艘运粮船要搭运四十块，民船减半。用来铺砌皇宫正殿的细料方砖，则由苏州烧造北运。至于琉璃砖和釉料已载于《瓦》条。其燃料来自北京台基长，并在黑窑厂烧制而成。

罂瓮[1]

凡陶家为缶属[2]，其类百千。大者缸瓮，中者钵盂，小者瓶罐，款制各从方土，悉数之不能。造此者必为圆而不方之器。试土寻泥之后，仍制陶车旋盘[3]。工夫精熟者视器大小掐泥，不甚增多少，两人扶泥旋转，一捏而就。其朝廷所用龙凤缸（窑在真定曲阳与扬州仪真[4]）与南直花缸[5]，则厚积其泥，以俟雕镂，作法全不相同，故其值或百倍或五十倍也。

凡罂缶有耳嘴者皆另为合上，以釉水涂粘。陶器皆有底，无底者则陕以西[6]炊甑用瓦不用木也。凡诸陶器精者中外皆过釉，粗者或釉其半体。惟沙盆齿钵之类，其中不釉，存其粗涩，以受研擂之功。沙锅沙罐不釉，利于透火性以熟烹也。

凡釉质料随地而生，江浙、闽、广用者蕨蓝草一味[7]。其草乃居民供灶之薪，长不过三尺，枝叶似杉木，勒而不棘人（其名数十，各地不同）。陶家取来燃灰，布袋灌水澄滤，去其粗者，取其绝细。每灰二碗参以红土泥水一碗，搅令极匀，蘸涂坯上，烧出自成光色。北方未详用何物。苏州黄罐釉亦别有料。惟上用龙凤器则仍用松香与无名异也。

凡瓶窑烧小器，缸窑烧大器。山西、浙江省分缸窑、瓶窑，余省则合一处为之。凡造敞口缸，旋成两截。接合处以木椎内外打紧。匝口坛瓮亦两截[⑧]，接合不便用椎，预于别窑烧成瓦圈，如金刚圈形，托印其内，外以木椎打紧，土性自合。

凡缸、瓶窑不于平地，必于斜阜山冈之上，延长者或二三十丈，短者亦十余丈，连接为数十窑，皆一窑高一级。盖依傍山势，所以驱流水湿滋之患，而火气又循级透上。其数十方成窑者，其中若无重值物，合并众力众资而为之也。其窑鞠成之后，上铺覆以绝细土，厚三寸许。窑隔五尺许则透烟窗，窑门两边相向而开。装物以至小器，装载头一低窑，绝大缸瓮装在最末尾高窑。发火先从头一低窑起，两人对面交看火色。大抵陶器一百三十斤费薪百斤。火候足时，掩闭其门，然后次发第二火，以次结竟至尾云。

注释

①罂（yīng）：腹大口小的陶瓷瓶。瓮：盛液体的陶瓷器。②缶（fǒu）：指腹大口小的器皿。③陶车：陶瓷制品成形机械，主要由一水平圆盘和轮轴所构成。④真定曲阳：今河北曲阳县，旧属真定府。扬州仪真：今江苏仪征市，旧属扬州府。⑤南直隶：明朝行政区划两京地区之一，区别于北直隶。与今江苏省、安徽省以及上海市二省一市相当。⑥陕以西：陕县以西，即今之陕西省地。或以为“以”为衍字。⑦蕨蓝草：清人朱琰《陶说》称，景德镇一带用釉灰取自凤尾草或凤尾蕨。按此似为羊齿科蕨属的凤尾草。⑧匝口：口部内缩。

译文

陶坊制造的腹大口小的器皿，种类很多。较大的有缸、瓮，中等的有钵、盂，小的有瓶、罐。各地的式样都不太一样，难以一一列举。所造出的这类陶器，都是圆形的，而不是方形的。调查土质，找到适宜的陶土之后，还要制陶车来旋盘。技术熟练的陶工根据将要制造的陶器的大小而取泥，不需增添多少泥，两人扶泥、旋转，一捏即成。朝廷所用的龙凤缸（窑设在真定府曲阳以及扬州府仪真）和南直隶的花缸，外壁的陶泥要加厚，以备在上面雕镂刻花，这种缸的制法跟一般缸的制法完全不同，因此其价钱也要贵五十倍到一百倍。

陶瓷瓶的嘴、耳都要另外接合，用釉水粘住。陶器都有底，没有底的则是陕西蒸饭用的甑，它是用陶土烧成的而不是用木料制成的。精制的陶器，里外都会上釉，粗制的陶器，只有半体上釉。只有沙盆、齿钵之类，里面不上釉，使内壁保持粗涩，以便于研磨。沙锅、沙罐不上釉，以利于传热煮食。

釉料到处都出产，浙江、福建和广东用的是一种蕨蓝草。它原是居民用来烧饭的柴草，长不过三尺，枝叶像杉树，以手勒之而不感到棘手（这种草有几十个名称，各地的叫法也不相同）。陶坊把蕨蓝草烧成灰，装进布袋里，然后灌水过滤，去掉粗的而只取其极细的灰末。每两碗灰末，掺一碗红土泥水，搅拌得十分均匀，就变成了釉料，将它蘸涂到坯料上，烧出后就会呈现釉的光色。不知道北方用的是什么釉料。苏州黄罐所用釉也是另外的原料。但上供朝廷用的龙凤器仍用松香和无名异为釉料。

瓶窑用来烧制小件的陶器，缸窑用来烧制大件的陶器。山西、浙江分别设缸窑和瓶窑，其他各省的缸窑和瓶窑则是合在一起的。造敞口缸时，转动陶车将泥坯旋成上下两截，再接合起来。接合处用木槌内外打紧。作窄口的坛、瓮也是先制成两截，但接合内部时不用槌打。先在另外的窑内烧成瓦圈，像金刚圈那样的形状，承托其内壁，外面用木槌打紧，两截泥坯就会自然地粘合在一起了。

缸窑、瓶窑都不建在平地上，必须建在斜坡山冈上，长的窑可达二三十丈，短的窑也有十多丈，几十个窑连接在一起，一个窑比一个窑高。这样依傍山势，既可以驱流水以免潮湿之患，又可以使火力逐级向上渗透。数十窑烧成的陶器，其中虽然没有什么昂贵的东西，但也是好多人合资合力才能造出来的。窑顶的圆顶砌成之后，上面要铺一层三寸厚的极细的土。窑顶每隔五尺多开一个透烟窗，窑门在两侧相向而开。最小的陶件装入最低的窑，最大的缸、瓮则装在最后面的高窑。烧窑从头一个最低的窑烧起，两个人面对面观察火候。大约烧陶器一百三十斤，需用柴一百斤。火候足时，关闭窑门，然后依次在第二个窑门点火，就这样逐窑烧直到最高的窑为止。

白瓷（附：青瓷）

凡白土曰垩土，为陶家精美器用。中国出惟五六处，北则真定定州、平凉华亭、太原平定、开封禹州，南则泉郡德化（土出永定，窑在德化）、徽郡婺源、祁门[①]（他处白土陶范不粘，或以扫壁为墁）。德化窑惟以烧造瓷仙、精巧人物、玩器，不适实用。真、开等郡瓷窑所出，色或黄滞无宝光。合并数郡不敌江西饶郡产②。浙省处州丽水、龙泉两邑，烧造过釉杯碗，青黑如漆，名曰处窑。宋、元时龙泉琉华山下，有章氏造窑出款贵重，古董行所谓哥窑器者即此③。

若夫中华四裔驰名猎取者，皆饶郡浮梁景德镇之产也。此镇从古及今为烧器地，然不产白土。土出婺源、祁门两山：一名高梁山，出粳米土，其性坚硬；一名开化山，出糯米土，其性粢软。两土和合，瓷器方成。其土作成方块，小舟运至镇。造器者将两土等分入臼舂一日，然后入缸水澄。其上浮者为细料，倾跌过一缸，其下沉底者为粗料。细料缸中再取上浮者，倾过为最细料，沉底者为中料。既澄之后，以砖砌方长塘。逼靠火窑，以借火力。倾所澄之泥于中吸干，然后重用清水调和造坯。

凡造瓷坯有两种，一曰印器，如方圆不等瓶瓮炉盒之类，御器则有瓷屏风、烛台之类。先以黄泥塑成模印，或两破或两截，亦或囫囵。然后埏白泥印成，以釉水涂合其缝，烧出时自圆成无隙。一曰圆器，凡大小亿万杯盘之类乃生人日用必需。造者居十九，而印器则十一。造此器坯先制陶车。车竖直木一根，埋三尺入土内使之安稳。上高二尺许，上下列圆盘，盘沿以短竹棍拨运旋转。盘顶正中用檀木刻成盔头冒其上。

凡造杯盘无有定形模式，以两手捧泥盔冒之上，旋盘使转。拇指剪去甲，按定泥底，就大指薄旋而上，即成一杯碗之形（初学者任从作废，破坯取泥再造）。功多业熟，即千万如出一范。凡盔冒上造小杯者，不必加泥，造中盘、大碗则增泥大其冒，使干燥而后受功。凡手指旋成坯后，覆转用盔冒一印，微晒留滋润，又一印，晒成极白干。入水一汶，漉上盔冒，过利刀二次（过刀时手脉微振，烧出即成雀口④）。然后补整碎缺，就车上旋转打圈。圈后或画或书字，画后喷水数口，然后过釉。

凡为碎器与千钟粟与褐色杯等⑤，不用青料。欲为碎器，利刀过后，日晒极热，入清水一蘸而起，烧出自成裂纹。千钟粟则釉浆捷点，褐色则老茶叶煎水一抹也（古碎器，日本国极珍重，真者不惜千金。古香炉碎器不知何代造，底有铁钉⑥，其钉掩光色不锈）。

凡饶镇白瓷釉用小港嘴泥浆和桃竹叶灰调成⑦，似清泔汁（泉郡瓷仙用松毛水调泥浆，处郡青瓷釉未详所出），盛于缸内。凡诸器过釉，先荡其内，外边用指一蘸涂弦，自然流遍。凡画碗青料总一味无名异（漆匠煎油，亦用以收火色）。此物不生深土，浮生地面，深者掘下三尺即止，各省直皆有之。亦辨认上料、中料、下料，用时先将炭火丛红煅过。上者出火成翠毛色，中者微青，下者近土褐。上者每斤煅出只得七两，中下者以

瓷器汶水

过利

次缩减。如上品细料器及御器龙凤等，皆以上料画成，故其价每石值银二十四两，中者半之，下者则十之三而已。

凡饶镇所用，以衢、信两郡山中者为上料，名曰浙料。上高诸邑者为中，丰城诸处者为下也。凡使料煅过之后，以乳钵极研[8]（其钵底留粗，不转釉），然后调画水。调研时色如皂，入火则成青碧色。凡将碎器为紫霞色杯者，用胭脂打湿，将铁线纽一兜络，盛碎器其中，炭火炙热，然后以湿胭脂一抹即成。凡宣红器乃烧成之后出火，另施工巧微炙而成者，非世上朱砂能留红质于火内也（宣红元末已失传，正德中历试复造出）。

凡瓷器经画过釉之后，装入匣钵（装时手拿微重，后日烧出即成坳口，不复周正）。钵以粗泥造，其中一泥饼托一器，底空处以沙实之。大器一匣装一个，小器十余共一匣钵。钵佳者装烧十余度，劣者一二次即坏。凡匣钵装器入窑，然后举火。其窑上空十二圆眼，名曰天窗。火以十二时辰为足。先发门火十个时，火力从下攻上，然后天窗掷柴烧两时，火力从上透下。器在火中其软如绵絮，以铁叉取一，以验火候之足。辨认真足，然后绝薪止火。共计一坯工力，过手七十二方克成器，其中微细节目尚不能尽也。

注释

①真定定州：真定府定州，明代北直隶境内，今河北定州，产白瓷。徽郡婺源、祁门：明代南直隶境内，今江西婺源与安徽祁门。②饶郡：江西饶州府，即指浮梁县景德镇。③哥窑：宋代人章生一、章生二兄弟在浙江龙泉设瓷窑，名重一时，称为哥窑。④雀口：缺口，牙边。⑤碎器：即碎瓷，表面带有裂纹的瓷器品种，宋代哥窑创制。原理是将坯体烘干，再沾水，涂上热膨胀系数比坯体大的釉。窑温下降，瓷面釉层比坯体收缩快，于是表明出现自然的裂纹。千钟粟：表面带有米粒状凸起的瓷器品种。⑥铁钉：瓷器顶部放支撑坯体的底托留下的印迹。⑦小港嘴：景德镇附近地名。桃竹：据本书《杀青·造竹纸》原注，似指猕猴桃藤，即杨桃藤。⑧乳钵：研磨药物的器具，形如臼而小。

译文

白色的黏土叫作垩土，陶坊用它烧制出精美的瓷器。我国只有五六个地方出产这种垩土。北方有真定府定州、甘肃平凉府华亭县、山西太原府平定县、河南开封府禹县。南方则有福建泉州府德化县（土出自永定，窑设在福建德化）、徽州府婺源县、祁门县（别处的白土做陶坯不黏结，可用以粉刷墙壁）。德化窑专门烧造瓷仙、精巧人物和玩器，无实用价值。真定府、开封府等瓷窑烧制出的瓷器，颜色发黄，暗淡而无光泽。合并上述所有地方的产品，都比不上江西饶州府所产。浙江的丽水、龙泉两县，烧制出来的上釉杯、碗，色青黑如漆，叫作处窑。宋、元时龙泉的琉华山下有章氏造窑，出品极为贵重，就是古董行所说的哥窑瓷器。

至于我国驰名四方、人人争购的瓷器，则都是饶州府浮梁县景德镇的产品。自古以来，景德镇都是烧制瓷器的名都，但当地却不产白土。白土出自婺源、祁门的两座山：一座叫高梁山，出粳米土，土质坚硬；另一座名开化山，出糯米土，土质黏软。将这两种白土混合，才能制成瓷器。将这两种白土分别塑成方块，用小船运到景德镇。造瓷器者取等量的两种瓷土放入臼内，舂一天，然后放入缸内用水澄清。浮上来的是细料，倒入另一口缸中，下沉底的则是粗料。从细料缸中再取出上浮的部分，便是最细料，下沉底的是中料。澄清后，用砖砌成的长方形的塘，将澄好的泥倒入塘内。塘紧靠火窑，借窑内的火力将泥吹干，再重新加清水调和造瓷坯。

瓷坯有两种，一种叫作印器，如兼有方圆形的瓶、瓮、香炉、瓷盒之类，宫廷所用的瓷屏风、烛台之类。先用黄泥塑成模印，模具或对半分开，或上下两截，抑或是整体模型。然后将瓷土揉成的白泥放入模内印成泥坯，用釉水涂合接缝，烧出时自然就会完美无缝。另一种瓷坯叫作圆器，包括数不胜数的大小、杯盘之类，都是人们的日用必需品。圆器产量约占了十分之九，而印器只占十分之一。制造这种圆器坯，要先制陶车。陶车上竖直木一根，埋入地下三尺，使其稳固。地上高出二尺左右，上下各安装圆盘，用短竹棍拨动盘沿，陶车便会旋转。顶盘正中放一盔头帽，以檀木制成。

塑造杯、盘，没有固定的模式，用双手捧泥放在套车盔帽上，旋转圆盘。用剪净指甲的拇指按定泥底，用大指轻轻使圆盘向上旋转，便可捏塑成一杯、碗的形状（初学者捏不好便作废，坯坏了就取泥再做一个）。功夫深技术熟练的人，即使造出千万个杯碗，也好像出自同一个模子。在盔帽上造小件坯时，不必加泥，造中等盘和大碗时，则要加泥扩大盔帽，等陶泥干燥后再处理。用手指在陶车上旋成泥坯后，翻转过来，在盔帽上压印一下，稍晒至还有一点水分时，再压印一次，晒成极干并呈白色的状态。入水中沾一下。滤水稍干后放在盔帽上，用利刀刮削两次（执刀必须非常稳定，若稍有振动，烧成后就会有缺口）。然后补齐破损的地方，放在陶车上旋转。随后即在瓷坯上绘画或写字，喷上几口水，然后再上釉。

制造碎器、千钟粟与褐色杯等瓷器时，都不用青釉料。欲制碎器，用利刀修整生坯后，将其放在阳光下晒得极热，在清水中蘸一下随即提起，涂上釉料，烧成后自然会呈现裂纹。千钟粟的花纹是用釉浆快速点染出来的。褐色杯是用老茶叶煎的水一抹而成的（我国古代制作的碎器，日本人非常珍视，不惜花重金购买真品。古代的香炉碎器，不知是哪个朝代制造的，底部有铁钉，钉头光亮而不生锈）。

景德镇的白瓷的釉是用小港嘴的泥浆和桃竹叶的灰调匀而成的，像澄清的淘米水（泉州府德化窑的瓷器仙人，是用松毛灰和瓷泥调成浆来上釉的。浙江处州府青瓷的釉不知用的是什么原料），盛在缸里。各种坯体上釉时，先将釉水倒入坯体内里摇荡以挂釉，外面用手指蘸釉涂边，釉水自然从边流遍全体。画碗的青花釉料只用无名异一种（漆匠熬炼桐油，也用无名异作着色剂）。无名异不藏在深土之下，而是浮生在地面，最多向下挖土三尺即可得到，各省都有。但要辨认上料、中料和下料。使用时，要先经过炭火煅烧。上料出火后呈青绿色，中料呈微青色，下料则接近土褐色。每煅烧一斤无名异，只能得到上料七两，中、下料依次减少。上品细料器及御用龙凤器上的花纹，都用上料绘成，因此上料无名异每石值白银二十四两，中料只值上料的一半，下料只值上料的十分之三。

饶州府景德镇所用的釉料，以浙江衢州府和江西广信府（今上饶）两地山中出产的为上料，叫作浙料。江西上高等县所产的为中料，而江西丰城等地出产的为下料。将釉彩煅烧后，用乳钵研磨得极细（乳钵底部要粗涩，不上釉）。然后调画水，研调使其呈黑色，入火烧后成蓝色。欲制成紫霞色的碎器杯，先将胭脂石粉打湿，用铁线编成网兜，把碎器放在其中，以炭火煅烧，再用湿胭脂石粉一抹即成。"宣红"瓷器，则是烧成之后再用巧妙的技术借微火烧成的，世上并没有哪种朱砂经火烧后还能保留红色的（宣红器在元朝末年已经失传了，正德年间经过多次试验又重新造了出来）。

瓷器坯子经过画彩、过釉之后，装入匣钵之中（装时手持坯器若用力稍重，后来烧出的瓷器就会凹陷变形，不再复原）。匣钵是用粗泥造成的，其中每一泥饼托住一件瓷坯，底下空的部分用沙填实。大件的瓷坯一个匣钵只能装一个，小件的瓷坯一个匣钵可以装十几个。好的匣钵可以装烧十多次，差的一两次就坏了。把装满瓷坯的匣钵放入窑中，然后点火烧窑。窑顶有十二个圆孔，叫作天窗。烧二十四个小时火候就足够了。先从窑门点火，烧二十个小时，火力从下向上攻，然后从天窗投入薪柴再烧四个小时，火力从上往下透。瓷器在高温烈火中会软得像棉絮一样，用铁叉取出一件，用以检验火候是否已经足够。辨认火候已足，就停薪止火。合计在一件瓷坯上所费的功夫，要经过七十二道工序才能制成瓷器，其中许多细节还不能尽述。

附：窑变、回青[①]

正德中，内使监造御器[②]。时宣红失传不成，身家俱丧。一人跃入自焚，托梦他人造出，竟传窑变。好异者遂妄传烧出鹿、象诸异物也。又回青乃西域大青，美者亦名佛头青。上料无名异出火似之，非大青能入洪炉存本色也。

注释

①窑变：用含变价金属的釉烧瓷时，因烧成条件不同，成釉呈各种颜色。有的火候掌握不当，烧成后釉色与预料的相反，呈现各种颜色或混杂颜色，这就叫作窑变。窑变瓷的釉色光怪陆离，但难以复制。回青：含钴的釉料，有两种。一种从西域、南海进口，是不含锰的钴矿石，元、明时烧制官中御器时常用它。另一种是国产含锰的钴矿石，明中期以后或单独

用，或与进口的钴矿石混用。②内：大内，宫内。一说内使监为官职名。

译文

正德年间，宫内派出专使来监督制造皇族使用的瓷器。当时宣红瓷器的制作方法已经失传，造不出来，承造瓷器的人生命财产都保不住。其中有一人害怕皇帝治罪，跳入瓷窑内自焚而死，托梦给别人造出了宣红。从此人们竞相传播有窑变之法。好奇的人更胡乱传言烧出了鹿、象等奇异的动物。另外，回青本是西域产的大青，优质的又叫作佛头青。用上料无名异为釉料烧出来的瓷器，其颜色与用回青烧成的相似，并非大青入窑烧后还能保持其本来的颜色。

冶铸第八

宋子曰：首山之采，肇自轩辕[①]，源流远矣哉。九牧贡金，用襄禹鼎[②]，从此火金功用日异而月新矣。夫金之生也，以土为母，及其成形而效用于世也，母模子肖[③]，亦犹是焉。精粗巨细之间，但见钝者司舂，利者司垦，薄其身以媒合水火而百姓繁，虚其腹以振荡空灵而八音起[④]。愿者肖仙梵之身，而尘凡有至象。巧者夺上清之魄[⑤]，而海宇遍流泉。即屈指唱筹，岂能悉数！要之，人力不至于此。

注释

①轩辕：黄帝。《史记・孝武本纪》："黄帝采首山铜，铸鼎于荆山下。"②九牧贡金，用襄禹鼎：《左传・宣公三年》："昔夏之方有德也，远方图物，贡金九牧，铸鼎象物，万物而为之备。"九牧：九州之方伯。③母模子肖：按五行说，金生于土，故前云金"以土为母"，而浇铸金器则先以土为模范，故又云"母模子肖"。④八音：指金、石、丝、竹、匏、土、革、木八类乐器。亦泛指乐器或音乐。⑤上清：天界的日月。一说铜钱代称，古有"上清童子"，亦代指钱。

译文

宋子说：相传上古黄帝时代便开始在首山采铜铸鼎，其源流已很久远了。夏禹时，九州的地方官进贡金属，以帮助禹铸成象征天下大权的九个大鼎。从此以后，借火力来冶铸金属的工艺便日新月异地发展起来了。金属本是从泥土中产生出来的，故称以土为母。当它被铸造成器物供人使用时，其形状又跟泥土制的模型相像，还是以土为母。铸件有精有粗，有大有小，作用各不相同。只见钝拙的碓头用来舂捣东西，锋利的犁铧用来垦土；薄壁的铁锅用来盛水、受火，而使民间百姓人丁兴旺；空腹的大钟用来振荡空气而生出八音，美妙的乐章得以悠然响起。善良虔诚的信徒模拟仙界神佛之形态，为人间造出了精致逼真的塑像。心灵手巧的工匠模拟天上日月的轮廓，造出了天下流通的钱币。诸如此类，任凭人们屈指头、唱筹码，又哪里能够说得完呢？简而言之，单凭人力是无法办到的。

鼎

凡铸鼎，唐虞以前不可考。唯禹铸九鼎，则因九州贡赋壤则已成，入贡方物岁例已定，疏浚河道已通，《禹贡》业已成书[①]。恐后世人君增赋重敛，后代侯国冒贡奇淫，后日治水之人不由其道，故铸之于鼎。不如书籍之易去，使有所遵守，不可移易，此九鼎所为铸也。

年代久远，末学寡闻，如玭珠、暨鱼、狐狸、织皮之类[②]，皆其刻画于鼎上者，或漫灭改形亦未可知，陋者遂以为怪物。故《春秋传》有使知神奸、不逢魑魅之说也。此鼎入秦始亡。而春秋时郜大鼎、莒二方鼎[③]，皆其列国自造，即有刻画，必失《禹贡》初旨。此但存名为古物，后世图籍繁多，百倍上古，亦不复铸鼎，特并志之。

注释

①《禹贡》业已成书：记述九州贡法的《禹贡》，本成书于战国，去夏禹甚远，但作者认为是禹时所著书。②玭珠、暨鱼：《尚书·禹贡》："淮夷玭珠暨鱼。"二者即蚌珠、美鱼，淮人世世代代以此进贡。久之，二物几绝。③郜鼎：《左传·隐公七年》载郜国（今山东成武县）献周王的大鼎。莒鼎：《左传·昭公七年》载莒国（今山东莒县）所铸方鼎，赠给郑国的子产。

译文

铸鼎的史实，尧、舜以前已无法考证了。至于夏禹铸造九鼎，那是因为当时九州根据各地现有条件和生产能力而缴纳赋税的条例已经颁布，各地每年进贡的物产和品种已经有了具体规定，河道也已经疏通，《禹贡》已经成书。禹王恐怕后世的帝王增加赋税来敛取百姓财物，后代各地诸侯用一些以奇技淫巧做出来的东西冒充贡品，以及后来治水的人不按其方法行事，于是把这一切都铸刻在鼎上。令规也就不会像书籍那样容易丢失了，使后人有所遵守而不能任意更改，这就是当时夏禹铸造九鼎的原因。

经过了久远的年代，刻在鼎上的画像，如蚌珠、暨鱼、狐狸、毛织物以及兽皮之类，或许因为锈蚀而脱落变形，难以辨认为何物，学问不深和见识浅薄的人就会以为是怪物。因此，《春秋左氏传》中才有禹铸鼎是为了使百姓懂得识别妖魔鬼怪而避免受到妖魔伤害的说法。其实这些鼎到了秦朝就已散失了。春秋时期郜国的大鼎和莒国的两个方鼎，都是诸侯国自己铸造的，即使有一些刻画，也必定不合于《禹贡》的原意，只不过名为古旧之物罢了。后世的图书甚多，百倍于上古，亦用不到铸鼎。这里特地提一下。

钟

凡钟为金乐之首，其声一宣，大者闻十里，小者亦及里之余。故君视朝、官出署，必用以集众；而乡饮酒礼[①]，必用以和歌；梵宫仙殿，必用以明摄谒者[②]之诚，幽起鬼神之敬。

凡铸钟高者铜质，下者铁质。今北极朝钟[③]，则纯用响铜。每口共费铜四万七千斤、锡四千斤、金五十两、银一百二十两于内。成器亦重二万斤，身高一丈一尺五寸，双龙蒲牢高二尺七寸[④]，口径八尺，则今朝钟之制也。

凡造万钧钟与铸鼎法同，掘坑深丈几尺，燥筑其中如房舍，埏泥作模骨[⑤]。用石灰、三和土筑，不使有丝毫隙拆。干燥之后以牛油、黄蜡附其上数寸。油蜡分两：油居什八，蜡居什二。其上高蔽抵晴雨（夏月不可为，油不冻结）。油蜡墁定，然后雕镂书文、物象，丝发成就。然后舂筛绝细土与炭末为泥，涂墁以渐而加厚至数寸，使其内外透体干坚，外施火力炙化其中油蜡，从口上孔隙熔流净尽，则其中空处即钟鼎托体之区也。

凡油蜡一斤虚位，填铜十斤。塑油时尽油十斤，则备铜百斤以俟之。中既空净，则议熔铜。凡火铜至万钧，非手足所能驱使。四面筑炉，四面泥作槽道，其道上口承接炉中，下口斜低以就钟鼎入铜孔，槽傍一齐红炭炽围。洪炉熔化时，决开槽梗（先泥土为梗塞住），一齐如水横流，从槽道中枧注而下，钟鼎成矣。凡万钧铁钟与炉、釜，其法皆同，而塑法则由人省啬也。

若千斤以内者，则不须如此劳费，但多捏十数锅炉。炉形如箕，铁条作骨，附泥做就。其下先以铁片圈筒直透作两孔，以受杠穿。其炉垫于土墩之上，各炉一齐鼓鞲熔化[6]。化后以两杠穿炉下，轻者两人，重者数人抬起，倾注模底孔中。甲炉既倾，乙炉疾继之，丙炉又疾继之，其中自然粘合。若相承迂缓，则先入之质欲冻，后者不粘，衅所由生也[7]。

凡铁钟模不重费油蜡者，先埏土作外模，剖破两边形或为两截，以子口串合，翻刻书文于其上。内模缩小分寸，空其中体，精算而就。外模刻文后，以牛油滑之，使他日器无粘烂，然后盖上，泥合其缝而受铸焉。巨磬、云板[8]，法皆仿此。

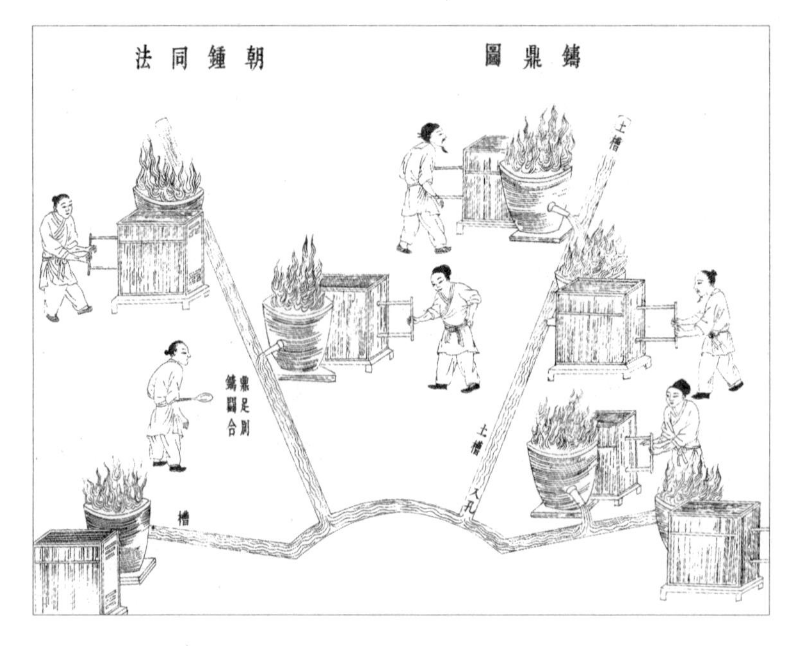

铸鼎

注释

①乡饮酒礼：据《仪礼·乡饮酒礼》，古代乡学生卒业后，荐其贤能者于君，乡大夫设酒宴送行，称乡饮酒礼。后世由地方官宴接待科举之士，称宾兴。此指官方宴会。②谒者：此指礼拜仙佛者。③北极朝钟：明代宫中北极阁中所悬朝钟。④蒲牢：传说中的海兽，其吼声甚大，故铸于钟上，以使钟声洪大。⑤模骨：指失蜡法铸件的内模。⑥鼓鞲（gōu）：鼓风。鞲是用牛皮做成的鼓风器具，此处代指风箱。⑦衅：缝隙。⑧云板：

铁铸的响器，板状，像云朵形，故名。敲打出声，用以报时。

译文

钟在金属乐器之中居首，它的响声，大者十里之外都可以听到，小者也能传开一里多。所以，皇帝临朝听政、官府升堂审案，一定要用钟声来召集下属或者民众；各地方举行乡饮酒礼，也一定会用钟声来和歌伴奏；佛寺仙殿，一定要用钟声来打动朝拜者的诚心，唤起鬼神的敬意。

铸钟的原料，以铜为上等，以铁为下等。如今宫内北极阁所悬挂的朝钟完全是用响铜铸成的，每口钟总共花费铜四万七千斤、锡四千斤、金五十两、银一百二十两，铸成以后重达两万斤，身高一丈一尺五寸，上面的双龙蒲牢图像高二尺七寸，直径八尺。这就是当今朝钟的形制。

铸造万斤以上的大钟和铸鼎的方法是相同的。先挖掘一个一丈多深的地坑，使坑内保持干燥，并把它构筑得像房舍一样，和泥作内模。铸钟的内模用石灰、细砂和黏土调和制成，不能有丝毫的裂缝。内模干燥以后，将牛油、黄蜡在上面涂几寸厚。油和蜡的比例是：牛油约占十分之八，黄蜡占十分之二。其上有高棚用以防日晒雨淋（夏天不可做模，因蜡油不能冻结）。蜡层涂好并用塿刀荡平整后，就可以在上面精雕细刻各种文字和图案，这个过程必须分毫不爽。然后再用舂碎和筛选过的极细的土和炭末，调成糊状，逐层在油蜡上涂铺数寸厚。等到外模的里外都自然干透坚固后，便在外面用慢火烤炙，熔化其中的油蜡。油蜡从铸模下部内外模交合的孔隙中熔流净尽。这时，内外模之间的空腔就成了将来钟、鼎成型的地方了。

每一斤油蜡空出的位置。可灌铸十斤铜。如果塑模时用去十斤油蜡，就需要准备好一百斤铜。内外模之间的油蜡流净后，就该熔铜了。要熔化的火铜如果达到万斤以上的，就不是人的手足所能驱使的了。那就要在钟模的周围筑熔炉，并在四周用泥作槽道，槽道上端与熔炉的出口相接，槽道下端向下倾斜，以便与钟鼎浇铜口相接。槽道两旁用烧红炭火围起来保温。当熔炉内的铜都已熔化时，就打开出铜水口的塞子（事先用泥土当成塞子塞住），铜熔液就会像水流一样沿着槽道注入模内。这样，钟或鼎便铸成功了。一般而言，万斤以上的铁钟、炉和大锅，它们的铸造都是用这同一种方法，只是塑造模子的细节可以由人们根据不同的条件与要求而适当有所省略而已。

至于铸造千斤以内的钟，就不必这么费劲了，只要多做十几个小炉子就行了。这种炉膛的形状像个箕子，以铁条当骨架，用泥塑成。炉体下部的两侧用铁片卷成的圆铁管穿两个孔，以便抬杠穿过。这些炉子都平放在土墩上，所有炉子都一起鼓风熔铜。铜熔化以后，就用两根杠穿过炉底，轻的两个人，重的几个人，一起抬起炉子，把铜熔液倾注进铸模孔中。甲炉浇完，乙炉迅速接着倾注，丙炉又赶快跟上，这样，模内的铜就会自然黏合。如果各炉倾注互相承接太慢，则先注入的铜熔液都将近冷凝了，就难以和后注入的铜熔液互相黏合而出现缝隙。

大体而言，铸造铁钟用的铸模不用耗费太多油蜡，方法是：先以土黏合做成外模，剖成左右两半或是上下两截，并在剖面边上制成有接合的子母口，将文字和图案反刻在外模的内壁上。内模要缩小一定的尺寸，以使内外模之间留有一定的空间，这要经过精密的计算来确定。外模刻好文字和图案以后，还要用牛油涂滑，使铸出的钟不与铸模粘连。然后把内外模组合起来，并用泥浆把内外模的接口缝封好，便可以进行浇铸了。巨磬、云板的铸法与此相类似。

釜

凡釜储水受火，日用司命系焉。铸用生铁或废铸铁器为质。大小无定式，常用者径口二尺为率，厚约二分。小者径口半之，厚薄不减。其模内外为两层，先塑其内，俟久日干燥，合釜形分寸于上，然后塑外层盖模。此塑匠最精，差之毫厘则无用。

模既成就干燥，然后泥捏冶炉，其中如釜，受生铁于中。其炉背透管通风，炉面捏嘴出铁。一炉所化约十釜、二十釜之料。铁化如水，以泥固纯铁柄勺从嘴受注。一杓约一釜之料，倾注模底孔内，不俟冷定即揭开盖模，看视罅绽未周之处[①]。此时釜身尚通红未黑，有不到处即浇少许于上补完，打湿草片按平，若无痕迹。

凡生铁初铸釜，补绽者甚多，唯废破釜铁熔铸，则无复隙漏（朝鲜国俗，破釜必弃之山中，不以还炉）。

凡釜既成后，试法以轻杖敲之，响声如木者佳，声有差响则铁质未熟之故，他日易为损坏。海内丛林大处，铸有千僧锅者，煮糜受米二石，此直痴物云。

注释

①罅绽：缝隙，破绽。

译文

釜是用来储水、受火的容器，人们的日常生活离不开它。铸釜的原料是生铁或者废铸铁器。釜的大小并没有严格固定的规格，常用的釜直径以二尺为准，厚约二分。小釜直径约一尺，厚薄不减少。铸釜的模子分为内外两层，先塑造内模，待其日久干燥后，根据釜的形状大小，再塑造置于内模之上的外模。这种铸模要求塑造功夫非常精细，尺寸稍有偏差，模子就没有用了。

模塑好并干燥以后，再用泥捏造熔炉，炉膛像锅一样用来装生铁和废铁原料。炉背接管通风，炉前捏一个出铁嘴。每一炉熔化的铁水大约可浇铸十到二十口锅。生铁熔化成铁水后，用垫泥的带柄的铁勺从出铁嘴接盛铁水。一勺铁水大约可浇铸一口铁锅。将铁水倾注到模底孔中，不待冷却即揭开盖模，察看有没有裂缝和不周全之处。此时锅身还是通红的，尚未变黑，如果发现有些地方铁水浇得不足时，可马上补浇少量的铁水，并用湿草片按平，不留下修补的痕迹。

生铁初次铸锅，需要这样补浇的地方较多，只有用废破铁锅回炉熔铸的，才不会有隙漏（朝鲜国的风俗是，锅破了以后一定要丢弃到山中，不再回炉）。

铁锅铸成后，辨别它的好坏的方法是用小木棒敲击，如果响声像敲硬木那般沉实，就是一口好锅；如有杂音，说明铁质未熟或是铁水中杂质没有清除干净，这种锅将来就容易损坏。国内有的大寺庙里，铸有一种“千僧锅”，可煮两石米的粥，这真是个笨重之物。

像

凡铸仙佛铜像，塑法与朝钟同。但钟鼎不可接，而像则数接为之，故泻时为力甚易。但接模之法，分寸最精云。

译文

铸造仙佛铜像，塑模方法与朝钟一样。但是钟、鼎不可由几部分接铸，而仙佛铜像却可以分铸后再接合，所以在浇注方面是比较容易的。不过，这种接模工艺对精确度的要求却是最高的。

炮

凡铸炮，西洋、红夷、佛郎机[①]等用熟铜造，信炮、短提铳等用生熟铜兼半造[②]，襄阳、盏口、大将军、二将军[③]等用铁造。

注释

①西洋、红夷、佛郎机：指当时从欧洲引进的三种炮。②信炮、短提铳：信号炮、短筒铳。③襄阳、盏口、大将军、二将军：明代本土所造大炮。盏口炮口大，炮身短。将军炮亦称虎蹲炮。襄阳炮名见于元代，明代少用。

译文

铸造大炮，西洋、红夷、佛郎机等炮以熟铜为原料，信炮和短提铳等用生、熟铜各一半为原料铸造，襄阳炮、盏口炮、大将军炮、二将军炮等则以铁铸造。

镜

凡铸镜模用灰沙，铜用锡和（不用倭铅）。《考工记》亦云：“金锡相半，谓之鉴、燧之剂[①]。”开面成光，则水银附体而成，非铜有光明如许也。唐开元宫中镜尽以白银与铜等分铸成，每口值银数两者以此故。朱砂斑点乃金银精华发现（古炉有入金于内者）。我朝宣炉亦缘某库偶灾[②]，金银杂铜锡化作一团，命以铸炉（真者错现金色）。唐镜、宣炉皆朝廷盛世物也。

注释

①鉴、燧之剂：鉴即照人之镜，燧则为取火之镜，即聚焦镜。剂：材料。②宣炉：明朝宣德年间所造香炉，极珍贵。

译文

铸镜的模子是用草木灰加细沙做成的，而镜本身是由铜与锡的合金（不使用锌）做成的。《考工记》也有记载："金（铜）和锡各一半的合金，是制作鉴和燧的材料。"镜面能够反光，是由于镀上了一层水银，而不是铜本身能这样光亮。唐朝开元年间宫中所用的镜子，都是用白银和铜各一半配合铸成的，所以每面镜子价值数两银子。镜面上有像朱砂一样的红斑点，那是其中夹杂着的金银发出来的（古代铸造的香炉，有的加金于其中）。我朝（明朝）的宣德炉，也因当时某库偶然发生火灾，其中的金银与铜锡掺杂熔成一团，官府便下令用它来铸造香炉（宣德炉的真品，其面上闪耀着金色的斑点）。唐镜和宣德炉都是王朝昌盛时代的产物。

钱

凡铸铜为钱以利民用，一面刊国号通宝四字，工部分司主之。凡钱通利者，以十文抵银一分值。其大钱当五、当十，其弊便于私铸，反以害民，故中外行而辄不行也[①]。

凡铸钱每十斤，红铜居六七，倭铅（京中名水锡）居三四，此等分大略。倭铅每见烈火必耗四分之一。我朝行用钱高色者，唯北京宝源局黄钱与广东高州炉青钱（高州钱行盛漳泉路），其价一文敌南直江、浙等二文。黄钱又分二等，四火铜所铸曰金背钱，二火铜所铸曰火漆钱[②]。

凡铸钱熔铜之罐，以绝细土末（打碎干土砖妙）和炭末为之（京炉用牛蹄甲，未详何作用）。罐料十两，土居七而炭居三，以炭灰性暖，佐土使易化物也。罐长八寸，口径二寸五分。一罐约载铜、铅十斤。铜先入化，然后投倭铅，洪炉扇合，倾入模内。

凡铸钱模以木四条为空匡（木长一尺一寸，阔一寸二分）。土炭末筛令极细，填实匡中，微洒杉木炭灰或柳木炭灰于其面上，或熏模则用松香与清油。然后以母钱百文（用锡雕成）或字或背布置其上。又用一匡如前法填实合盖之。既合之后，已成面、背两匡。随手覆转，则母钱尽落后匡之上。又用一匡填实，合上后匡，如是转覆，只合十余匡，然后以绳捆定。其木匡上弦原留入铜眼孔，铸工用鹰嘴钳，洪炉提出熔罐，一人以别钳扶抬罐底相助，逐一倾入孔中。冷定解绳开匡，则磊落百文，如花果附枝。模中原印空梗，走铜如树枝样，挟出逐一摘断，以待磨锉成钱。凡钱先错边沿[③]，以竹木条直贯数百文受锉，后锉平面则逐一为之。

凡钱高低以铅多寡分，其厚重与薄削，则昭然易见。铅贱铜贵，私铸者至对半为之。以之掷阶石上，声如木石者，此低钱也。若高钱铜九铅一，则掷地作金声矣。凡将成器废铜铸钱者，每火十耗其一。盖铅质先走，其铜色渐高，胜于新铜初化者。若琉球诸国银钱，其模即凿锲铁钳头上。银化之时入锅夹取，淬于冷水之中，即落一钱其内。图并具后。

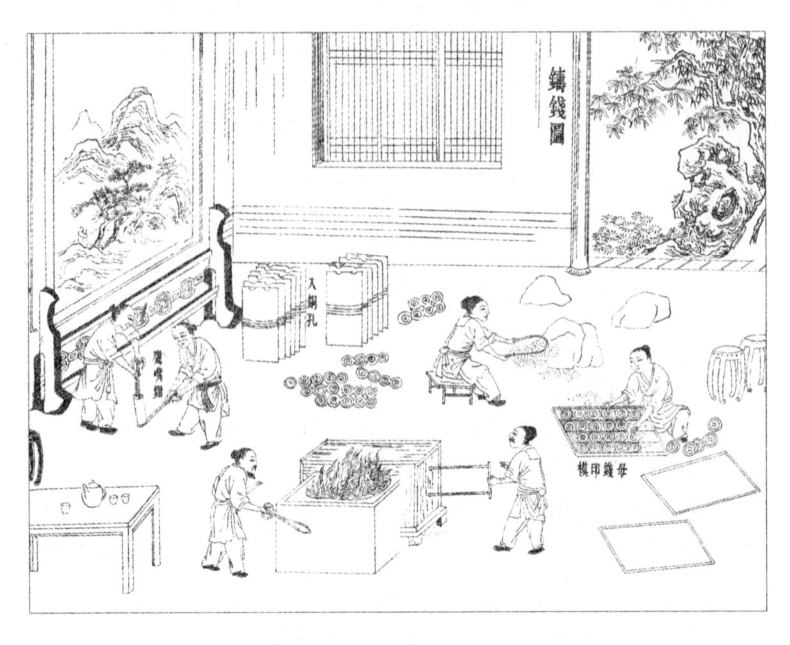

铸钱

注释

①中外：指京师畿辅及外省。②“四火铜所铸曰金背钱”两句：《明史·食货志》载万历年“用四火黄铜铸金背钱，二火黄铜铸火漆钱”。四火、二火指对铜熔炼净化的次数，每多熔炼一次，则铜纯度提高一次。故四火铜优于二火铜。为防私铸、伪造，金背钱在钱背涂金，火漆钱在火上

熏成黑边。③错：打磨使工件平滑。

译文

将铜铸造成钱，是为了方便民众贸易往来。铜钱的一面铸有“某某（国号）通宝”四个字，工部有专门机构掌管此事。通行的铜钱十文抵得上白银一分的价值。相当于五分、十分银的大钱，弊病是便于私人伪铸，反而会坑害了百姓，所以中央和地方都在发行过一阵儿大钱之后，很快就停止发行了。

铸造十斤铜钱，需用六七斤红铜和三四斤锌（北京把锌叫作水锡），这是粗略的比例。锌每遇到高温加热，必耗损四分之一。我（明）朝通用的铜钱，成色最好的只有北京宝源局铸造的黄钱和广东高州府（今茂名）铸造的青钱（高州钱通行于福建漳州、泉州一带），这两种钱的面值，每一文相当于南直隶（今江苏、安徽）、浙江的二文。黄钱又分为两等：用四火铜铸造的叫作“金背钱”，用二火铜铸造的叫作“火漆钱”。

铸钱时用来熔化铜的坩埚，是用绝细的土面（以打碎的土砖干粉为最好）和木炭粉混合后制成的（北京的熔铜坩埚还加入了牛蹄甲，不知道有何作用）。配料比例是，每十两坩埚原材料中，土面占七两，木炭粉占三两，因为炭粉的保温性能很好，可以配合土面而使铜更易于熔化。坩埚长约八寸，口径约二寸五分。一个坩埚大约可以装铜、锌十斤。冶炼时，先把铜放入坩埚熔化，然后再加入锌，熔炉鼓风，使它们充分熔合之后再倾注将其于铸钱模子内。

铸钱的模子，用四根木条构成空框（木条各长一尺二寸，宽一寸二分）。用筛选极细的土面和木炭粉混合后填实空框，上面再撒上少量的杉木炭灰或柳木炭灰，或用燃烧松香和菜籽油的烟熏模。然后把百枚母钱（钱模）（用锡雕成）按有字的正面或无字的背面铺排在框面上。再用一个木框按上述方法填实，对准盖在此木框之上。盖合之后，便构成了钱的正反面两个框模。随手翻转过去，揭去前框，则母钱尽落于后框之上。再用另一个填实了的木框合盖在后框上，照样翻转，就这样反复做成十几套框模，最后把它们叠合在一起用绳索捆绑固定。木框上边原留有灌注铜液的眼孔，铸工用鹰嘴钳把熔铜坩埚从炉中提出，一个人用另一铁钳扶托坩埚的底部，共同把熔铜液逐一注入模孔中。冷却之后，解下绳索打开框模，密密麻麻的成百个铜钱就像累累果实结在树枝上一样。模中原刻出流铜液的空沟，铜流冷却后则成树枝形状，将其夹出，将钱逐个摘下，以待磨锉成钱。钱要先锉边沿，方法是用竹条或木条直串数百个铜钱一起磨锉，然后逐个锉平铜钱表面不规整的地方。

铜钱的成色好坏以锌的含量多少来区分，至于其轻重与厚薄，那是显而易见的。由于锌价值低贱而铜价值更贵，私铸钱币的人甚至用铜、锌对半配合来铸钱。将这种钱掷在石阶上，发出像木头或石块落地的声响，表明成色不好。如果是铜与锌的比例是九比一的成色好的钱，把它掷在地上，会发出铿锵的金属声。用废铜器来铸造铜钱，每熔化一次就会损耗十分之一。因其中的锌会先行挥发，剩下的铜的含量逐渐提高，所以铸造出来的铜钱的成色会比第一次铸成的铜钱更好。至于琉球诸国铸造的银币，其钱模就刻在铁钳头上。当银熔化时，用钳头从坩埚中夹取银液，在冷水中一淬，一块银币就落在水里了。

附：铁钱

铁质贱甚，从古无铸钱。起于唐藩镇魏博诸地[①]，铜货不通，始冶为之，盖斯须之计也。皇家盛时，则冶银为豆[②]；杂伯衰时[③]，则铸铁为钱，并志博物者感慨。

注释

①魏博：唐末藩镇名。辖境地跨今山东、河北、河南三省部分地区。治所在今河北大名。②冶银为豆：宫内将豆粒大的银豆撒在地上，让宫女、宦官去争抢，借以取乐。③杂伯：伯即霸，杂伯指群雄割据地方。五代十国时南楚马殷即大量铸铁钱。

译文

铁这种金属价值十分低贱，自古以来没有用铁来铸钱的。铁钱起源于唐朝藩镇的魏博等地，由于当时藩镇割据，金属铜无法流通，于是开始冶铁铸钱，那只是一时的权宜之计罢了。皇家兴盛时，就冶银为银豆来玩耍取乐；等到地方割据、皇家衰弱时，则铸铁为钱，就一起记在这里以表示博物者的感慨吧。

舟车第九

宋子曰，人群分而物异产，来往懋迁以成宇宙[①]。若各居而老死，何借有群类哉？人有贵而必出，行畏周行。物有贱而必须，坐穷负贩。四海之内，南资舟而北资车。梯航万国[②]，能使帝京元气充然。何其始造舟车者不食尸祝之报也[③]？浮海长年，视万顷波如平地，此与列子所谓御泠风者无异[④]。传所称奚仲之流[⑤]，倘所谓神人者非耶？

注释

①懋（mào）迁：贸易，运输。②梯航：梯指登山，航指航海。梯航泛指艰难之旅途。③尸祝之报：后代祭祀祝颂以报答。④列子所谓御泠风：《庄子・逍遥游》云："列子御风而行，泠然善也，旬有五日而后反。"列子即列御寇，战国时道家学说代表人物。泠（líng）风：清风。⑤奚仲：姓任。《世本》载奚仲作车，夏代时曾任车正之职（掌管车辆之官）。

译文

宋子说，人类分散居住在各地，各地的物产也各有不同，通过相互来往和贸易，构成了社会整体。如果大家各居一方而老死不相往来，还凭什么来构成人类社会呢？有地位的人总要外出，但怕走远路。有些物品虽然价钱低贱，却也是生活必需品，因为缺乏也就需要有人贩运。所有这一切，都得借助于车船等交通工具。从全国来看，南方更多是用船运，北方更多是用车运。人们通过车船，翻山渡海，沟通国内外物资贸易，从而使京城繁荣起来。为什么最早发明创造车、船的人，却得不到后人的崇敬呢？船工长年在大海中航行，视万顷波涛如平地，这简直与列子所谓的乘风而行没有什么不同。史书上所说的创制车辆的奚仲这类人，如果将其称为神人，难道不对吗？

舟

凡舟古名百千，今名亦百千，或以形名（如海鳅、江鳊、山梭之类），或以量名（载物之数），或以质名（各色木料），不可殚述。游海滨者得见洋船，居江湄者得见漕舫[1]。若局趣山国之中[2]，老死平原之地，所见者一叶扁舟、截流乱筏而已。粗载数舟制度，其余可例推云。

注释

①漕舫：明代以后将南方大米通过运河运到北京的运粮船。②局趣：局促，局限。

译文

船的名称，古今都有成百上千种，有的根据船的形状来命名（比如海鳅、江鳊、山梭之类的），有的根据船的载重量来命名（载物的数量），有的根据造船的材料来命名（各种木料），名称繁多，难以一一说尽。在海滨游玩的人可以见到远洋船，在江边居住的人可以看到漕舫。如果局限于山区之中，老死于平原之地，则所见者不过是一叶扁舟、渡河筏子而已。下面粗略记载几种船的形制规格，其余可以自行类推。

漕舫

凡京师为军民集区，万国水运以供储，漕舫所由兴也。元朝混一，以燕京为大都。南方运道由苏州刘家港、海门黄连沙开洋，直抵天津，制度用遮洋船。永乐间因之。以风涛多险，后改漕运。平江伯陈某始造平底浅船[1]，则今粮船之制也。

凡船制底为地，枋为宫墙[2]，阴阳竹为覆瓦[3]。伏狮前为阀阅[4]，后为寝堂。桅为弓弩[5]，弦篷为翼。橹为车马，簟纤为履鞋[6]，律索为鹰、雕筋骨[7]，招为先锋，舵为指挥主帅，锚为扎车营寨。

粮船初制，底长五丈二尺[8]，其板厚二寸，采巨木楠为上，栗次之。

头长九尺五寸，梢长九尺五寸[9]。底阔九尺五寸，底头阔六尺，底梢阔五尺。头伏狮阔八尺，梢伏狮阔七尺。梁头一十四座[10]，龙口梁阔一丈，深四尺。使风梁阔一丈四尺，深三尺八寸。后断水梁阔九尺，深四尺五寸。两廒共阔七尺六寸[11]。此其初制，载米可近二千石（交兑每只止足五百石）。后运军造者私增身长二丈，首尾阔二尺余，其量可受三千石。而运河闸口原阔一丈二尺，差可度过。凡今官坐船，其制尽同，第窗户之间宽其出径，加以精工彩饰而已。

凡造船先从底起，底面傍靠樯[12]，上承栈，下亲地面。隔位列置者曰梁。两傍峻立者曰樯。盖樯巨木曰正枋，枋上曰弦。梁前竖桅位曰锚坛，坛底横木夹桅本者曰地龙。前后维曰伏狮，其下曰拿狮，伏狮下封头木曰连三枋。船头面中缺一方曰水井（其下藏缆索等物）。头面眉际树两木以系缆者曰将军柱。船尾下斜上者曰草鞋底，后封头下曰短枋，枋下曰挽脚梁，船梢掌舵所居，其上者野鸡篷（使风时，一人坐篷巅，收守篷索）。

凡舟身将十丈者，立桅必两，树中桅之位，折中过前二位，头桅又前丈余。粮船中桅长者以八丈为率，短者缩十之一二。其本入窗内亦丈余，悬篷之位约五六丈。头桅尺寸则不及中桅之半，篷纵横亦不敌三分之一。苏、湖六郡运米，其船多过石瓮桥下，且无江汉之险，故桅与篷尺寸全杀。若湖广、江西省舟，则过湖冲江无端风浪，故锚、缆、篷、桅必极尽制度而后无患。凡风篷尺寸，其则一视全舟横身，过则有患，不及则力软。

凡船篷其质，乃析篾成片织就，夹维竹条，逐块折叠，以俟悬挂。粮船中桅篷，合并十人力方克凑顶，头篷则两人带之有余。凡度篷索，先系空中寸圆木，关捩于桅巅之上[13]，然后带索腰间缘木而上，三股交错而度之。凡风篷之力其末一叶，敌其本三叶。调匀和畅，顺风则绝顶张篷，行疾奔马。若风力洊至[14]，则以次减下（遇风鼓急不下，以钩搭扯）。狂甚则只带一两叶而已。

凡风从横来，名曰抢风。顺水行舟则挂篷，“之”“玄”游走，或一抢向东，止寸平过，甚至却退数十丈。未及岸时，捩舵转篷，一抢向西，借贷水力兼带风力轧下，则顷刻十余里。或湖水平而不流者亦可缓轧。若上水舟则一步不可行也。凡船性随水，若草从风，故制舵障水使不定向流，舵板一转，一泓从之。

凡舵尺寸，与船腹切齐。其长一寸，则遇浅之时船腹已过，其梢尾舵使胶住，设风狂力劲，则寸木为难不可言。舵短一寸则转运力怯，回头不捷。凡舵力所障水，相应及船头而止，其腹底之下俨若一派急顺流，故船头不约而正，其机妙不可言。舵上所操柄，名曰关门棒，欲船北则南向捩转，欲船南则北向捩转。船身太长而风力横劲，舵力不甚应手，则急下一偏披水板以抵其势[15]。凡舵用直木一根（粮船用者围三尺，长丈余）为身，上截衡受棒，下截界开衔口，纳板其中如斧形，铁钉固拴以障水。梢后隆起处，亦名曰舵楼。

凡铁锚所以沉水系舟。一粮船计用五六锚，最雄者曰看家锚，重五百斤内外，其余头用二枝，梢用二枝。凡中流遇逆风不可去又不可泊（或业已近岸，其下有石非沙，亦不可泊，惟打锚深处），则下锚沉水底。其所系律，缠绕将军柱上，锚爪一遇泥沙扣底抓住，十分危急则下看家锚。系此锚者名曰“本身”，盖重言之也。或同行前舟阻滞，恐我舟顺势急去，有撞伤之祸，则急下梢锚提住，使不迅速流行。风息开舟则以云车绞缆[16]，提锚使上。

凡船板合隙缝，以白麻斫絮为筋，钝凿扱入，然后筛过细石灰，和桐油舂杵成团调艌。温、台、闽、广即用蛎灰。凡舟中带篷索，以火麻秸（一名大麻）绹绞，粗成径寸以外者，即系万钧不绝。若系锚缆，则破析青篾为之，其篾线入釜煮熟，然后纠绞。拽缱簟亦煮熟篾线绞成，十丈以往，中作圈为接驱，遇阻碍可以掐断。凡竹性直，篾一线千钧。三峡入川上水舟，不用纠绞簟缱，即破竹阔寸许者，整条以次接长，名曰火杖。盖沿崖石棱如刃，惧破篾易损也。

凡木色桅用端直杉木，长不足则接，其表铁箍逐寸包围。船窗前道皆当中空阙，以便树桅。凡树中桅，合并数巨舟承载，其末长缆系表而起。梁与枋樯用楠木、槠木、樟木、榆木、槐木[17]（樟木春夏伐者，久则粉蛀），栈板不拘何木。舵杆用榆木、榔木、槠木。关门棒用椆木、榔木[18]。橹用杉木、桧木、楸木。此其大端云。

注释

①平江伯陈某：即陈瑄，字彦纯，安徽合肥人。明代将领、水利家，明清漕运制度的确立者。②枋：由大方木一条条拼接而成的船体四壁。③阴阳竹：船室上顶棚，由剖成两半、凿孔中节的竹凸凹搭接而成。④伏狮：船体首尾横穿两边船枋的大横木。阀阅：此指前门。⑤桅：船中间直立的架帆的长木杆，又叫桅杆。⑥簟纤：拉船的纤索。⑦律（yù）索：长绳。⑧尺：明代一尺为 31.1 厘米，丈、尺、寸均十进制。⑨梢：同“艄”，船尾。⑩梁头：指横贯船身的大梁，即两侧船壁中间架设的横木。⑪廒（áo）：船舱。⑫樯：此指船壁，当作“墙”。⑬关捩（liè）：操纵转

动的机关，相当于滑轮。⑭洊（jiàn）至：再至，相继而至。⑮披水板：船头装的可上下提动的披水板，共两块，装于左右两侧。⑯云车：立式起重绞车。⑰槠（zhū）：常绿乔木，叶长椭圆形，木质坚硬。⑱椆（diāo）：古代树名，疑为马鞭草科的柚木，木质坚硬。

译文

京师是军民聚集之地，全国各地都要利用水运来供应首都的物资，这就是漕船兴起的原因。元朝统一全国后，以北京为大都。当时由南方到北方的航道，从苏州的刘家港、海门的黄连沙出发，沿海路直达天津，用的是遮洋船。直到明朝永乐年间还是这样。后来因为海上风浪太大，危险过多，就改为内河漕运了。平江伯陈某始造平底的浅船，也就是现在运粮船的形式。

这种船的构造，船底相当于房屋的地面，船枋相当于四周的墙壁，船室上的阴阳竹，则为屋顶盖的瓦。船头的那根大横木相当于屋前的门楼柱，船尾相应的横木就相当于寝室。如果说船桅像弓、弩的弓背或弩身，船帆便是弓弦和弩翼。船桨好比拉车的马，使其行走。拉船用的纤绳，便好比走路穿的鞋子。船帆上的长绳，相当于鹰、雕的筋骨，船头的大桨是开路先锋，船尾的舵则是指挥主帅，而船锚作安营扎寨之用。

运粮船最初的形制是，船底长五丈二尺，船底板厚二寸，以大木为料，楠木为上，栗木次之。船头长九尺五寸，船尾长九尺五寸。船底宽九尺五寸，船底前部宽六尺，船尾宽五尺。船头最顶上的大横木宽八尺，船尾相应的横木宽七尺。船上有大梁十四根，接近船头的龙口梁长一丈，高出船底四尺。支撑桅杆的使风梁长一丈四尺，高出船底三尺八寸。船尾部的断水梁长九尺，高出船底四尺五寸。船上的两个粮仓都宽七尺六寸。这都是初期漕船的尺寸规格，每艘漕船的载米量接近两千石（但每只船缴纳五百石便算足额）。后来由漕运军造的漕船，私自把船身增长了二丈，船头和船尾各加宽了二尺多，这样便可以载米三千石了。而运河的闸口原宽一丈二尺，可以让这种船勉强通过。现在官用的客船，其形式与此完全相同，只是楼舱上的门窗加大一些，并加以精工彩饰而已。

建造漕船要先造船底，船底两侧立起船壁，船壁支撑上面的栈板（甲板），船壁下面就贴近船底。相隔一定距离在两壁之间横架的木头叫梁。船底两旁高高直立的，叫船墙（船壁）。构成船壁的巨木叫正枋，上面的枋叫作弦。梁前面竖桅的地方叫作锚坛，锚坛底部横架的横木用以夹住桅杆的叫作地龙。船头和船尾各有一根连接船体的大横木叫作伏狮，伏狮下两边的侧木叫作拿狮。伏狮下的封密船头的木叫作连三枋（拦浪板）。船头甲板中间开一方形洞，叫作水井（下面用来收藏缆索等物品）。船头甲板两边竖起两根系结缆索的木桩，叫作将军柱。船尾下面船底两侧由下向上倾斜的船壁叫作草鞋底，船尾封尾木下的是短枋，枋下是挽脚梁，船尾掌舵人所在的位置，上面盖着的篷叫作野鸡篷（漕船扬帆时，一个人坐在篷顶上掌握帆索）。

船身长将近十丈的漕船，必须竖立两根桅杆，中桅立在船中心再向前过两根梁的部位，在中桅离船头方向一丈远之处，再立一根船头桅。粮船的中桅，长的以八尺为准，短的缩短十分之一二。桅杆进入窗内（舱楼顶至舱底）有一丈多，悬帆的部位约占去五六丈。船头桅杆的长度不及中桅的一半，其帆的纵横幅度，也不及中桅的三分之一。苏州、湖州一带六郡运米的船，大多要经过石拱桥，而且又没有长江、汉水那样的风险，所以桅杆和帆的尺寸都可缩小。如果驶经湖广（湖北、湖南）、江西等省的船，则过湖过江会遇到突然的风浪，所以锚、缆、帆、桅都必须严格按照规定尺寸来建造，这样才能没有后患。此外，风帆的大小要根据全船的宽度决定，太大了会有危险，太小了就会风力不足。

船帆的材料，由破开的竹片编成，用绳编竹片，这样既可以逐块折叠，又可以让风帆升起时紧贴桅杆。粮船中桅上所挂的帆，需要十个人一齐用力才能升到桅顶，而船头桅上所挂的帆只要两人就足够了。安装帆索时，先将由一寸粗的中空圆木制成的滑轮绑在桅杆顶上，然后腰间带着绳索爬上桅杆，将三股绳索交错穿过滑轴。风帆所受的风力，顶上的一叶相当于底下的三叶。若调节得匀称、顺当，顺风能将帆张到最大限度，则船前进得快如奔马。若风力不断增大，就要逐渐减少张开的帆叶（遇到很大的风，帆叶鼓得太厉害而不能迅速降下时，就使用搭钩扯下）。风力很猛烈时，只张一两叶帆就足够了。

借横向吹来的风航行，叫作抢风。如果顺水而行，便升起船帆按“之”或“玄”字形的曲折路线行驶。船抢风向东航行时，只能平过对岸，甚至还可能会后退几十丈。这时趁船还未到达对岸，便立刻转舵，并把帆调转向另一舷上去，即把船抢向西驶。依靠水势和风力相抵，船沿着斜向前进，一下子便可以航行十多里。如果在平静而不流动的湖水中航行，也可以缓缓斜向前行。船顺着水流航行，就如同草随风摆动一样，所以要利用舵来挡水，使水不按原来的方向流动，因为舵板一转就有一股水流顺其方向流动。

舵的尺寸，其下端要同船底平齐。若舵比船底长出一寸，那么当遇到水浅时，船底已经通过了，而船尾的舵却被卡住了。若遇到猛力狂风，这一寸之木带来的困难就无法形容了。反之，若舵比船底短一寸，那么舵的运转力就会太小，船身转动也就不够灵巧。舵拦截水的能力所及，只到船头为止，船底下的水仍俨然是一股顺着水流方向的急流，所以船头自然按操纵的正确方向行进，其中的作用真是妙不可言。舵上的操纵杆叫作关门棒，要船头向北，就将它推向南；要船头向南，就将它推向北。如果船身太长，而横向吹来的风又太猛，舵力不那么充足，这时要急速放下一块拔水板，以抵挡风势。船舵用一根直木做舵身（粮船上用的舵周长三尺，长一丈多），上端横插关门棒，下端锯开个衔口，以装上斧形舵板，再用铁钉钉牢，便可以挡水了。船尾高耸起来的地方，也叫作舵楼。

铁锚的作用是沉入水底而将船稳定住。一艘运粮船上共有五六个锚，其中最大的叫作看家锚，重达五百斤左右。其余的在船头上的有两个，在船尾的也有两个。船在中流如果遇到逆风，无法前进，又不能靠岸停泊时(或者已经接近岸边，但水底有石头而不是沙土，也不能停泊，这时只能在水深处抛锚)，就要将锚抛下沉到水底。系锚的缆索缠绕在将军柱上，锚爪一接触泥沙，就能沉入泥里抓住。如果情况十分危急，便要抛下看家锚。系住这个锚的缆索叫作“本身”（命根)，这是就其重要性而言的。有时本船被同一航向的前面的船挡住，恐怕本船顺势急冲向前会有互相撞伤的危险，那就要赶快抛梢锚拖住船只，使之不能快速前行。风停了开船，要用云车绞缆绳将锚提上来。

填充船板间的缝隙，要用剁碎了的白麻絮做成麻筋，用钝凿将麻筋塞进缝隙内，然后再用筛过的细石灰拌和桐油捣拌成团，再填充船缝。浙江温州、台州与福建、广东，用蛎灰代替石灰。船上系船帆的绳索用火麻(一名大麻) 纠绞而成，直径一寸以上的粗绳索，即便系住万斤以上的东西也不会断。至于系锚的缆绳，则是用竹片削成的青篾条制成，这些篾条要先入锅煮过后再进行纠绞。拉船的纤绳也是用煮熟的篾条绞成的，绳长十丈以上时，中间做圈当作接环，遇障碍可以掐断。竹的特性是纵向拉力强，一条篾绳可以承受千钧的拉力。经三峡进入四川的上水船，往往不用纠绞的纤索，而只是把竹子破成一寸多宽的整条竹片，互相连接起来，叫作火杖。因为沿岸的崖石锋利如刀刃，恐怕破成竹篾条更容易损坏。

至于造船所用木料，桅杆要选用匀称笔直的杉木，长度不足可以连接，其外表用铁箍逐寸包紧。船楼前要空出地方架立桅杆。竖立中桅时，要拼合几条大船来共同承载，桅杆一端系以长绳并吊起。船上的梁、枋与船壁，用楠木、槠木、樟木、榆木、槐木（春夏两季砍伐的樟木，时间长了会被虫蛀)，船底和甲板则不论什么木料都可以。舵杆用榆木、榔木或者槠木。关门棒用椆木或者榔木。船桨用杉木、桧木或者楸木。以上只是用木料的大致情况。

海舟

凡海舟，元朝与国初运米者曰遮洋浅船，次者曰钻风船（即海鳅）。所经道里止万里长滩、黑水洋、沙门岛等处[1]，苦无大险。与出使琉球、日本暨商贾爪哇、笃泥等舶制度[2]，工费不及十分之一。

凡遮洋运船制，视漕船长一丈六尺，阔二尺五寸，器具皆同，唯舵杆必用铁力木[3]，艌灰用鱼油和桐油，不知何义。凡外国海舶制度，大同小异。闽、广（闽由海澄开洋，广由香山嶴[4]）洋船截竹两破排栅，树于两傍以抵浪。登、莱制度又不然，倭国海舶两傍列橹手栏板抵水，人在其中运力。朝鲜制度又不然。

至其首尾各安罗经盘以定方向[5]，中腰大横梁出头数尺，贯插腰舵，则皆同也。腰舵非与梢舵形同，乃阔板斫成刀形插入水中，亦不捩转，盖夹卫扶倾之义。其上仍横柄拴于梁上，而遏浅则提起。有似乎舵，故名腰舵也。凡海舟以竹筒贮淡水数石，度供舟内人两日之需，遇岛又汲。其何国何岛合用何向，针指示昭然，恐非人力所祖。舵工一群主佐，直是识力造到死生浑忘地，非鼓勇之谓也。

注释

①万里长滩：自长江口至苏北盐城的浅水海域。黑水洋：自苏北盐城东海岸至山东半岛南部之间的海域。沙门岛：在今山东半岛蓬莱西北海中。②爪哇：印度尼西亚属爪哇岛。③铁刀木：金丝桃科铁力木属，木质极其坚硬。④香山嶴：即今澳门。⑤罗经盘：罗盘，测定方位的仪器，由有方位刻度的圆盘中间装指南针构成，为中国发明，十一世纪已用于航海。

译文

元朝和本朝（明朝）初年运米的海船叫作遮洋浅船，小一点儿的叫作钻风船（即海鳅）。所经过的航道仅限于万里长滩、黑水洋和沙门岛等处，一路上并没有大的风险。制造这种海船的工本费，还不到那些出使琉球、日本和到爪哇、笃泥等地经商所用的海船的十分之一。

遮洋浅船的形制，比漕船长出一丈六尺，宽出二尺五寸，船上的各种设备都是一样的，只是舵杆必须用铁力木造，填充船缝的灰要用鱼油和桐油拌和，不知是出于什么理由。外国海船的规格跟遮洋浅船大同小异。福建、广东的远洋船（福建的远洋船从海澄开出，广东的远洋船从香山嶴开出）将竹子破成两半编成排栅，放在船的两旁以抵挡海浪。山东登州（今蓬莱）和莱州的海船的形制与此不大一样。日本国海船两旁排列着带把的挡板，人在船的两侧用力划动以起挡水作用。朝鲜海船的形制又与此不同。

海船的首尾都安装罗盘用来确定航向，船中腰的大横梁伸出船外几尺，以便穿插腰舵，各种海船在这方面都是相同的。腰舵的形状跟尾舵不同，是把宽木板斫成刀的形状，插进水中后并不转动，只是对船身起平衡作用。其上面有横柄拴在梁上，遇搁浅时就将其提起，因其有点儿像舵，故称腰舵。海船出海时，要用竹筒储备数石淡水，供船内人两日之用，遇到岛屿就再补充淡水。船行至某国某岛该用什么航向，罗盘上的指针都明确指示出来，这恐怕不是光凭人的经验所能够轻易掌握的。舵工们相互配合操纵海船，他们的见识和魄力简直到了将生死置之度外的境界，那并不是只凭一时之勇就能做到的。

杂舟

江汉课船[①]，身甚狭小而长，上列十余仓，每仓容止一人卧息。首尾共桨六把，小桅篷一座，风涛之中恃有多桨挟持。不遇逆风，一昼夜顺水行四百余里，逆水亦行百余里。国朝盐课，淮、扬数颇多，故设此运银，名曰课船。行人欲速者亦买之。其船南自章、贡[②]，西自荆、襄，达于瓜、仪而止[③]。

三吴浪船。凡浙西、平江纵横七百里内，尽是深沟，小水湾环，浪船（最小者曰塘船）以万亿计。其舟行人贵贱来往以代马车、扉履[④]。舟即小者，必造窗牖堂房，质料多用杉木。人物载其中，不可偏重一石，偏即欹侧，故俗名“天平船”。此舟来往七百里内，或好逸便者径买，北达通、津。只有镇江一横渡，俟风静涉过。又渡清江浦[⑤]，溯黄河浅水二百里，则入闸河安稳路矣。至长江上流风浪，则没世避而不经也。浪船行力在梢后，巨橹一枝，两三人推轧前走，或恃缱簟。至于风篷，则小席如掌，所不恃也。

东浙西安船。浙东自常山至钱塘八百里，水径入海，不通他道，故此舟自常山、开化、遂安等小河起，钱塘而止，更无他涉。舟制箬篷如卷瓮为上盖。缝布为帆，高可二丈许，绵索张带。初为布帆者，原因钱塘有潮涌，急时易于收下。此亦未然。其费似侈于篾席，总不可晓。

福建清流、梢篷船[6]。其船自光泽、崇安两小河起，达于福州洪塘而止，其下水道皆海矣。清流船以载货物、商客，梢篷船大差可坐卧，官贵家属用之。其船皆以杉木为地。滩石甚险，破损者其常，遇损则急舣向岸，搬物掩塞。船梢径不用舵，船首列一巨招，捩头使转。每帮五只方行，经一险滩，则四舟之人皆从尾后曳缆，以缓其趋势。长年即寒冬不裹足，以便频濡。风篷竟悬不用云。

四川八橹等船。凡川水源通江、汉，然川船达荆州而止，此下则更舟矣。逆行而上，自夷陵入峡，挽缱者以巨竹破为四片或六片，麻绳约接，名曰火杖。舟中鸣鼓若竞渡，挽人从山石中闻鼓声而咸力。中夏至中秋川水封峡，则断绝行舟数月。过此消退，方通往来。其新滩等数极险处，人与货尽盘岸行半里许，只余空舟上下。其舟制腹圆而首尾尖狭，所以辟滩浪云。

黄河满篷梢。其船自河入淮，自淮溯汴用之。质用楠木，工价颇优。大小不等，巨者载三千石，小者五百石。下水则首颈之际，横压一梁，巨橹两枝，两傍推轧而下。锚、缆、簟、篷制与江、汉相仿云。

广东黑楼船、盐船。北自南雄，南达会省，下此惠、潮通漳、泉，则由海汊乘海舟矣。黑楼船为官贵所乘，盐船以载货物。舟制两傍可行走。风帆编蒲为之，不挂独竿桅，双柱悬帆，不若中原随转。逆流凭借缱力，则与各省直同功云。

黄河秦船（俗名摆子船）。造作多出韩城，巨者载石数万钧，顺流而下，供用淮、徐地面。舟制首尾方阔均等。仓梁平下，不甚隆起。急流顺下，巨橹两傍夹推，来往不凭风力。归舟挽缱多至二十余人，甚有弃舟空返者。

注释

①课船：运税银的船。②章、贡：章、贡二水，指今之赣江流域。一说“贡”当作“赣”。③瓜：今江苏南京瓜埠镇。④屝（fèi）履：步行。

⑤清江浦：运河入黄河口，今属江苏淮安清江浦区。⑥清流船：以闽西清流县地名命名的客货两用船。梢篷船：航行于闽江的高级客货两用船，客舱在船尾，船工在船头摇动巨桨使其航行。

译文

长江、汉水上的课船，船身十分狭小而修长，船上有十多个舱，每个舱内只能容一人卧息。船头至船尾共有六把桨和一座小桅帆，在风浪当中靠这些桨推动划行。如果不遇逆风，一昼夜顺水可行四百多里，逆水也能行驶百余里。本朝的盐税，淮安、扬州收缴的数额颇多，故设此船运送水银，叫作课船。来往旅客想要赶速度的，也租用这种船。课船的航线，南自江西的章水、贡水，西自湖北的荆州（今江陵）、襄州（今襄阳），到达江苏的瓜埠、仪征。

三吴浪船。浙江西部至平江府（今江苏苏州）之间纵横七百里内，尽是弯曲的深沟、小河，上面行驶的浪船（最小的叫作塘船）数以十万计。旅客无论贫富都搭乘这种船往来，以代替车马或者步行。这种船即使很小也要装配上有窗户的堂房，所用的木料多是杉木。人和货物在船中，要保持两边平衡，不能有多达一石的偏重，否则浪船就会倾斜，因此这种船俗称“天平船”。这种船来往的航程通常在七百里之内，有些图安逸、求方便的人，租它一直往北驶至通州（今北京市通州区）和天津。沿途只有到镇江要横渡一次长江，待江面风止时过江。再渡过运河上的清江浦，沿黄河的浅水逆行二百里，进入大运河的闸口，以后便是安稳的航路了。长江上游水急浪大，这种浪船是永远不能进去的。浪船的推动力全靠船尾那根巨大的桨，由两三个人合力摇动而使船前进，或靠岸上的人拉纤使船前进。至于风帆，不过是一块巴掌大小的小席罢了，船的行进完全不依靠它。

东浙西安船。浙江东部自常山至杭州府的钱塘，钱塘江流经八百里直接入海，不通其他航道，因此这种船的航线是从常山、开化、遂安等处的小河起，一直到钱塘江为止，无须再改别的航道。这种船用箬竹编成的瓮状圆拱形的篷当顶盖，缝布作帆，约两丈高，以棉绳张帆。当初采用布帆，是因为钱塘江有潮涌，当情形危急时布帆更容易收起来。但也未必是出于这个原因。因其费用比竹篾质地的帆要高，总之很难理解为何要用布帆。

福建清流、梢篷船。从光泽、崇安两县的小河起，到福州洪塘而止，再下去的水道就是海了。清流船用于运载货物、客商，而梢篷船仅可供人坐卧，是达官贵人及其家属所用的。这类船都是用杉木做船底。沿途浅滩岩石非常危险，时常会碰损而引起船底漏水，遇到这种情况就要设法马上靠岸，抢卸货物并且堵塞漏洞。这种船不在船尾安装船舵，而是在船头安装一把巨桨，调转船头使之改变方向。为了确保安全，每次出航都要有五只船结队航行，经过急流险滩时，后面四只船的人都用缆索拉住第一只船的船尾，以减慢它的速度。船工即便是在寒冷的冬天也不穿鞋子，以便经常涉水。令人不解的是，其风帆竟然是挂而不用的。

四川八橹等船。四川的水源本来是与长江、汉水相通的，然而四川的船，行至荆州便止，再往下行驶就要更换另一种船了。要从相反方向逆水去四川，从夷陵（今湖北宜昌）进入三峡，要靠拉纤，拉纤的人将巨竹破成四片或六片，用麻绳接长，叫作火杖。船中鸣鼓犹如赛船，拉纤的人在岸边山石间听到鼓声而一起用力。从中夏到中秋期间，四川涨水封峡，船就停航几个月。此后江水水位降低，船只才能继续往来。在新滩（在今湖北秭归）江面上有几处极其危险的地方，这时人与货物都必须在岸上行半里多路，只剩下空船在江中行走。这种船的形制是中间圆而两头尖狭，便于在险滩劈波斩浪。

黄河满篷梢。从黄河进入淮河，再从淮河进入河南的汴水，使用的都是这种满篷梢船。造船材料用楠木，费用比较高。船的大小不等，大的可以装载三千石，小的只能载五百石。顺水行驶时，在船头与船身交接处横架一梁，梁上安两个巨桨，人在船两边摇桨而使船前进。至于铁锚、缆绳、风帆的规格，和长江、汉水中的船大致相同。

广东黑楼船、盐船。北起广东南雄，南到省会广州，都行驶着这两种船。再往下从广东惠州、潮州通往福建漳州、泉州时，便要在河道的出海口改乘海船了。黑楼船是达官贵人乘坐的，盐船则用来运载货物。船的两侧有通道可以行人。风帆是用蒲编织成的，船上不立独桅杆，而是以两根立柱悬帆，因此不像中原地区的船帆那样可以随意转动。至于逆水航行时要靠纤缆牵拉，这点与其他各省是一样的。

黄河秦船（俗名摆子船）。这种船大多是陕西韩城制造的，大的可以装载石头数万斤，顺流而下，供淮安、徐州一带使用。这种船的形制是船头和船尾宽度相等，船舱和梁都比较低平而并不怎么凸起。当船顺着急流而下，摇动两旁的巨桨而使船前进，船的来往都不利用风力。逆流返航时，往往需要二十多个人在岸上拉纤，因此甚至有连船也不要而空手返回的。

车

凡车利行平地，古者秦、晋、燕、齐之交，列国战争必用车，故“千乘”“万乘”之号起自战国。楚、汉血争而后日辟。南方则水战用舟，陆战用步、马。北膺胡虏，交使铁骑，战车遂无所用之。但今服马驾车以运重载，则今日骡车即同彼时战车之义也。

凡骡车之制有四轮者，有双轮者，其上承载支架，皆从轴上穿斗而起。四轮者前后各横轴一根，轴上短柱起架直梁，梁上载箱。马止脱驾之时，其上平整，如居屋安稳之象。若两轮者驾马行时，马曳其前，则箱地平正。脱马之时，则以短木从地支撑而住，不然则欹卸也。

凡车轮，一曰辕[①]（俗名车陀[②]）。其大车中毂[③]（俗名车脑）长一尺五寸（见《小戎》朱注[④]），所谓外受辐、中贯轴者[⑤]。辐计三十片，其内插毂，其外接辅[⑥]。车轮之中，内集轮，外接辋[⑦]，圆转一圈者是曰辅也。辋际尽头则曰轮辕也[⑧]。凡大车脱时，则诸物星散收藏。驾则先上两轴，然后以次间架。凡轼、衡、轸、轭[⑨]，皆从轴上受基也。

凡四轮大车量可载五十石，骡马多者，或十二挂，或十挂，少亦八挂。执鞭掌御者居箱之中，立足高处。前马分为两班（战车四马一班，分骖、服），纠黄麻为长索，分系马项，后套总结，收入衡内两傍。掌御者手执长鞭，鞭以麻为绳，长七尺许，竿身亦相等。察视不力者鞭及其身。箱内用二人踹绳，须识马性与索性者为之。马行太紧，则急起踹绳，否则翻车之祸从此起也。凡车行时，遇前途行人应避者，则掌御者急以声呼，则群马皆止。凡马索总系透衡入箱处，皆以牛皮束缚，《诗经》所谓“胁驱”是也[⑩]。

凡大车饲马不入肆舍，车上载有柳盘，解索而野食之。乘车人上下皆缘小梯。凡遇桥梁中高边下者，则十马之中，择一最强力者，系于车后。当其下坂，则九马从前缓曳，一马从后竭力抓住，以杀其驰趋之势，不然则险道也。凡大车行程，遇河亦止，遇山亦止，遇曲径小道亦止。徐、兖、汴梁之交或达三百里者，无水之国所以济舟楫之穷也。

凡车质惟先择长者为轴，短者为毂，其木以槐、枣、檀、榆（用榔榆）为上。檀质太久劳则发烧，有慎用者，合抱枣、槐，其至美也。其余轸、衡、箱、轭，则诸木可为耳。

此外，牛车以载刍粮，最盛晋地。路逢隘道，则牛颈系巨铃，名曰报君知，犹之骡车群马尽系铃声也。又北方独辕车，人推其后，驴曳其前，行人不耐骑坐者，则雇觅之。鞠席其上以蔽风日。人必两傍对坐，否则欹倒。此车北上长安、济宁，径达帝京。不载人者，载货约重四、五石而止。其驾牛为轿车者，独盛中州。两傍双轮，中穿一轴，其分寸平如水。横架短衡，列轿其上，人可安坐，脱驾不欹。其南方独轮推车，则一人之力是视。容载两石，遇坎即止，最远者止达百里而已。其余难以枚述。但生于南方者不见大车，老于北方者不见巨舰，故粗载之。

注释

①辕：疑为“圈”之误。辕为驾车之两直木，非车轮也。②车陀：疑为“车舵”之误。③毂（gǔ）：车轮中央的圆木，其内圆孔插车轴，其周围连以辐条。④《小戎》朱注：指朱熹《诗集传》中对《诗经·秦风·小戎》“文茵畅毂”句的注释。⑤辐：轮内凑集于中心毂上的直木，其连接轮圈与轮毂、支撑车轮受力的作用。⑥辅：本指车轮上穿夹毂的两根直木，以增强轮毂载重力，每轮两根。此处另有所指，似为轮圈内缘，故呈圆形。⑦辋：车轮外周的轮圈。⑧轮辕：疑为“轮缘”之误。⑨轼：车厢前供人凭倚的横木。衡：车辕头上的横木。轸（zhěn）：车厢底部四面的横木。轭（è）：人字形的马具，驾车时套在牲口颈上。⑩胁驱：《诗经·秦风·小戎》：“游环胁驱。”意谓用活动的皮圈套在马背上，再以两根皮条绑在车杠前后，拦住马的两胁。

译文

车适于在平地上驾驶，战国时代，秦、晋、燕、齐等诸侯国交战，都要使用战车，因此就有了所谓“千乘之国”“万乘之国”的说法。秦末项羽与刘邦血战之后，战车的使用就逐渐减少了。南方水战用的是船，陆战用的则是步兵和骑兵。向北与游牧民族作战，双方都使用骑兵，战车也就派不上用场了。但是当今的人们又驭马驾车来运载重物，则今日的骡马车与昔日战车的构造原理，应当是相同的。

骡马车的形制，有四个轮子的，也有双轮的，车上面的承载支架，都是从轴上穿孔而接起。四轮的骡马车，前后各有一根横轴，在轴上竖立的短柱上面架着纵梁，纵梁又承载着车厢。当停马脱驾时，车身端平，就像房屋那样安稳。两轮的骡车，行车时有马在前头拉，则车身亦平稳。卸马时则以短木支撑于车前，不然，卸马后便将车身前部倒放在地上

车轮，又叫作辕（俗名车陀）。大车车轮中心的毂（俗名车脑）长一

尺五寸（见《诗经·秦风·小戎》朱熹注）。所谓毂，是其外边承受辐、当中插入车轴的部件。每个轮中的辐共有三十根，这些辐的内端插入毂中，外端都与辅相连接。车轮中所谓的辅，是其内侧集中了辐、外侧与輞（轮圈）相连的圆圈形部件。轮圈的最外边叫轮辕。大车不用时，则将一些大部件拆散收藏。驾车时先装上两个车轴，然后依次装其余部件。因为轼、衡、轸、轭等部件都是从轴上安装起来的。

四轮大车，运载量为五十石，驾车的骡马，多的有十二匹或十四匹，少的也有八匹。执鞭驾车的人站在车厢中间的高处。车前的马分为两组（战车以四匹马为一组，靠外的两匹叫作骖，居中的两匹叫作服），纠结黄麻为长绳，分别系住马颈的后部，套马的绳在后面合拢并收入到衡的两旁。驾车人手执的长鞭是用麻绳做的，约七尺长，鞭竿也有七尺长。看到有不卖力气的马，就挥鞭打到它身上。车厢内由两个识马性和会掌绳子的人负责踩绳。如果马跑得太快，就要立即踩住缰绳，否则会有翻车之祸。车在行进时，遇到前面有行人应避开，驾车人急速发出吆喝声，则群马都会停下来。马的缰绳要收拢，穿过车辕横木入车厢之处，都用牛皮束缚，这就是《诗经》中所说的“胁驱”。

大车在中途喂马时，不必将马牵入马厩，因为车上带的柳条筐内装着饲料，解开缰绳可让马就地进食。乘车的人上下车都要蹬小梯。凡是经过坡度比较大的桥梁而要下桥时，就要在十四马之中选出最强壮的一匹，系在车后。当车下坡时，前面九匹马缓慢地拉，后面一匹马竭力把车拖住，以减缓车快行的趋势，不然就会有危险了。大车行进，遇到河流、山岭和曲径小道都要停。江苏徐州、山东兖州、河南汴梁（今开封）境内车行可达三百里，在没有江河湖泊的地区，马车正好用于弥补水运的不足。

造车的木料，先要选用长木做车轴，短的做毂，以槐木、枣木、檀木、榆木（用榔榆）为上等材料。檀木使用久了会因摩擦而发热，因而不太适合，有细心的人选用合抱的枣木、槐木来做，这是最好的做车轴的材料。其余轸、衡、箱、轭等部件，各种木料都可以用。

此外，用牛车运载粮草，在山西最为盛行。遇到路窄的地方，就在牛颈上系个大铃，名叫“报君知”，就像骡车的马都系上铃一样。北方还有独轮车，驴在前面拉，人在后面推，不能持久骑马的人，常常租用这种车。车上有半圆形的席棚，可以挡风遮阳。人一定要两边对坐，不然车子就会倾倒。这种车子，在北方从陕西西安、山东济宁出发，可以直达北京。不载人时，车上约可载货四五石重。还有一种用牛拉的轿车，只盛行于河南。这种车两旁有双轮，中间穿过一条横轴，这条轴必须水平。在车辕上横架一些短木，轿就安置在上面，人可以安稳地坐在轿中，卸牛后，车也不会倾倒。至于南方的独轮推车，用一人之力即可推走。这种车可以载重两石，遇到坎坷不平的路就过不去，最远时只到百里而已。其余的各种车辆难以枚举。只因生于南方的人没有见过大车，老于北方的人没有见过大船，故再次粗略介绍一下。

锤锻第十

宋子曰：金木受攻而物象曲成。世无利器，即般、倕安所施其巧哉[①]？五兵之内、六乐之中[②]，微钳锤之奏功也，生杀之机泯然矣。同出洪炉烈火，大小殊形。重千钧者系巨舰于狂渊，轻一羽者透绣纹于章服。使冶钟铸鼎之巧，束手而让神功焉。莫邪、干将[③]，双龙飞跃[④]，毋其说亦有征焉者乎？

注释

①般：公输般，亦称鲁班，春秋时鲁国著名工匠，相传创制了锯、刨、云梯、木鸟等，被称为匠师之祖。倕：传说远古黄帝或尧时的巧匠。②五兵：一说为戈、殳、车戟、酋矛、夷矛，一说为矢、殳、矛、戈、戟。此处泛指兵器。六乐：六种古代乐器，即钟、镈、镯、铙、铎、錞，此处泛指金属所造乐器。③莫邪、干将：干将为春秋时吴国铸剑名师，莫邪乃其妻。二人铸宝剑二柄，亦名以干将、莫邪。④双龙飞跃：古时有宝剑化龙，或龙化宝剑的传说。

译文

宋子说：金属和木材经过加工而成为各式各样的器物。假如世界上没有得力的器具，即便鲁班、倕那样的能工巧匠，又将如何施展其精巧绝伦的技艺呢？在制造各种兵器和金属乐器的过程中，如果没有钳子和锤子发挥作用，它们也就难以制作成功了。诸种工具和器物都经过熔炉烈火的作用锻造而成，但大小、形状却各不一样。有重达千钧的能在狂风巨浪中系住大船的铁锚，也有轻如羽毛的可在礼服上绣出花纹的铁针。冶炼、铸造钟鼎的技巧与这种神奇的锻造工艺相比，也相形见绌。古时锻造的莫邪、干将两把名剑，挥舞起来如双龙飞跃，这个传说大概是有根据的吧！

冶铁

凡治铁成器，取已炒熟铁为之[①]。先铸铁成砧，以为受锤之地。谚云“万器以钳为祖”，非无稽之说也。凡出炉熟铁名曰毛铁。受锻之时，十耗其三为铁华、铁落。若已成废器未锈烂者，名曰劳铁，改造他器与本器，再经锤煅，十止耗去其一也。凡炉中炽铁用炭，煤炭居十七，木炭居十三。凡山林无煤之处，锻工先择坚硬条木烧成火墨（俗名火矢，扬烧不闭穴火），其炎更烈于煤。即用煤炭，也别有铁炭一种[②]，取其火性内攻、焰不虚腾者，与炊炭同形而分类也。

凡铁性逐节粘合，涂上黄泥于接口之上，入火挥槌，泥滓成枵而去，取其神气为媒合。胶结之后，非灼红斧斩，永不可断也。凡熟铁、钢铁已经炉锤，水火未济，其质未坚。乘其出火时，入清水淬之[③]，名曰健钢、健铁。言乎未健之时，为钢为铁，弱性犹存也。凡焊铁之法，西洋诸国别有奇药。中华小焊用白铜末，大焊则竭力挥锤而强合之。历岁之久，终不可坚。故大炮西番有锻成者，中国则惟恃冶铸也。

注释

①熟铁：由铁矿石用碳直接还原，或生铁（含碳3%）经熔化并将杂质氧化而得到的产物，有较强的延展性，含碳量（0.06%）低于生铁。②铁炭：火焰低的碎煤。③淬：淬火，将烧红的器件突然浸入液体，使之坚硬。中国在战国时期已使用这种技术。

译文

锻造铁器，以炒过的熟铁为原料。先用铸铁作成砧，作为承受捶打的垫座。有俗话说“一切器具都是钳打出来的”，这并非是没有根据的。刚出炉的熟铁叫作毛铁，锻打时损耗其十分之三，变成铁花、铁滓。已成废品而还没锈烂的铁器叫作劳铁，可用以改制成别的器物或原样的铁器，再经锤锻时只会耗损十分之一。熔铁炉中所用的炭，煤炭约占十分之七，木炭约占十分之三。山林无煤之地，锻工便选用坚硬的木条烧成火墨（俗名叫作火矢，它燃烧时不会变为碎末堵塞通风口），其火焰比煤更加猛烈。即使用煤炭，也另有一种叫作铁炭的，特点是燃烧起来火势向内、火焰不虚散，它与通常烧饭所用的煤形状相似，但种类不同。

把要锻造的铁逐节黏合起来，在接口处涂上黄泥，再放在火中烧红，立即将它们锤合，这时泥滓会全部飞掉，这是利用它的“气”来作为接合的媒介。锤合之后，除非烧红了再用斧砍，否则它是永远不会断的。熟铁、钢铁经烧红、锤锻后，水火作用尚未调和，其质地还不够坚韧。趁它们出炉时将其放进清水里淬火，名曰健钢、健铁。这就是说，在钢铁未“健”之前，它在性质上还是软弱的。至于焊铁的方法，西方各国另有一些特殊的焊接材料。我国在小焊时用白铜粉作为焊接材料；进行大的焊接时，则是竭力挥锤锻打而使之强行接合。然而经年累月之后，接口终究不牢固。因此，大炮在西方有锻造而成的，而中国还只是靠铸造。

斤斧

凡铁兵薄者为刀剑，背厚而面薄者为斧斤。刀剑绝美者以百炼钢包裹其外，其中仍用无钢铁为骨。若非钢表铁里，则劲力所施即成折断。其次寻常刀斧，止嵌钢于其面。即重价宝刀，可斩钉截凡铁者①，经数千遭磨砺，则钢尽而铁现也。倭国刀背阔不及二分许，架于手指之上不复欹倒，不知用何锤法，中国未得其传。

凡健刀斧皆嵌钢、包钢，整齐而后入水淬之。其快利则又在砺石成功也。凡匠斧与椎，其中空管受柄处，皆先打冷铁为骨，名曰羊头，然后热铁包裹。冷者不粘，自成空隙。凡攻石椎，日久四面皆空，熔铁补满平填，再用无弊。

注释

①可斩钉截凡铁：“凡”字疑为衍文。

译文

铁制兵器之中，薄的叫作刀、剑，背厚而刃薄的叫作斧头、砍刀。首先，绝美的刀剑，表面包的是百炼钢，里面仍用熟铁为骨架。如果不是钢面铁骨，猛一用力就会折断。其次，通常所用的刀、斧，只嵌钢在其刃面。即使是能够斩断钉切割铁的贵重宝刀，磨过几千次后，也会把钢磨尽而现出铁来。日本出产的一种刀，刀背还不到两分宽，但架在手指上却不会倾倒，不知是用什么方法锻造出来的，这种技术还没有传到中国。

“健”刀、斧之前，都要先嵌钢、包钢，调整好以后再放进水里淬火。要使其锋利，还得在磨石上多下功夫。锻工所用的斧和锤，其装木柄的中空腔，都要先锻打一条铁模当作冷骨，名叫羊头，然后用烧红的铁将其包住。冷铁模不会粘住热铁，取出后自然形成空隙。打石用的锤，用久了四面都会损耗而凹陷下去，用熔铁水补平后就可以继续使用了。

锄镈[1]

凡治地生物，用锄、镈之属。熟铁锻成，熔化生铁淋口[2]，入水淬健，即成刚劲。每锹、锄重一斤者，淋生铁三钱为率，少则不坚，多则过刚而折。

注释

①镈（bó）：阔口锄。②“熟铁锻成”两句：在熟铁坯件刃部淋上一层生铁，冷锤、淬火后使刃部坚硬耐磨。这是中国金属加工技术中的一项创造。

译文

凡是整治土地、种植庄稼这些农活，都要使用锄和宽口锄这类农具。它们的锻造方法是：先用熟铁锻打成形，再将熔化的生铁淋在锄口上，入水淬火后，就变得硬朗而坚韧了。重一斤的锹、锄，淋上生铁三钱为最好，淋少了则不够坚硬，淋多了则又会过于硬脆而容易折断。

锉[1]

凡铁锉纯钢为之，未健之时钢性亦软。以已健钢錾划成纵斜文理[2]，划时斜向入，则文方成焰。划后烧红，退微冷，入水健。久用乖平[3]，入火退去健性，再用錾划。凡锉开锯齿用茅叶锉[4]，后用快弦锉[5]。治铜钱用方长牵锉，锁钥之类用方条锉，治骨角用剑面锉（朱注所谓鑢鐊[⑥]）。治木末则锥成圆眼，不用纵斜文者，名曰香锉（划锉文时，用羊角末和盐醋先涂）。

注释

①锉：锉刀。②鏨（zàn）：此指平口凿。③乖平：磨平，磨损。④茅叶锉：三角锉。⑤快弦锉：半圆锉。⑥鑢鐊（lǜ yáng）：朱熹注《大学》中"如切如磋"云："磋以鑢鐊。"为磨骨角用的工具。

译文

锉刀是用纯钢制成的，在淬火之前，锉坯的钢质还是比较软的。这时先用已淬火的硬钢平口凿在锉坯表面划出纵纹和斜纹，开凿锉纹时注意要斜向进凿，纹理锋芒才能像火焰状那样。开凿好后再将锉刀烧红，取出来稍微冷却一下，再入水中淬火，锉刀此时便告成功了。锉刀使用久了就会磨平，这时要退火使钢质变软，再用平口凿开出新的纹理。各种锉刀各有其不同用处：开锯齿用三角锉，再用半圆锉；修平铜钱用方长牵锉；加工锁和钥匙用方条锉；加工骨角用剑面锉（也就是朱熹注解《大学》所谓的"鑢鐊"）；加工木器用香锉，香锉锉面没有纵纹和斜纹，而是锥上许多圆眼（开锉纹时，先将羊角粉与盐、醋拌和，涂上后再凿）。

锥

凡锥熟铁锤成，不入钢和。治书编之类用圆钻，攻皮革用扁钻。梓人转索通眼、引钉合木者[①]，用蛇头钻。其制颖上二分许[②]，一面圆，一面剜入，傍起两棱，以便转索。治铜叶用鸡心钻，其通身三棱者名旋钻，通身四方而末锐者名打钻。

注释

①梓人：古代木工。②颖：尖。

译文

锥钻用熟铁锤成，不须加钢。装订书籍之类用圆锥，缝皮革用扁锥。

木工转绳穿孔以便引钉拼合木件的，用蛇头钻。其形制是钻尖长二分左右，一面是圆弧形，另一面挖入，旁边有两个棱，以便转动绳索。钻铜片用鸡心钻，钻身有三棱的叫旋钻，钻身四方而末端尖锐的叫打钻。

锯

凡锯，熟铁锻成薄条，不钢，亦不淬健。出火退烧后，频加冷锤坚性，用鎈开齿。两头衔木为梁，纠篾张开，促紧使直。长者剖木，短者截木，齿最细者截竹。齿钝之时，频加鎈锐而后使之。

译文

制作锯子，先将熟铁锻打成薄条，锻造中既不加钢，也不淬火。将薄铁条烧红取出来冷却后，不断进行捶打增加其坚韧性，再用锉刀开齿，锯片就做成功了。锯的两端是用短木作为锯把，中间接以横木为梁，然后纠绞竹篾使之张开，再绞紧使锯条绷直。长锯可用来锯开木料，短锯可用来截断木料，锯齿最细的可用来截断竹子。锯齿磨钝时，就不断用锉刀将一个个锯齿锉锐，然后就可以继续使用了。

刨

凡刨，磨砺嵌钢寸铁，露刃秒忽[①]，斜出木口之面，所以平木。古名曰“准”。巨者卧准露刃，持木抽削，名曰推刨，圆桶家使之。寻常用者横木为两翅，手执前推。梓人为细功者，有起线刨，刃阔二分许。又刮木使极光者名蜈蚣刨，一木之上，衔十余小刀，如蜈蚣之足。

注释

①秒忽：古代以万分之一寸为一秒，十分之一秒为一忽。秒忽即指很短。

译文

制作刨子，将一寸宽的嵌钢铁片磨得锋利，斜向插入木制刨口，稍微露出点刃口，用来刨平木料。刨的古名叫作“准”。大的刨子则仰卧露出点刃口，手持木料在刃口上推拉抽削，这叫作推刨，制圆桶的木工经常用到它。通常用的刨子，则在刨身安一条横木作为两翼，手执横木向前推刨。精细的木工还备有起线刨，其刃宽二分。还有一种将木面刮得极光滑的，叫作蜈蚣刨。刨壳上装有十多把小刨刀，好像蜈蚣的足。

凿

凡凿熟铁锻成，嵌钢于口，其本空圆，以受木柄（先打铁骨为模，名曰羊头，杓柄同用）。斧从柄催[①]，入木透眼。其末粗者阔寸许，细者三分而止。需圆眼者则制成剜凿为之。

注释

①催：同“锤”，即敲打。

译文

凿子是用熟铁锻造而成的，刀口嵌钢，凿身是一截圆锥形的空管，以便装进木柄（锻凿时先打一条圆管形铁骨为模，叫作羊头。加工铁勺的柄也用这种模具）。用斧敲击凿柄，凿刀便插入木料而凿成孔。凿头刃部宽的一寸，窄的只有三分。如需凿圆孔，则要另外制造弧形刀口的“剜凿”。

锚

凡舟行遇风难泊，则全身系命于锚。战船、海船有重千钧者[①]。锤法先成四爪，以次逐节接身。其三百斤以内者，用径尺阔砧，安顿炉傍。当其两端皆红，掀去炉炭，铁包木棍夹持上砧。若千斤内外者则架木为棚，多人立其上共持铁链。两接锚身，其末皆带巨铁圈链套，提起捩转，威力锤合[②]。合药不用黄泥，先取陈久壁土筛细，一人频撒接口之中，浑合方无微罅。盖炉锤之中，此物其最巨者。

注释

①千钧：三十斤为一钧，千钧即三万斤。②威力：全力，合力。

译文

当船舶航行遇到大风难以靠岸停泊的时候，它的命运就完全依靠锚了。战船、海船所用的锚，有的重达千钧。它的锻造方法是，先锤成四个锚爪，再逐一接在锚身上。三百斤以内的铁锚，用直径一尺的砧座，安置在炉旁。当工件的接口两端都已烧红时，便撤去炉炭，用包铁的木棍将锻件夹到砧上锤锻。如果是千斤左右的铁锚，则要先搭建木棚，让许多人都站在棚上，一齐握住铁链，连接锚身两端，其两端皆带大铁环，以便套在铁链上。把锚吊起来并按需要使它转动，众人合力把锚的四个铁爪与锚身逐个锤合。黏合用的“合药”不是黄泥，而用筛细的旧墙泥粉，由一个人将它不断地撒在接口上，一起与工件锤合，这样接口就不会有一点儿缝隙了。在炉锤工序中，锚算是最大的工件了。

针

凡针，先锤铁为细条。用铁尺一根[①]，锥成线眼，抽过条铁成线，逐寸剪断为针。先镃其末成颖，用小槌敲扁其本，钢锥穿鼻，复镃其外。然后入釜，慢火炒熬。炒后以土末入松木火矢、豆豉三物罨盖，下用火蒸。留针二三口插于其外，以试火候。其外针入手捻成粉碎，则其下针火候皆足。然后开封，入水健之。凡引线成衣与刺绣者，其质皆刚。惟马尾刺工为冠者[②]，则用柳条软针。分别之妙，在于水火健法云。

注释

①铁尺：此指拉丝模具。铁尺上钻出小圆孔，将细铁条通过此孔拉出成细铁线。②马尾：今福建福州东南部的马尾区。

译文

制造针，先将铁片锤成细条，另外在一根铁尺上钻出小孔作为线眼，然后将细铁条从铁尺孔中抽出拉成铁线，再逐寸剪断成为针坯。先将针坯的一端锉尖，再用小锤将另一端锤扁，用钢锥钻出针鼻（穿针眼），再将其周围锉平整。然后放入锅里，用慢火炒。炒过之后，用泥粉、松木炭粉和豆豉这三种混合物掩盖，下面再用火蒸。留两三根针插在混合物外面以试火候。当外面的针已经完全氧化到能用手捻成粉末时，表明混合物盖住的针火候已足。然后开封，入水淬火，便成为针了。引线缝衣和刺绣所用的针，质地都比较硬。只有福建马尾镇的刺工缝帽子所用的针才比较软，是柳条软针。针的软硬差别在于火炒、淬火方法的不同。

治铜

凡红铜升黄而后熔化造器[①]，用砒升者为白铜器，工费倍难，侈者事之。凡黄铜原从炉甘石升者不退火性受锤；从倭铅升者出炉退火性，以受冷锤。凡响铜入锡参和（法具《五金》卷）成乐器者，必圆成无焊。其余方圆用器，走焊、炙火粘合。用锡末者为小焊，用响铜末者为大焊（碎铜为末，用饭粘和打，入水洗去饭。铜末具存，不然则撒散）。若焊银器，则用红铜末。

凡锤乐器，锤钲（俗名锣）不事先铸，熔团即锤。锤镯（俗名铜鼓）与丁宁[②]，则先铸成圆片，然后受锤。凡锤钲、镯皆铺团于地面。巨者众共挥力，由小阔开，就身起弦声，俱从冷锤点发。其铜鼓中间突起隆炮，而后冷锤开声。声分雌与雄[③]，则在分厘起伏之妙。重数锤者，其声为雄。凡铜经锤之后，色成哑白[④]，受锉复现黄光。经锤折耗，铁损其十者，铜只去其一。气腥而色美，故锤工亦贵重铁工一等云。

注释

①黄：即黄铜，由红铜（纯铜）加炉甘石（含碳酸锌）或锌炼成的铜锌合金。②丁宁：古时行军用的铜钲。③声分雌与雄：高音为雌，低音为雄。④哑白：像白纸一样不反光的白色。

译文

红铜要冶炼成黄铜，黄铜熔化后才能制造成各种器物。如果加砒霜等配料冶炼，便成为白铜器，工费倍增，只有奢侈的人家才用它。从炉甘石升炼而成的黄铜，熔化后趁热锤打。若是加锌炼成的黄铜，出炉经冷却后锤打。铜掺和锡炼成的响铜（制法详见本书《五金》卷），用来制作乐器，要用完整的一块加工而不能用几部分焊接。其他方形、圆形的器物，用锻焊或加热来黏合。小件的焊接是以锡粉为焊料，大件的焊接则以响铜粉为焊料（将铜打碎加工成粉末，和进米饭后再进行舂打，最后把饭渣洗去便能得到铜粉了。若不加入米饭，舂打时铜粉就会四处飞散）。焊接银器则以红铜粉为焊料。

至于锻造乐器，钲（俗名锣）不必先经铸造，可将物料熔成一团后直接锤打。但锻造镯（俗名铜鼓）和丁宁时，则要先铸成圆片，然后再进行锤打。锻造钲、镯时，要将铜料铺在地上进行锤打。其中大件还要众人齐心合力锤打，由小逐渐展阔，冷锤锤打处似有弦乐之声发出。铜鼓中心要打出突起的圆泡，然后再用冷锤敲定音色。声调分高低两种，要妙在铁锤起伏用力大小。一般而言，重打数锤后，声调比较低，而轻打数锤则声调比较高。铜质经锤打后，表层呈哑白色而无光泽，但锉后又呈现黄色且恢复光泽了。锤打铜料时的损耗，只是锤铁损耗量的十分之一。铜有腥味而色泽美观，所以锻铜匠的收入要比锻铁匠高一等。

燔石第十一[①]

宋子曰，五行之内[②]，土为万物之母。子之贵者，岂惟五金哉[③]！金与火相守而流，功用谓莫尚焉矣。石得燔而成功，盖愈出而愈奇焉。水浸淫而败物，有隙必攻，所谓不遗丝发者。调和一物以为外拒，漂海则冲洋澜，粘甃则固城雉[④]。不烦历候远涉，而至宝得焉。燔石之功，殆莫之与京矣[⑤]。至于矾现五色之形，硫为群石之将，皆变化于烈火。巧极丹铅炉火，方士纵焦劳唇舌，何尝肖像天工之万一哉！

注释

①燔（fán）石：烧石。此指非金属矿石的烧炼。②五行：指金、木、水、火、土。古代五行说认为万物皆由这五种基本元素构成。③五金：指金、银、铜、铁、锡，此泛指金属。④甃（zhòu）：本指以砖瓦砌的井壁，此指砖石墙壁。⑤京：大。

译文

宋子说，五行之内，土为万物之本。从土中产生的贵重物品，岂止金属这一类呢！金属与火相互作用而熔化，并制成器物，其功用可谓无可比拟。然而非金属矿石经烈火焚烧后也同样如此，也可说是越来越奇妙。水会浸坏东西，凡是有空隙的地方，水都可以渗入，可以说丝发之缝都不放过。但造船时用石灰调料填缝，便能防止渗水，使船舶能漂洋过海、劈波斩浪。以石灰砌砖，可使城池坚固。这种材料，无须经过长途跋涉的艰苦就能得到。因此，大概没有什么东西比烧石的功用更大的了。至于烧矾矿石能呈现出五色的形态，硫黄能够成为群石的主将，这都是从烈火中变化出来的。这种技巧在炼炉内制取丹砂与铅粉时，已发挥得淋漓尽致。然而，尽管炼丹术士唇焦舌烂地吹嘘，他们的本事又怎能比得上自然力的万分之一呢！

石灰

凡石灰经火焚炼为用。成质之后，入水永劫不坏。亿万舟楫，亿万垣墙，窒隙防淫，是必由之。百里内外，土中必生可燔石[①]，石以青色为上，黄白次之。石必掩土内二三尺，掘取受燔，土面见风者不用。燔灰火料，煤炭居十九，薪炭居什一。先取煤炭、泥和做成饼，每煤饼一层，垒石一层，铺薪其底，灼火燔之。最佳者曰矿灰，最恶者曰窑滓灰。火力到后，烧酥石性，置于风中，久自吹化成粉。急用者以水沃之，亦自解散。

凡灰用以固舟缝，则桐油、鱼油调，厚绢、细罗和油杵千下塞艌[②]。用以砌墙、石，则筛去石块，水调粘合。甃墁则仍用油、灰。用以垩墙壁，则澄过，入纸筋涂墁[③]。用以襄墓及贮水池，则灰一分，入河沙、黄土二分，用糯米粳、杨桃藤汁和匀[④]，轻筑坚固，永不隳坏，名曰三和土。其余造淀造纸，功用难以枚述。凡温、台、闽、广海滨，石不堪灰者，则天生蛎蚝以代之。

注释

①可燔石：指石灰石，主要含碳酸钙。石灰石焚烧后变为生石灰，即氧化钙，再加水成熟石灰，即氢氧化钙，具有很大的黏结性。②艌：船板上的缝隙。③纸筋：稻草、麦秸等的草木灰，掺在石灰里起防裂、提高强度等作用。④糯米粳：当作“糯米糍”。糍为糊。杨桃藤：猕猴桃科的猕猴桃，其茎、皮均含植物黏液。

译文

石灰是由石灰石经烈火煅烧而成的。石灰成形之后，即便遇水也永远不会被破坏。无数船只和墙壁，填缝防水都必须用石灰。方圆百里之内，必有可供煅烧石灰的石头。这种石灰石以青色的为最好，黄白色的则差些。石灰石一般埋在地下二三尺，可以掘取进行煅烧，但表面已经风化的就不能用了。煅烧石灰的燃料，用煤炭的约占十分之九，用薪炭的约占十分之一。先将煤炭掺和泥做成煤饼，然后每一层煤饼上堆一层石，底下铺柴引燃煅烧。质量最好的叫作矿灰，最差的叫作窑滓灰。火力一到，便将石烧脆，放在风中，时间一久便成为粉。急用时以水沃湿，也会自成粉末。

用石灰填固船缝时，得与桐油、鱼油调配，放在厚绢、细罗上用油拌和，再杵一千下以后，就可以用来塞补船缝。用石灰砌墙或砌石时，则要先筛去其中的石块，再用水调和。用来砌砖铺地面时，则仍用油、灰。用来粉刷墙壁时，则要先将石灰水澄清，再加入纸筋，然后涂抹。用来造坟墓或建蓄水池时，则是一份石灰加两份河沙和黄泥，用糯米糊、杨桃藤汁和匀，轻轻一压便很坚固，永不毁坏，这叫作三和土。其余如制造蓝靛、造纸，都离不开石灰，其功用难以枚举。浙江温州、台州及福建、广州沿海地区的石头如不能烧成石灰，则有天然产生的牡蛎壳可作代替。

蛎灰[①]

凡海滨石山傍水处，咸浪积压，生出蛎房[②]，闽中曰蚝房。经年久者长成数丈，阔则数亩，崎岖如石假山形象。蛤之类压入岩中[③]，久则消化作肉团，名曰蛎黄，味极珍美。凡燔蛎灰者，执椎与凿，濡足取来（药铺所货牡蛎，即此碎块），叠煤架火燔成，与前石灰共法。粘砌成墙、桥梁，调和桐油造舟，功皆相同。有误以蚬灰[④]（即蛤粉）为蛎灰者，不格物之故也。

注释

①蛎（lì）：牡蛎，又称为蚝，肉美可食，其外壳可烧成石灰。②蛎房：牡蛎长成后聚集在近海的岸边岩石上，死后肉烂而留下空壳。新的牡蛎又依附在许多空壳那里生长，久之形成大片牡蛎壳堆积，称蛎房或蚝房。③蛤（gé）：蛤蜊，肉质鲜美。④蚬（xiǎn）：既非蛤蜊，也非牡蛎，但三种动物的壳都可烧成石灰。

译文

在海滨靠水的石山之处，由于海浪长期冲击，生长出一种蛎房，福建一带称为“蚝房”。年深日久后，这种蚝房可长到数丈长、数亩宽，外形崎岖不平，如同假石山。蛤蜊一类被冲压到岩石似的蛎房中，久之消化成肉团，名叫蛎黄，味道非常鲜美。煅烧蛎灰的人，手执椎和凿，涉水将蛎房凿取下来（药铺所售的牡蛎，就是其碎块），堆起煤将蛎壳架火焚烧，与前述烧石灰的方法相同。用蛎灰粘砌城墙、桥梁，或与桐油调和造船，功用都与石灰相同。有人误以为蚬灰（即蛤蜊粉）就是牡蛎灰，是因为没有考察客观事物的真相。

煤炭

凡煤炭普天皆生，以供煅炼金、石之用。南方秃山无草木者，下即有煤，北方勿论。煤有三种，有明煤、碎煤、末煤。明煤大块如斗许，燕、齐、秦、晋生之。不用风箱鼓扇，以木炭少许引燃，熯炽达昼夜①。其傍夹带碎屑，则用洁净黄土调水作饼而烧之。碎煤有两种，多生吴、楚。炎高者曰饭炭，用以炊烹；炎平者曰铁炭，用以冶锻。入炉先用水沃湿，必用鼓鞲后红，以次增添而用。末炭如面者，名曰自来风。泥水调成饼，入于炉内，既灼之后，与明煤相同，经昼夜不灭。半供炊爨，半供熔铜、化石、升朱。至于燔石为灰与矾、硫，则三煤皆可用也。

凡取煤经历久者，从土面能辨有无之色，然后掘挖，深至五丈许方始得煤。初见煤端时，毒气灼人②。有将巨竹凿去中节，尖锐其末，插入炭中，其毒烟从竹中透上，人从其下施镢拾取者③。或一井而下，炭纵横广有，则随其左右阔取。其上支板，以防压崩耳。

凡煤炭取空而后，以土填实其井，以二三十年后，其下煤复生长，取之不尽④。其底及四周石卵，土人名曰铜炭者⑤，取出烧皂矾与硫黄（详后款）。凡石卵单取硫黄者，其气薰甚⑥，名曰臭煤，燕京房山、固安、湖广荆州等处间有之。凡煤炭经焚而后，质随火神化去，总无灰滓。盖金与土石之间，造化别现此种云。凡煤炭不生茂草盛木之乡，以见天心之妙。其炊爨功用所不及者，唯结腐一种而已（结豆腐者，用煤炉则焦苦）。

注释

①熯（hàn）炽：燃烧旺盛。②毒气：指井下瓦斯，含甲烷、一氧化碳、硫化氢等易燃或有害气体。③施镢（jué）：用大锄挖。④“凡煤炭取空而后”五句：此说不正确，煤炭为不可再生能源。⑤铜炭：此指每层中的黄铁矿。⑥其气薰甚：因其中含硫，燃烧后生成硫化氢或二氧化硫等有臭味的气体。

译文

煤炭全国各地都有出产，供烧炼金、石之用。南方不生长草木的秃山下面就有煤，北方则不一定如此。煤大致有三种：明煤、碎煤和末煤。明煤块大如斗，河北、山东、陕西、山西出产。明煤无须风箱鼓风，以少量木炭引燃，便能日夜炽烈地燃烧。其中夹带的碎屑，则可用洁净的黄土调水做成煤饼来烧。碎煤有两种，多产于吴（今江苏）、楚（今湖南、湖北）。碎煤燃烧时，火焰高的叫作饭炭，用来煮饭；火焰低的叫作铁炭，用于冶炼。碎煤入炉前要先用水沃湿，必须用风箱鼓风才能烧红，以后逐次添煤，便可保持燃烧。末煤是像面那样的粉末，叫作自来风，将其与泥、水调成饼状，放入炉内，燃烧之后，便和明煤一样，日夜燃烧不会熄灭。末煤有一半用来烧火做饭，有一半用来熔铜、烧石及升炼朱砂。至于烧炼石灰、矾和硫，上述三种煤都可使用。

长期采煤的人，观察土的表面就能辨别地下是否有煤，然后挖掘，挖到五丈深左右才能得到煤。初见煤层露头时，地下冒出的毒气能伤人。因而有人将大竹筒的中节凿通，削尖竹筒末端，插入煤层，毒气便通过竹筒往上空排出，人便可以在下面用大锄挖煤了。当井下发现煤层纵横延伸时，人就可以沿煤层左右挖取。上部要用木板支护，以防崩塌伤人。

煤炭取空以后，用土把井填实，二三十年后，井下又生长出煤，取之不尽。其底及四周有卵石，当地人叫作铜炭，取出后可以用来烧制皂矾和硫黄（详见下文）。只能用来烧制硫黄的卵石，气味特别臭，叫作臭煤，北京的房山、固安及湖北荆州等地有时还可以采到。煤炭燃烧以后，煤质随火化去，不留灰渣。因为在金属与土石之间，自然界的变化有不同的表现形式。煤炭不产于草木茂盛的地方，可见自然界安排之巧妙。在炊事方面，如果说煤炭还有什么不足的话，那就仅仅是不能用于做豆腐（用煤炉煮豆浆，结成的豆腐会有焦苦味）。

矾石、白矾[①]

凡矾燔石而成。白矾一种，亦所在有之，最盛者山西晋、南直无为等州。价值低贱，与寒水石相仿[②]。然煎水极沸，投矾化之，以之染物，则固结肤膜之间，外水永不入，故制糖饯与染画纸、红纸者需之。其末干撒，又能治浸淫恶水，故湿疮家亦急需之也。

凡白矾，掘土取磊块石，层叠煤炭饼锻炼，如烧石灰样。火候已足，冷定入水。煎水极沸时，盘中有溅溢如物飞出，俗名蝴蝶矾者，则矾成矣。煎浓之后，入水缸内澄，其上隆结曰吊矾，洁白异常。其沉下者曰缸矾。轻虚如棉絮者曰柳絮矾。烧汁至尽，白如雪者，谓之巴石。方药家煅过用者曰枯矾云③。

注释

①矾：各种金属的硫酸盐统称为矾，又按其颜色分为五种，其中白矾又称明矾，为白色粉末，成分是硫酸钾铝，水解后成氢氧化铝胶状沉淀。明矾可用作净水剂、媒染剂，亦用于纸及食品加工、医药等方面。②寒水石：即天然石膏，成分是硫酸钙。③方药家：专攻方剂、药理的医生。枯矾：明矾受热脱去结晶水者。本段关于蝴蝶矾、吊矾、缸矾、巴石和枯矾等内容，均引自《本草纲目》卷十一。

译文

矾是由矾石烧制而成的。有一种白矾，到处都有，出产最多的是山西晋州（今临汾）、南直隶无为州（今安徽无为）等地。其价值低廉，与寒水石差不多。然而当水煮沸时，将明矾放入沸水中溶化，用以染物，则其色固着在它所染物品的表面，使环境中的水分永不渗入。因此制糖果蜜饯以及染绘画纸、红纸时，都要用到明矾。此外，将干燥的明矾粉末撒在伤患处，能治疗流出臭水的湿疹、疱疮等病症，因此也是湿疮患者急需的药品。

制取明矾时，先掘土取出矾石石块，用煤饼逐层垒积再行烧炼，烧制的方法与烧石灰大体相同。烧足火候后，任其彻底冷却，加入水中溶解。将水溶液煮沸，锅内出现飞溅出来的东西，俗名叫作“蝴蝶矾”，至此明矾便制成了。再将其煎浓之后，倒入水缸内澄清。上面凝结的一层，颜色非常洁白，叫作吊矾；沉在缸底的叫作缸矾。质地轻虚如棉絮的叫作柳絮矾。溶液中水分完全蒸发之后，剩下的便是雪白的巴石。经方药家烧炼过作药用的，叫作枯矾。

青矾、红矾、黄矾、胆矾

凡皂、红、黄矾，皆出一种而成[①]，变化其质。取煤炭外矿石（俗名铜炭）子，每五百斤入炉，炉内用煤炭饼（自来风，不用鼓鞴者）千余斤，周围包裹此石。炉外砌筑土墙圈围，炉巅空一圆孔，如茶碗口大，透炎直上，孔傍以矾滓厚罨（此滓不知起自何世，欲作新炉者，非旧滓掩盖则不成）。然后从底发火，此火度经十日方熄。其孔眼时有金色光直上（取硫，详后款）。

煅经十日后，冷定取出。半酥杂碎者另拣出，名曰时矾，为煎矾红用。其中精粹如矿灰形者，取入缸中浸三个时，漉入釜中煎炼。每水十石煎至一石，火候方足。煎干之后，上结者皆佳好皂矾，下者为矾滓（后炉用此盖）。此皂矾染家必需用[②]，中国煎者亦惟五六所。原石五百斤，成皂矾二百斤，其大端也。其拣出时矾（俗又名鸡屎矾），每斤入黄土四两，入罐熬炼，则成矾红。圬墁及油漆家用之[③]。

其黄矾所出又奇甚。乃即炼皂矾，炉侧土墙，春夏经受火石精气，至霜降立冬之交，冷静之时，其墙上自然爆出此种，如淮北砖墙生焰硝样，刮取下来，名曰黄矾。染家用之。金色淡者涂炙，立成紫赤也。其黄矾自外国来，打破，中有金丝者，名曰波斯矾[④]，别是一种。

又山、陕烧取硫黄山上，其滓弃地二三年后，雨水浸淋，精液流入沟麓之中，自然结成皂矾[⑤]。取而货用，不假煎炼。其中色佳者，人取以混石胆云[⑥]。

石胆一名胆矾者，亦出晋、隰等州，乃山石穴中自结成者，故绿色带宝光。烧铁器淬于胆矾水中，即成铜色也[⑦]。

《本草》载矾虽五种，并未分别原委[⑧]。其昆仑矾状如黑泥，铁矾状如赤石脂者[⑨]，皆西域产也。

注释

①皂矾：即青矾，蓝绿色，即硫酸亚铁。红矾：即矾红，红色颜料，成分是三氧化二铁。黄矾：黄色，九水硫酸铁。这三者都是铁的化合物，故称“皆出一种而成”。②皂矾：可作媒染剂，亦可染色。③圬墁：涂饰、粉刷墙壁。④波斯矾：黄矾的一种。《本草纲目》卷十一引唐人李珣《海药本草》：“波斯又出金丝矾，打破内有金线纹者为上。”虽然波斯（今伊

朗）出产的为上品，但中国亦产。⑤“又山、陕烧取硫黄山上”五句：烧取硫黄的矿渣含三氧化二铁和硫，久经风霜雨浸，在酸性条件下逐步生成皂矾。⑥石胆：即胆矾，蓝色，成分是五水硫酸铜，形似皂矾。⑦“烧铁器淬于胆矾水中”两句：这是一种金属置换反应，铁将硫酸铜中的铜置换，而生成铜。西汉已发展了这种炼铜技术，载《淮南万毕术》。⑧“《本草》载矾虽五种”两句：《本草纲目》卷十一引唐代《新修本草》详细介绍五种矾后评论说：“矾石折而辨之，不止于五种也。”按李时珍实已详细区分了各种矾的原委。⑨赤石脂：含三氧化铁的红色矿土。

译文

皂矾、红矾、黄矾，都是由同一物质变化而成的。挖取煤炭外层的卵石（俗名铜炭），每次将五百斤投入炉内，炉内用煤炭饼（不需鼓风就能燃烧，叫作自来风）千余斤包裹住这些矿石。锅炉外修筑一个土墙将炉围起，在炉顶留出茶碗口大的圆孔，让火焰能够从炉孔中透出，炉孔旁边用矾渣厚压一层（用旧渣盖顶不知是从什么时候开始的，奇妙的是，凡是筑新炉，不用旧渣盖顶就烧不成功）。然后从炉底发火，预计这炉火要连续烧十天才能熄灭。燃烧时炉孔眼不时有金色光焰冒出来（像烧硫黄那样，后文将详细叙说）。

煅烧十天以后，等矾石冷却了再取出。其中烧成半酥的杂碎者再另外挑出，名叫“时矾”，用来煎炼红矾。将矿灰形状的精华部分取出放入缸里，用水浸泡约六个小时，过滤后再放入锅中煎炼。将十石水溶液熬至一石，火候才足。煎干之后，在上面凝结的都是优质的皂矾，下层便是矾渣了（下一炉就用这些渣盖顶）。这种皂矾是染坊必需的原料，整个中国只有五六个地方炼制皂矾。每五百斤石料可以炼出二百斤皂矾，这是大致情况。另外挑出的“时矾”（俗名又叫鸡屎矾），每斤掺入黄土四两，再入罐熬炼，便制成红矾。泥水工和油漆工常使用红矾。

黄矾的制造就更加奇异了。每年春夏炼皂矾时，炉旁的土墙受火的作用，又吸附了矾的精气，到了霜降与立冬之际天凉的时候，土墙上便自然析出这种矾类，就像淮北的砖墙上生出火硝一样。刮取下来，便是黄矾。染坊经常会用到它。在浅金色的器物上涂上黄矾，再放在火上一烤，立刻就会变成紫赤色。此外，还有外国运来的黄矾，打破后中间会现出金丝，叫作波斯矾，这是另外一个品种。

山西、陕西等地烧取硫黄的山上，其渣弃在地上两三年后，其中的矾质经雨水淋洗溶解后流入山沟，经过蒸发也能结成皂矾。这种皂矾，取来后出售或使用，不需要煎炼。其中成色好的，还有人拿来冒充石胆。

石胆又叫作胆矾，也出自山西晋州（今临汾）、隰州等地，是在山石洞穴中自然结晶的，因此它的绿色具有宝石般的光泽。将烧红的铁器淬入胆矾水中，便生成铜。

《本草纲目》中虽然记载了五种矾，但并没有辨明其原委。至于形状像黑泥的昆仑矾和形状像赤石脂的铁矾，都是西北出产的。

硫黄

凡硫黄乃烧石承液而结就。著书者误以焚石为矾石，遂有矾液之说①。然烧取硫黄之石，半出特生白石②，半出煤矿烧矾石，此矾液之说所由混也。又言中国有温泉处必有硫黄③，今东海、广南产硫黄处又无温泉，此因温泉水气似硫黄，故意度言之也。

凡烧硫黄，石与煤矿石同形。掘取其石，用煤炭饼包裹丛架，外筑土作炉。炭与石皆载千斤于内，炉上用烧硫旧滓罨盖，中顶隆起，透一圆孔其中。火力到时，孔内透出黄焰金光。先教陶家烧一钵盂，其盂当中隆起，边弦卷成鱼袋样④，覆于孔上。石精感受火神，化出黄光飞走，遇盂掩住，不能上飞，则化成汁液靠着盂底，其液流入弦袋之中。其弦又透小眼，流入冷道灰槽小池，则凝结而成硫黄矣。

其炭煤矿石烧取皂矾者，当其黄光上走时，仍用此法掩盖，以取硫黄。得硫一斤，则减去皂矾三十余斤，其矾精华已结硫黄，则枯滓遂为弃物。

凡火药，硫为纯阳，硝为纯阴，两精逼合，成声成变，此乾坤幻出神物也。硫黄不产北狄，或产而不知炼取亦不可知。至奇炮出于西洋与红夷，则东徂西数万里，皆产硫黄之地也。其琉球土硫黄、广南水硫黄⑤，皆误记也。

注释

①“著书者误以焚石为矾石”两句：此言针对《本草纲目》卷十一石硫黄条引魏晋人所撰《名医别录》而说，该书云：“石硫黄生东海牧牛山谷中及太行河西山，矾石液也。”作者此处批评是正确的。②烧取硫黄之石：主要指硫铁矿，分为黄铁矿及白铁矿。特生白石：或指含硫量较少的

白铁矿。③中国有温泉处必有硫黄：此言是针对《本草纲目》卷十一石硫黄条而作的评论。李时珍曰："反产硫黄之处，必有温泉作硫黄气。"李时珍此言并非揣度，但称凡产硫黄处必有温泉则未必尽然。④鱼袋：唐代官符做成鱼形，以袋装之，佩戴腰中，名为鱼袋。分金、银、玉三种，以区分官吏等级。⑤"其琉球土硫黄"三句：《本草纲目》卷十一石硫黄条提到广南水硫黄、石硫黄及南海琉球山中的土硫黄，其实都是可信的。

译文

硫黄是由烧炼矿石时得到的液体冷却后凝结而成的，过去的著书者误将"焚石"当作矾石，于是产生一种说法，认为硫黄是煅烧矾石时流出的液体凝固而成的，把它叫作矾液。事实上，烧取硫黄的原料，有一半来自当地特产的白石，一半来自煤层卵石中用以烧制皂矾的那种石头，这就是硫乃矾液之说之所以造成混淆的原因。又有人说中国凡是有温泉的地方就一定有硫黄，可是现在福建、广东出产硫黄的地方并没有温泉，这是因为温泉水的气味很像硫黄，由此揣度出这种说法吧。

烧取硫黄的矿石与煤层的卵石的形状相同。掘取其石，用煤饼包裹并堆垒起来，外面筑土造熔炉。每炉的石料和煤饼都有千斤左右，炉上用烧过硫黄的旧渣盖顶，炉顶中间隆起，空出一个圆孔。火力到时，炉孔内便会有金黄色的火焰和气体冒出。预先由陶工烧制一个中部隆起的盂钵，边缘往内卷成像鱼袋状的凹槽，烧硫黄时，将盂钵覆盖在炉孔上。石内的成分受到火的作用，化成黄色气体飞走，遇到盂钵被挡住而不能向上飞散，便冷凝成液体，沿着盂钵的内壁流入周边的凹槽。盂底边又开小眼，使液体流入冷管再进入石灰槽小池中，最终凝结而变成固体硫黄。

用煤层卵石烧取皂矾时，当黄色气体冒上来之际，仍用这种方法盖顶，以收取硫黄。得硫一斤，就要减收皂矾三十多斤，因为矾内成分转变为硫黄时，剩下的枯渣便成了废物。

火药的主要原料是硫黄和硝石，硫黄是纯阳，硝石是纯阴，两种物质相互作用，就能产生出声响和变化，这就是靠着至阳和至阴的力量变化出来的神奇之物。北方少数民族地区不出产硫黄，是否本来产硫黄但不会炼制，亦未可知。新奇火炮出自西洋与荷兰，这说明由东往西数万里内，都有出产硫黄的地方。至于琉球的土硫黄、广东的水硫黄，都是错误的记载。

砒石[①]

凡烧砒霜[②]，质料似土而坚，似石而碎，穴土数尺而取之。江西信郡、河南信阳州皆有砒井，故名信石。近则出产独盛衡阳，一厂有造至万钧者。凡砒石井中，其上常有浊绿水，先绞水尽，然后下凿。砒有红、白两种，各因所出原石色烧成。

凡烧砒，下鞠土窑，纳石其上，上砌曲突，以铁釜倒悬覆突口。其下灼炭举火，其烟气从曲突内熏贴釜上。度其已贴一层，厚结寸许，下复熄火。待前烟冷定，又举次火，熏贴如前。一釜之内数层已满，然后提下，毁釜而取砒。故今砒底有铁沙，即破釜滓也。凡白砒止此一法，红砒则分金炉内银铜恼气有闪成者。

凡烧砒时，立者必于上风十余丈外。下风所近，草木皆死。烧砒之人经两载即改徙，否则须发尽落。此物生人食过分厘立死。然每岁千万金钱速售不滞者，以晋地菽、麦必用拌种，且驱田中黄鼠害。宁、绍郡稻田必用蘸秧根，则丰收也。不然，火药与染铜需用能几何哉[③]！

注释

①砒石：砷矿石，常见有白砒石和红砒石（硫化砷）。②砒霜：三氧化二砷。③火药：宋代以来，中国火药配方中常加入少量砒霜，制成毒烟火药。染铜：指将砒霜等物与铜烧炼成铜合金。详见《五金》章。

译文

烧制砒霜的原料砒石，像泥土但又比泥土硬实，似石头但又比石头坚脆，掘土几尺就能得到。江西广信（今上饶）、河南信阳一带都有砒井，因此砒石又名信石。近来出产砒霜最多的是湖南衡阳，一个厂的年产量达上万斤的。砒石井中，水面上常积有绿色的浊水，开采时要先将水汲尽，然后再往下凿取。砒霜有红、白两种，各由原来的红色、白色砒石烧制而成。

烧制砒霜时，先在地上挖个土窑，将砒石放入其中，窑上面砌个弯曲的烟囱，然后把铁锅倒过来覆盖在烟囱口上。在窑下引火焙烧，烟气经过烟囱上升，熏贴在铁锅的内壁上。估计积结物已贴一层，达到一寸厚时，就熄灭炉火。待出来的烟气冷却，便再次点火燃烧，照前法熏贴。这样反复几次，一直到锅内贴满好几层砒霜为止，然后将铁锅取下打碎，就可以得到砒霜。因此接近锅底的砒霜内常含有铁沙，那是破铁锅的碎屑。白砒霜的制作方法只有这一种，至于红砒霜，还有另一种方法，即在分金炉内炼含砒的银铜矿石时，由逸出的气体凝结而成。

烧制砒霜时，操作者必须站在上风十多丈远的地方。下风所及之处，草木都会死去。烧砒霜的人两年后一定要改行，否则头发胡须就会全部脱光。砒霜有剧毒，人进食少许就会立即死亡。然而，砒霜每年产值却成千上万，畅销无阻。这是因为山西等地种豆类和麦类要用砒霜拌种，而且还能用它来驱除田中的鼠害。浙江宁波、绍兴的稻田必须用砒霜来蘸秧根，而使水稻获得丰收。不然的话，光是制造火药与炼白铜，又能用得了多少砒霜呢！

膏液第十二

宋子曰：天道平分昼夜，而人工继晷以襄事[①]，岂好劳而恶逸哉！使织女燃薪、书生映雪[②]，所济成何事也？草木之实，其中韫藏膏液，而不能自流，假媒水火，凭借木石，而后倾注而出焉。此人巧聪明，不知于何禀度也[③]。

人间负重致远，恃有舟车。乃车得一铢而辖转[④]，舟得一石而罅完[⑤]，非此物之为功也不可行矣。至菹蔬之登釜也[⑥]，莫或膏之，犹啼儿之失乳焉。斯其功用一端而已哉？

注释

①晷（guǐ）：日光，此指时光。襄：帮助。②书生映雪：用晋代孙康“囊萤映雪”典。③禀度：受教。④一铢：此指少量的润滑油。辖：车轮。⑤一石：此指大量的油灰。罅（xià）：裂缝。⑥菹（zū）蔬：指菜肴。

译文

宋子说：按自然规律，一天要平分昼夜，然而人们却夜以继日地劳动，难道只是爱好劳动而厌恶安逸吗？如果让织女借燃柴的光亮织布，让书生在雪光映照下读书，这又能做得成什么事呢？草木的果实中蕴藏着油膏脂液，但它是不会自己流出来的，要借助水火之力，凭借木榨和石磨作用于草籽果实，然后才能倾注而出油。人的这种聪明和技巧，也不知是如何传下来的。

社会上的交通运输，依靠的是船和车。车轴只需少量润滑油就可以转动；舟船要用大量油灰才能把全部缝隙补好。没有油脂在其中起作用，船和车也就无法通行了。至于在锅内烹饪，如果没有油，就好比婴儿没有奶吃，都是不行的。如此看来，油脂的功用怎么会只限于一个方面呢？

油品

凡油供馔食用者，胡麻（一名脂麻）、莱菔子、黄豆、菘菜子（一名白菜）为上。苏麻[①]（形似紫苏，粒大于胡麻）、芸苔子（江南名菜子）次之，�子[②]（其树高丈余，子如金罂子[③]，去肉取仁）次之，苋菜子次之[④]，大麻仁（粒如胡荽子[⑤]，剥取其皮，为绛索用者）为下。

燃灯则桕仁内水油为上，芸苔次之，亚麻子（陕西所种，俗名壁虱脂麻，气恶不堪食）次之，棉花子次之，胡麻次之（燃灯最易竭），桐油与桕混油为下（桐油毒气熏人，桕油连皮膜则冻结不清）。造烛则桕皮油为上，蓖麻子次之，桕混油每斤入白蜡结冻次之，白蜡结冻诸清油又次之，樟树子油又次之（其光不减，但有避香气者），冬青子油又次之（韶郡专用[⑥]，嫌其油少，故列次），北土广用牛油，则为下矣。

凡胡麻与蓖麻子、樟树子，每石得油四十斤。莱菔子每石得油二十七斤（甘美异常，益人五脏）。芸苔子每石得三十斤，其耨勤而地沃、榨法精到者，仍得四十斤（陈历一年，则空内而无油）。楸子每石得油一十五斤（油味似猪脂，甚美，其枯则止可种火及毒鱼用）。桐子仁每石得油三十三斤。桕子分打时，皮油得二十斤，水油得十五斤；混打时共得三十三斤（此须绝净者）。冬青子每石得油十二斤。黄豆每石得油九斤（吴下取油食后[⑦]，以其饼充豕粮）。菘菜子每石得油三十斤（油出清如绿水）。棉花子每百斤得油七斤（初出甚黑浊，澄半月清甚）。苋菜子每石得油三十斤（味甚甘美，嫌性冷滑）。亚麻、大麻仁每石得油二十余斤。此其大端，其他未穷究试验，与夫一方已试而他方未知者，尚有待云。

注释

①苏麻：又称白苏，唇形科，种子油可食用，亦可作为干性油用于漆器制造业。②楸：即油茶树。③金罂子：即金樱子，蔷薇科植物。金樱子的干燥成熟果实可酿酒，亦可入药。④苋（xiàn）菜：又称雁来红，苋科植物，可食。⑤胡荽（suī）：又称芫（yán）荽，伞形科植物，今俗称香菜。⑥韶郡：广东韶州府。今广东韶关地区。⑦吴下：今江苏南部及浙江北部地区。

译文

食用油中，以芝麻油（又名脂麻油）、萝卜籽油、黄豆油和菘菜籽油（又名白菜）为上品。苏麻（形似紫苏，粒大于芝麻）油、油菜籽（江南又称菜子）油次之，茶籽（茶树高丈余，茶籽形似金樱子，去肉取仁）油次之，苋菜籽油次之，大麻仁（大麻种子像胡荽子，皮可以搓制绳索）油为下品。

燃灯用的油，以桕仁中的水油为上品，菜籽油次之，亚麻籽油（陕西所种的，俗名叫壁虱脂麻，气味不太好闻，不堪食用）次之，棉花籽油次之，芝麻油次之（点灯最易消耗），桐油与桕混油则为下品（桐油毒气熏人，桕油带皮膜则凝结而不澄清）。制造蜡烛，则以桕皮油为上品，蓖麻籽油次之，每斤加入白蜡而凝结的桕混油次之，加白蜡凝结的各种清油又次之，樟树籽油又次之（点灯时其光不弱，但有人不喜欢它的香气），冬青籽油又次之（韶关地区专用，但嫌其含油量少，故列为次等），北方普遍使用牛油，则是很下等的油料了。

芝麻与蓖麻籽、樟树籽，每石榨油四十斤。莱菔籽每石可榨油二十七斤（味甘美异常，对人的五脏很有益）。油菜籽每石可榨油三十斤，如果除草勤、土壤肥、榨的方法又得当的话，也可得油四十斤（要是放置一年，籽实就会内空而无油）。茶籽每石可榨油十五斤（油味似猪油，味道非常好，其枯饼只可用于引火及毒鱼）。桐子仁每石可榨油三十三斤。将乌桕籽实及外壳分开榨油，则得皮油二十斤、水油十五斤；混在一起榨油则可得桕混油三十三斤（子、皮都必须干净）。冬青籽每石可榨油十二斤。黄豆每石可榨油九斤（吴下地区取豆油食用，豆枯饼则作猪饲料）。菘菜籽每石可榨油三十斤（油澄清后像绿水一样）。棉花籽每百斤可榨油七斤（刚榨出来时油色很黑，混浊不清，放置半个月后就很清了）。苋菜籽每石可榨油三十斤（味甘可口，但嫌性滑）。亚麻籽、大麻仁每石可榨油二十多斤。以上所列举的只是大概的情况而已，至于其他油料及其榨油率，未作深入考察或试验，或者有的已经在某个地方试验过了只是其他地方还不知道，尚有待查考。

法具

凡取油，榨法而外，有两镬煮取法，以治蓖麻与苏麻。北京有磨法，朝鲜有舂法，以治胡麻。其余则皆从榨出也。凡榨，木巨者围必合抱，而中空之。其木樟为上，檀与杞次之[①]（杞木为者防地湿，则速朽）。此三木者脉理循环结长，非有纵直文。故竭力挥椎，实尖其中，而两头无璺拆之患[②]，他木有纵文者不可为也。中土江北少合抱木者，则取四根合并为之，铁箍裹定，横拴串合而空其中，以受诸质，则散木有完木之用也。

凡开榨空中，其量随木大小。大者受一石有余，小者受五斗不足。凡开榨，辟中凿划平槽一条，以宛凿入中，削圆上下，下沿凿一小孔，剛一小槽，使油出之时流入承藉器中。其平槽约长三四尺，阔三四寸，视其身而为之，无定式也。实槽尖与枋唯檀木、柞子木两者宜为之[③]，他木无望焉。其尖过斤斧而不过刨，盖欲其涩，不欲其滑，惧报转也。撞木与受撞之尖，皆以铁圈裹首，惧披散也。

榨具已整理，则取诸麻、菜子入釜，文火慢炒（凡柏、桐之类属树木生者，皆不炒而碾蒸），透出香气，然后碾碎受蒸。凡炒诸麻、菜子，宜铸平底锅，深止六寸者，投子仁于内，翻拌最勤。若釜底太深，翻拌疏慢，则火候交伤，减丧油质。炒锅亦斜安灶上，与蒸锅大异。凡碾埋槽土内（木为者以铁片掩之），其上以木竿衔铁陀，两人对举而椎之。资本广者则砌石为牛碾，一牛之力可敌十人。亦有不受碾而受磨者，则棉子之类是也。既碾而筛，择粗者再碾，细者则入釜甑受蒸。蒸气腾足，取出以稻秸与麦秸包裹如饼形，其饼外圈箍或用铁打成，或破篾绞刺而成，与榨中则寸相稳合。

凡油原因气取，有生于无。出甑之时，包裹怠缓，则水火郁蒸之气游走，为此损油。能者疾倾、疾裹而疾箍之，得油之多，诀由于此。榨工有自少至老而不知者。包裹既定，装入榨中，随其量满，挥撞挤轧，而流泉出焉矣。包内油出滓存，名曰枯饼。凡胡麻、莱菔、芸苔诸饼，皆重新碾碎，筛去秸芒，再蒸、再裹而再榨之。初次得油二分，二次得油一分。若柏、桐诸物，则一榨已尽流出，不必再也。

若水煮法，则并用两釜。将蓖麻、苏麻子碾碎，入一釜中注水滚煎，其上浮沫即油。以杓掠取，倾于干釜内，其下慢火熬干水气，油即成矣。然得油之数毕竟减杀。北磨麻油法，以粗麻布袋捩绞[④]，其法再详。

注释

①檀：亦称黄檀，豆科落叶乔木。杞：或称杞柳，杨柳科乔木。②璺（wèn）拆：开裂破散。③枋：四棱矩形木块，装入榨槽中间，以楔打紧，用以挤压油料出油。④捩（liè）：扭转。

译文

制取油料的方法，除了压榨法之外，还有用两口锅煮取的方法，后者可用来制取蓖麻油和苏麻油。北京有磨法，朝鲜有舂法，用来制取芝麻油。其余的都是用压榨法制取。用巨木做的榨具，围粗必须用双手可以合抱，将中间挖空。木料以樟木为最好，檀木与杞木次之（杞木做的榨具怕地面潮湿，容易腐朽）这三种木材的纹理呈长圆形圈状，一圈围着一圈，没有纵直纹。因此将尖楔插入其中，并尽力捶打时，木材的两头没有断裂之患，其他有纵纹的木材则不适宜。中原长江以北很少有合抱木，则取四根木拼合起来，用铁箍箍紧，再横向拴紧串合起来，中间挖空，以便放进各种榨油原料，这样散木也有完木的功用。

制作榨具要将木料中间掏空，挖空多少要看木料的大小，大的可装一石多油料，小的装不到五斗。制造榨具，还要在木料中空部分凿开一条平槽，用弯凿在木料里面上下削圆，再在下沿凿一个小孔。再削出一条小槽，使榨出的油能流入承装器中。平槽长约三四尺，宽约三四寸，视木料大小而定，没有固定的形式。插入槽里的尖楔和枋，只有用檀木、柞木做才合适，其他木料是不行的。尖楔用刀斧砍成，不必刨过，取其粗糙而不令其光滑，以免它滑出。撞木与受撞的尖楔都要用铁圈箍住头部，以免木料披散。

榨具已准备好，则将各种麻籽或菜籽放入锅中，用文火慢炒（凡柏、桐之类树上生的，均不必炒，而是碾碎后蒸之），到透出香气时就取出来，然后碾碎再蒸。炒各种麻籽或菜籽时，宜用平底锅，深六寸即可，将籽仁放进锅中，不停地翻拌。如果锅底太深，翻拌疏慢，则火候不均，会损伤油质。炒锅斜放在灶上，跟蒸锅大不一样。碾槽埋在土内（木制的则用铁片包起），上面用木杆穿个圆铁饼，两人对举而推碾。资本宽裕的则用石块砌成牛碾，一牛之力可抵十人。也有些籽实用磨而不用碾，如棉籽之类。碾过之后再筛，择粗的再碾，细的放入锅中受蒸。蒸气透足物料后取出，将其用稻秆或麦秆包裹成饼状，饼外围的箍用铁打成，或用竹篾绞成。饼箍尺寸要与榨具中间空槽的尺寸相符合。

油料中的油是通过蒸气提取出来的，似乎是油生于气。出甑的时候，若包裹动作太慢，则水火集结之气逸走，这样便会使油损失。技术熟练的人能够做到快倒、快裹、快箍，得油多的诀窍便在这里。有的榨工从小做到老都不知此理。油料包裹好后，便可装入榨具中，根据其量大小而装满榨槽，然后挥动撞木把尖楔打进去挤压，油就像泉水那样流出来了。包裹里的油出尽后，剩下的渣滓叫作枯饼。芝麻、萝卜籽、油菜籽等的初次枯饼，都可以重新碾碎，筛去茎秆和壳刺，再蒸、再包、再榨。第二次得油为初次的一半。如果是柏籽、桐籽之类，则第一次榨油已流尽，就不必再榨了。

水煮法取油，则并用两口锅。将蓖麻籽、苏麻籽碾碎，放入一个锅内，加水煮至沸腾，上浮的泡沫便是油。用勺取出，倒入另一口没有水的干锅中，锅下用慢火熬干水分，便成油了。不过用这种方法得油量毕竟有所降低。北方用磨提取芝麻油，将磨过的油料放入粗麻布袋中扭绞，其法待日后详考。

皮油

凡皮油造烛，法起广信郡。其法取洁净桕子，囫囵入釜甑蒸，蒸后倾于臼内受舂。其臼深约尺五寸，碓以石为身，不用铁嘴。石取深山结而腻者，轻重斫成限四十斤，上嵌衡木之上而舂之。其皮膜上油尽脱骨而纷落，挖起，筛于盘内再蒸，包裹、入榨皆同前法。皮油已落尽，其骨为黑子。用冷腻小石磨不惧火煅者（此磨亦从信郡深山觅取），以红火矢围壅煅热[①]，将黑子逐把灌入疾磨。磨破之时，风扇去其黑壳，则其内完全白仁，与梧桐子无异。将此碾、蒸，包裹、入榨，与前法同。榨出水油清亮无比，贮小盏之中，独根心草燃至天明，盖诸清油所不及者。入食馔即不伤人，恐有忌者，宁不用耳。

其皮油造烛，截苦竹筒两破，水中煮涨（不然则粘带），小篾箍勒定，用鹰嘴铁杓挽油灌入，即成一枝。插心于内，顷刻冻结，捋箍开筒而取之。或削棍为模，裁纸一方，卷于其上而成纸筒，灌入亦成一烛。此烛任置风尘中，再经寒暑，不敝坏也。

注释

①红火矢：本指红火箭，此指烧红的木炭。

译文

用柏皮油制造蜡烛的方法始于广信郡。其方法是将洁净的乌桕子整个放入甑里蒸，蒸后倒入臼内舂捣。臼深约一尺五寸，碓身为石制，不用铁嘴。石料取自深山中坚实而细滑的石块，斫成后重量限定为四十斤，上部嵌在横木之上，便可舂捣。柏实的表皮油脂层脱落后，挖起来，在盘内过筛后，再蒸。包裹、入榨，皆同前述之法。表皮内油脂脱落后，其内核为黑子。用不怕火烧的冷滑小石磨（作磨的石料也是从广信府的深山中找到的），周围堆起烧红的炭火加以烘热，再将黑子逐把投入磨中迅速磨破。磨破之时，用风扇去掉黑壳，则剩下的全是里面的白仁，如梧桐子一样。将这种白仁碾碎、上蒸，包裹与入榨都与前法同。榨出的油叫作水油，清亮无比，装入小灯盏中，用一根灯芯草就可点燃到天明，其他的清油都比不上它。食用也对人没有伤害，但也有人忌食，宁可不食用。

用皮油制造蜡烛的方法是：将苦竹筒破成两半，放在水里煮涨（否则会沾带皮油）后，用小篾箍箍紧，用鹰嘴铁勺舀油灌入竹筒中，再插进烛芯，便成了一支蜡烛。过一会儿待蜡冻结后，顺筒捋下篾箍，打开竹筒，将蜡烛取出。或将木棍削成蜡烛模型，裁一张纸，卷在木棍上面做成纸筒，然后灌入皮油，也能制成一根蜡烛。这种蜡烛即使放在风尘中，历经寒暑，都不会变坏。

杀青第十三[1]

宋子曰，物象精华，乾坤微妙，古传今而华达夷，使后起含生目授而心识之[2]，承载者以何物哉？君与民通，师将弟命，凭借呫呫口语[3]，其与几何？持寸符，握半卷，终事诠旨，风行而冰释焉。覆载之间之借有楮先生也[4]，圣顽咸嘉赖之矣。身为竹骨与木皮，杀其青而白乃见。万卷百家基从此起，其精在此，而其粗效于障风、护物之间。事已开于上古[5]，而使汉、晋时人擅名记者，何其陋哉[6]！

注释

①杀青：古以竹简写字，用火烘青竹片来烤干水分。此处作者转义为去竹青以造纸。②含生：众生。③呫（chè）呫：轻声小语貌。④楮先生：唐代韩愈《昌黎集》卷三十六有《毛颖传》，以物拟人，称毛笔为毛颖，称纸为楮先生。楮皮为优良造纸原料，故称。⑤事已开于上古：据考古发现，造纸起源于西汉，并非上古就有。⑥“而使汉、晋时人擅名记者”两句：《后汉书·蔡伦传》认为纸是东汉人蔡伦发明的，此处作者批判了将造纸术的发明归于个人名下的浅陋见解，从这方面来讲，这一批评是正确的。

译文

宋子说，万物万象之精华，天地宇宙之奥妙，从古代传到今天，从中原抵达边疆，使后世人通过阅读文献而心领神会，是靠什么材料记载下来的呢？君臣间授命请旨、师徒间传业受教，如果只是凭借附耳细语，又能表达多少呢？但只要有一张文书凭证、半卷书本，便足以说清意图和道理，就能使命令风行天下，疑难也如同冰雪融化一样消释了。天地之间大有赖于“楮先生”，所有的人，不管聪明还是愚钝，都受惠于此物。纸是以竹骨和树皮为原料制成的，除去树木的青色外层制成白纸。诸子百家的万卷书借助纸而传世，精细的纸用在这方面，而粗糙的纸则用来糊窗挡风和进行包装。造纸术起源于上古，而有人认为是汉、晋时某个人所发明的，这种见识是多么浅陋啊！

纸料

凡纸质用楮树（一名榖树）皮与桑穰、芙蓉膜等诸物者为皮纸[①]。用竹麻者为竹纸。精者极其洁白，供书文、印文、柬启用。粗者为火纸、包裹纸[②]。所谓“杀青”，以斩竹得名；“汗青”以煮沥得名，“简”即已成纸名，乃煮竹成简。后人遂疑削竹片以纪事，而又误疑“韦编”为皮条穿竹札也。秦火未经时，书籍繁甚，削竹能藏几何？如西番用贝树造成纸叶[③]，中华又疑以贝叶书经典。不知树叶离根即焦，与削竹同一可哂也。

注释

①楮树：又称构树，构属桑科落叶乔木，皮可造纸。桑穰：桑树的韧皮部。芙蓉膜：即木芙蓉的韧皮。②火纸：做冥钱的纸。③西番用贝树造成纸叶：指尹铎贝多罗树叶，由棕榈科阔叶乔木扇椰的树叶晒干加工而成的书写材料，用来写佛经等，所写经文又称贝叶经。

译文

凡以楮树（一名榖树）皮与桑皮、木芙蓉皮等皮料造出的纸，叫作皮纸。用竹纤维造出的纸，叫作竹纸。精细的纸非常洁白，可供书写、印刷、书信之用。粗糙的纸作火纸和包装纸。所谓“杀青”，是从斩竹而得到的名称，“汗青”则是从煮沥而得到的名称，“简”便是已经造成的纸。因为煮竹成简（纸），后人遂误认为削竹片可以记事，进而还错误地以为“韦编”的意思就是用皮条穿编竹简而成的。在秦始皇焚书以前，已经有很多书籍，如果纯用竹简，又能记多少东西呢？还有，西域国家有用贝树制成的纸叶，中国又有人认为贝叶可用来写佛经。岂不知树叶离根即焦枯，这种说法与削竹记事之说一样可笑。

造竹纸

凡造竹纸，事出南方，而闽省独专其盛。当笋生之后，看视山窝深浅，其竹以将生枝叶者为上料。节届芒种，则登山砍伐。截断五七尺长，就于本山开塘一口，注水其中漂浸。恐塘水有涸时，则用竹枧通引[①]，不断瀑流注入。浸至百日之外，加工槌洗，洗去粗壳与青皮（是名杀青）。其中竹穰形同苎麻样，用上好石灰化汁涂浆，入楻桶下煮[②]，火以八日八夜为率。

凡煮竹，下锅用径四尺者，锅上泥与石灰捏弦[③]，高阔如广中煮盐牢盆样，中可载水十余石。上盖楻桶，其围丈五尺，其径四尺余。盖定受煮，八日已足。歇火一日，揭楻取出竹麻，入清水漂塘之内洗净。其塘底面、四维皆用木板合缝砌完，以防泥污（造粗纸者，不须为此）。洗净，用柴灰浆过，再入釜中，其上按平，平铺稻草灰寸许。桶内水滚沸，即取出别桶之中，仍以灰汁淋下。倘水冷，烧滚再淋。如是十余日，自然臭烂。取出入臼受舂（山国皆有水碓），舂至形同泥面，倾入槽内。

凡抄纸槽，上合方斗，尺寸阔狭，槽视帘，帘视纸。竹麻已成，槽内清水浸浮其面三寸许。入纸药水汁于其中[④]（形同桃竹叶[⑤]，方语无定名），则水干自成洁白。凡抄纸帘，用刮磨绝细竹丝编成，展卷张开时，下有纵横架匡。两手持帘入水，荡起竹麻入于帘内。厚薄由人手法，轻荡则薄，重荡则厚。竹料浮帘之顷，水从四际淋下槽内。然后覆帘，落纸于板上，叠积千万张。数满则上以板压。俏绳入棍，如榨酒法，使水气净尽流干。然后以轻细铜镊逐张揭起焙干。凡焙纸先以土砖砌成夹巷，下以砖盖巷地面，数块以往，即空一砖。火薪从头穴烧发，火气从砖隙透巷外，砖尽热，湿纸逐张贴上焙干，揭起成帙。

近世阔幅者名大四连，一时书文贵重。其废纸洗去朱墨、污秽，浸烂入槽再造，全省从前煮浸之力，依然成纸，耗亦不多。南方竹贱之国，不以为然。北方即寸条片角在地，随手拾取再造，名曰“还魂纸”。竹与皮，精与粗，皆同之也。若火纸、糙纸，斩竹煮麻、灰浆水淋，皆同前法。唯脱帘之后不用烘焙，压水去湿，日晒成干而已。

盛唐时鬼神事繁，以纸钱代焚帛（北方用切条，名曰板钱），故造此者名曰火纸。荆楚近俗，有一焚侈至千斤者。此纸十七供冥烧，十三供日用。其最粗而厚者名曰包裹纸，则竹麻和宿田晚稻稿所为也。若铅山诸邑所造柬纸，则全用细竹料厚质荡成，以射重价。最上者曰官柬，富贵之家通刺用之。其纸敦厚而无筋膜，染红为吉柬，则先以白矾水染过，后上红花汁云。

注释

①竹枧（jiǎn）：毛竹做的水管或水槽。②楻桶：蒸煮锅上的大木桶，内盛要蒸煮的造纸原料。③弦：指锅的边缘。④纸药水汁：植物黏液，放纸槽中作为纸浆的悬浮剂。⑤形同桃竹叶：此指杨桃藤枝条。

译文

造竹纸多在南方，其中以福建最为盛行。当竹笋生出以后，到山窝里观察竹林的长势，将要生枝叶的嫩竹是造纸的上等材料。每年到芒种节令，便可上山砍竹。将嫩竹截成五至七尺一段，在山上就地开一口塘，向其中灌水以漂浸竹料。为避免塘水干涸，则用竹管引水，不断注入山上流下来的水。浸到一百天开外，将竹子取出加工槌洗，洗掉粗壳与青皮（这一步骤叫作杀青）。其中竹纤维的形状就像苎麻一样，再用上好的石灰化成灰浆，涂在竹料上，放入楻桶里蒸煮，一般煮八天八夜。

蒸煮竹料的锅，直径四尺，锅上用泥与石灰封固边沿，高、宽类似广东煮盐的牢盆，里面可以装下十多石水。上面盖上周长一丈五尺、直径四尺多的楻桶。盖定之后，蒸煮八天就够了。歇火一天后，揭开楻桶，取出竹料，入清水塘里漂洗干净。漂塘底部和四周都要用木板合缝砌好，以防沾染泥污（造粗纸时不必如此）。洗净之后，再用柴灰水将竹料浆透，再放入锅内按平，上面平铺一寸左右厚的稻草灰。桶内水滚沸后，将竹料取出放入另一楻桶中，仍以灰水淋下。如灰水冷却，烧滚后再淋。这样经过十多天，竹料自然就会腐烂发臭。取出放入臼内舂成泥状（山区都有水碓），倒入抄纸槽内。

抄纸槽的形状像个方斗，其尺寸宽窄，槽根据纸帘而定，而纸帘又根据纸的尺幅而定。竹料既已制成，便向槽内放清水，水面高出竹料三寸左右，加入纸药水汁（由一种形似桃竹叶的植物枝叶制成，各地的名称不一样），这样纸脱水后自然洁白。抄纸帘用刮磨得极其细的竹丝编成，展开时下面有长方形框架支撑。两只手拿着抄纸帘放进纸浆水中，将竹纤维荡起并抄入帘中。纸的厚薄可以由人的手法来调控、掌握，轻荡则薄，重荡则厚。竹料浮在帘上时，水从四边下流到槽内。然后翻转纸帘，使纸落到木板上，叠积成千上万张。数目足够时，就在湿纸上放一木板压住。拴上绳子插入撬棍，像榨酒方法那样使纸内水分压净流干。然后用小铜镊把纸逐张揭起、烘干。烘焙纸张时，先用土砖砌两堵墙形成夹巷，底部用砖铺盖于地面，隔几块砖即空一砖。薪火从巷头的炉口烧起，火力从砖隙透出而充满整个夹巷，等到夹巷外壁的砖都烧热时，就把湿纸逐张贴上去焙干，再揭下来叠起。

近世有一种宽幅的纸，叫大四连，在当时是很贵重的书写纸。其废纸洗去朱墨、污秽，浸烂之后入抄纸槽再造，可节省前述操作过程中的蒸煮、沤浸的工序，依然能成纸，损耗亦不多。南方竹多且价值低廉，也就用不着这样做。而北方即使是寸条片角的纸丢在地上，也要随手拾起来再造，这种纸叫作还魂纸。竹纸与皮纸、精细的纸与粗糙的纸，都用相同的方法制造。至于火纸、粗纸的制造，斩竹、煮竹料，用灰浆和灰水淋，皆与前述方法相同。只是湿纸从帘上脱下后，不必烘焙，压干水分后放在阳光底下晒干就可以了。

盛唐时期，拜神祭鬼之事很繁多，祭祀时烧纸钱以代替烧帛（北方则用切条，名为板钱），因此所造的这种纸叫火纸。荆楚（湖南、湖北）一带近来流行的风俗，有的一次烧火纸达千斤。这种纸十分之七用于祭祀时焚烧，十分之三供日常所用。其中最粗的厚纸叫作包裹纸，是用竹料和隔年晚稻秆制成的。至于江西铅山等县所造柬纸，则全用细竹料加厚抄成，以谋高价。最上等的叫官柬纸，供富贵人家制作名片用。这种纸厚实而没有粗筋，染红后用作办喜事的吉帖。先用白矾水浸过，再染上红花汁。

造皮纸

凡楮树取皮，于春末夏初剥取。树已老者，就根伐去，以土盖之。来年再长新条，其皮更美。凡皮纸，楮皮六十斤，仍入绝嫩竹麻四十斤，同塘漂浸，同用石灰浆涂，入釜煮糜。近法省啬者，皮竹十七而外，或入宿田稻稿十三，用药得方，仍成洁白。凡皮料坚固纸，其纵文扯断如绵丝，故曰绵纸。衡断且费力。其最上一等，供用大内糊窗格者，曰棂纱纸。此纸自广信郡造，长过七尺，阔过四尺。五色颜料，先滴色汁槽内和成，不由后染。其次曰连四纸[①]，连四中最白者曰红上纸。皮名而竹与稻稿参和而成料者，曰揭帖呈文纸[②]。

芙蓉等皮造者，统曰小皮纸，在江西则曰中夹纸。河南所造，未详何草木为质，北供帝京，产亦甚广。又桑皮造者曰桑穰纸，极其敦厚。东浙所产，三吴收蚕种者必用之[③]。凡糊雨伞与油扇，皆用小皮纸。

凡造皮纸长阔者，其盛水槽甚宽，巨帘非一人手力所胜，两人对举荡成。若棂纱，则数人方胜其任。凡皮纸供用画幅，先用矾水荡过[④]，则毛茨不起。纸以逼帘者为正面，盖料即成泥浮其上者[⑤]，粗意犹存也。

朝鲜白硾纸[⑥]，不知用何质料。倭国有造纸不用帘抄者，煮料成糜时，以巨阔青石覆于炕面，其下爇火，使石发烧。然后用糊刷蘸糜，薄刷石面，居然顷刻成纸一张，一揭而起。其朝鲜用此法与否，不可得知。中国有用此法者亦不可得知也。永嘉蠲糨纸[⑦]，亦桑穰造。四川薛涛笺[⑧]，亦芙蓉皮为料煮糜，入芙蓉花末汁。或当时薛涛所指，遂留名至今。其美在色，不在质料也。

注释

①连四纸：元人费著《蜀笺谱》："凡纸皆有连二、连三、连四。"连四纸又名连史纸，色白质细，产于江西、福建等地。②揭帖：名政府各部直奏皇帝的机密呈文。③三吴：地区名，说法不一。或指苏州、常州、湖州，或指苏州（东吴）、润州（中吴）、湖州（西吴）。④用矾水荡过：纸用明矾水处理后，可改善表面性能，便于工笔设色，这种纸叫熟纸。⑤盖料：即纸的背面，叠纸时朝上，故称。背面因是纸浆荡浮而成，较粗糙。⑥朝鲜白硾纸：多以楮皮、桑皮为原料。⑦蠲糨（juān jiàng）纸：永嘉（今属浙江温州）出产的一种洁白坚滑桑皮纸。元人程棨（qǐ）《三柳轩杂识》云："温州作蠲纸，洁白坚滑……至和以来方入贡……吴越钱氏时，供此纸者蠲其赋役，故号蠲纸。""蠲"指免除赋役。⑧薛涛笺：唐代女诗人薛涛晚年居成都浣花溪，设计出一种粉红色的长宽适度的小纸，原用作写诗的诗笺，后逐渐用作写信，后人称"薛涛笺"。

译文

剥取楮树皮最好是在春末夏初进行。如果树龄已老，就在近根部位将树砍掉，再用土盖上。来年再长新枝条，它的皮会更好。制造皮纸，用楮树皮六十斤，加入很嫩竹料四十斤，同入塘内漂浸，再用石灰浆涂，放入锅里煮烂。近来又出现了比较经济的办法，是用十分之七的树皮和竹料，另加十分之三的隔年稻秆，如果纸药水汁下得得当的话，仍能造出洁白的纸。结实的皮料纸，其纵纹扯断后如绵丝，因此又叫作绵纸。要想把它横向扯断则比较费力。其最上一等纸供宫内糊窗格者的，叫作棂纱纸。这种纸在江西广信府（今上饶）制造，长七尺多，宽四尺多。各种颜料的用法是先将色汁放入槽内与纸浆和匀，不是成纸后再染。其次是连四纸，连四纸中最洁白的叫作红上纸。还有名为皮纸而实际是以竹、稻秆掺和而成的原料制成的纸，叫作揭帖呈文纸。

用木芙蓉等树皮造的纸，都叫作小皮纸，在江西则叫作中夹纸。河南造的纸不知道用的是什么原料，这种纸北运供京城人使用，产量相当大。还有用桑皮造的纸叫作桑穰纸，纸质极其厚实。浙江东部出产的桑皮纸，为三吴地区收蚕种时必须。糊雨伞和油扇，都用小皮纸。

制造宽幅的皮纸，装浆料的水槽要很宽，大的纸帘不是一人手力所能提起的，需要两个人对举纸帘抄造。如果是棂纱纸，则需要数人举帘才行。凡是供作书绘画、书写用的皮纸，要先用明矾水荡过，才不会起毛。贴近竹帘的一面为纸的正面，因为料泥都浮在上面，所以纸的反面就比较粗糙。

朝鲜的白硾纸，不知是用什么原料做成的。日本国有造纸不用帘抄的，制作方法是将纸料煮烂之后，将宽大的青石放在炕上，在下面烧火而使石发热，然后用刷子蘸纸浆，薄薄地刷在青石面上，居然立刻成纸一张。朝鲜是不是也用这种方法造纸，不得而知。中国是否有用这种方法造纸的，也不清楚。温州永嘉的蠲糨纸也是用桑皮制造的。四川的薛涛笺，也是以木芙蓉皮为原料，煮烂再加入芙蓉花的汁。这种造纸法可能是当时薛涛个人提出来的，所以“薛涛笺”之名流传至今。此纸美在颜色，而不在质料。

五金第十四

宋子曰：人有十等，自王、公至于舆、台[①]，缺一焉而人纪不立矣。大地生五金以利用天下与后世[②]，其义亦犹是也。贵者千里一生，促亦五六百里而生；贱者舟车稍艰之国，其土必广生焉。黄金美者，其值去黑铁一万六千倍，然使釜、鬵、斤、斧不呈效于日用之间，即得黄金，值高而无民耳。贸迁有无，货居《周官》泉府[③]，万物司命系焉。其分别美恶而指点重轻，孰开其先而使相须于不朽焉？

注释

①人有十等，自王、公至于舆、台：典出《左传》昭公七年："天有十日（甲至癸），人有十等（王至台）。下所以事上，上所以共神也。故王臣公，公臣大夫，大夫臣士，士臣皂，皂臣舆，舆臣隶，隶臣僚，僚臣仆，仆臣台。"②五金：指金、银、铜、铁、锡，有时亦泛指金属。③泉府：掌管钱币铸造及流通的官府。《周礼·地官司徒》："以泉府同货而敛赊。"

译文

宋子说：人分十个等级，从高贵的王、公到低贱的舆、台，缺少其中之一，则等级制度便无从建立。大地产生出贵贱不同的各种金属（五金），以供天下与后世子孙使用，其道理也和人分成贵贱是一样的。贵金属要隔千里才有一处产地，近的也要隔五六百里才有一处。贱金属就是在舟车难通之处，也会有大量的储藏。上好的黄金，价值要比黑铁高一万六千倍，然而如果没有铁制的锅、斧供人们日常生活之用，即使有了黄金，价值虽高，也无益于百姓。在互通有无的贸易中，金属货币居于《周礼·地官司徒》所载泉府那样的地位，牢牢控制一切货物的命脉。至于分辨金属的优劣，品评其价值的轻重，这是谁开的头，而使金属永远是必需之物呢？

黄金

凡黄金为五金之长，熔化成形之后，住世永无变更。白银入洪炉虽无折耗，但火候足时，鼓鞴而金花闪烁[①]，一现即没，再鼓则沉而不现。惟黄金则竭力鼓鞴，一扇一花，愈烈愈现，其质所以贵也。

凡中国产金之区，大约百余处，难以枚举。山石中所出，大者名马蹄金，中者名橄榄金、带胯金[②]，小者名瓜子金。水沙中所出，大者名狗头金，小者名麸麦金、糠金。平地掘井得者，名面沙金，大者名豆粒金。皆待先淘洗后冶炼而成颗块。

金多出西南，取者穴山至十余丈见伴金石，即可见金。其石褐色，一头如火烧黑状。水金多者出云南金沙江（古名丽水），此水源出吐蕃[③]，绕流丽江府，至于北胜州，回环五百余里，出金者有数截。又川北潼川等州邑与湖广沅陵、溆浦等，皆于江沙水中淘沃取金。千百中间有获狗头金一块者，名曰金母，其余皆麸麦形。

入冶煎炼，初出色浅黄，再炼而后转赤也。儋、崖有金田，金杂沙土之中，不必深求而得。取太频则不复产，经年淘、炼，若有则限。然岭南夷獠洞穴中金，初出如黑铁落[④]，深挖数丈得之黑焦石下。初得时咬之柔软，夫匠有吞窃腹中者，亦不伤人。河南蔡、巩等州邑，江西乐平、新建等邑，皆平地掘深井取细沙淘炼成，但酬答人功所获亦无几耳。大抵赤县之内隔千里而一生。《岭表录》云[⑤]，居民有从鹅鸭屎中淘出片屑者，或日得一两，或空无所获。此恐妄记也。

凡金质至重，每铜方寸重一两者，银照依其则，寸增重三钱。银方寸重一两者，金照依其则，寸增重二钱。凡金性又柔，可屈折如枝柳。其高下色，分七青、八黄、九紫、十赤。登试金石上[⑥]（此石广信郡河中甚多，大者如斗，小者如拳，入鹅汤中一煮，光黑如漆），立见分明。凡足色金参和伪售者，唯银可入，余物无望焉。欲去银存金，则将其金打成薄片剪碎，每块以土泥裹涂，入坩埚中硼砂熔化[⑦]，其银即吸入土内，让金流出以成足色。然后入铅少许，另入坩埚中，勾出土内银，亦毫厘具在也。

凡色至于金，为人间华美贵重，故人工成箔而后施之。凡金箔每金七厘[⑧]，造方寸金一千片，粘铺物面，可盖纵横三尺。凡造金箔，既成薄片后，包入乌金纸内，竭力挥椎打成（打金椎，短柄，约重八斤）。凡乌金纸由苏、杭造成，其纸用东海巨竹膜为质。用豆油点灯，闭塞周围，止留针孔通气，熏染烟光而成此纸。每纸一张打金箔五十度，然后弃去，为药铺包朱用，尚未破损。盖人巧造成异物也。

凡纸内打成箔后，先用硝熟猫皮绷急为小方板，又铺线香灰撒墁皮上，取出乌金纸内箔覆于其上，钝刀界画成方寸。口中屏息，手执轻杖，唾湿而挑起，夹于小纸之中。以之华物，先以熟漆布地，然后粘贴（贴字者多用楮树浆）。秦中造皮金者，硝扩羊皮使最薄，贴金其上，以便剪裁服饰用，皆煌煌至色存焉。凡金箔粘物，他日敝弃之时，刮削火化，其金仍藏灰内。滴清油数点，伴落聚底，淘洗入炉，毫厘无恙。

凡假借金色者，杭扇以银箔为质，红花子油刷盖，向火熏成。广南货物以蝉蜕壳调水描画，向火一微炙而就，非真金色也。其金成器物，呈分浅淡者，以黄矾涂染，炭火炸炙[9]，即成赤宝色。然风尘逐渐淡去，见火又即还原耳（黄矾详《燔石》卷）。

注释

①鞲（gōu）：此指皮管式风箱。②带胯金：腰带上装饰的金。③此水源出吐蕃：按金沙江实际发源于青海省，并非西藏（吐蕃）。④铁落：生铁煅至红赤，外层氧化时被锤落的铁屑。⑤《岭表录》：即《岭表录异》，唐人刘恂著，载岭南风俗、物产。⑥试金石：黑色硅岩石，根据金在其上刻画所留条痕的颜色深浅，来检验金的纯度。这是早期的比色测定法。⑦硼砂：即硼酸钠，放入金银中起助熔作用。⑧七厘：当作“七分”。明代一尺为31.3厘米，一两为37.3克，金的密度为19.3克每立方厘米。故至少要用七分重（2.61克）的金才能打成一平方寸的金箔一千片，而用七厘则肯定不行。⑨炸：或作“乍”。

译文

黄金是五金之首，一旦熔化成形，永远不会发生变化。白银入熔炉熔化虽然不会有损耗，但火候足、温度足够高时，用风箱鼓风会闪烁出金属的火花，但一现即没，再鼓风也不再出现。只有黄金，如果极力鼓风，鼓一次则金属火花就闪烁一次，火越猛金花出现越多，这就是黄金之所以珍贵的原因。

中国的产金地区有一百多处，难以枚举。山石中所出产的，大的叫马蹄金，中等的叫橄榄金、带胯金，小的叫瓜子金。水沙中所出产的，大的叫狗头金，小的叫麦麸金、糠金。平地挖井而得到的金叫面沙金，大的叫豆粒金。这些都要先经淘洗然后进行冶炼，才成为整颗整块的金子。

黄金多出产于我国西南部，采金的人开凿矿井十多丈深，见到伴金石，就可以找到金了。这种石呈褐色，一头好像给火烧黑了似的。蕴藏在水里的沙金，多产于云南金沙江（古名丽水），此江发源于吐蕃（西藏），绕过云南丽江府，流至北胜州，迂回五百多里，产金处有好几段。此外四川北部潼川（今梓潼）等州和湖南沅陵、溆浦等地，都可在江沙中淘得沙金。在千百次淘取中，偶尔才会获得一块狗头金，叫作金母，其余的都不过是麦麸形的小金屑。

金在入炉冶炼时，最初呈现浅黄色，再炼就转变成为赤色。海南的儋、崖两县地区都有金田，金夹杂在沙土中，不必深挖就可以获得。但淘取太频繁，便不会再出产，多年淘取、熔炼，即使有金也是很有限的。然而五岭以南少数民族地区的洞穴中，初采出的金好像黑色铁屑，深挖几丈，才能在黑焦石下找到。初得的金咬起来是柔软的，采金的匠人有的偷偷把它吞进肚子里，也不会对人有伤害。河南上蔡、巩县和江西乐平、新建等地，都在平地开挖很深的矿井，取出细矿砂淘炼而得金，但耗费人工太多，所获无几。大体说，中国境内每隔千里就有一处产金之地。《岭表录》中说，有人从鹅、鸭屎中淘出金屑，或每日可得一两，或毫无所获。这个记载恐怕是虚妄不可信的。

金是极重之物，假定铜每立方寸重一两，照这样来算，则一立方寸的银要增重三钱；再假定每立方寸的银重一两，则一立方寸的金要增重二钱。金还有一种特性就是柔软，能像柳枝那样屈折。至于区分金的成色高低，大抵青色的含金七成，黄色的含金八成，紫色的含金九成，赤色的则是纯金了。把这些金在试金石上划出条痕（此石在江西广信府的河里有很多，大者如斗，小者如拳，将其放进鹅汤中一煮，则黑亮如漆），用比色法就能够立即分辨其成色。纯金如果要掺和别的金属来作伪出售，只有银可以掺入，其他金属都不行。要想除银存金，就要将这些杂金打成薄片再剪碎，每片用泥土裹涂，然后放入坩埚中加硼砂熔化，这样杂金中的银便被泥土所吸收，金水流出来即成纯金。然后再放一点铅入坩埚里，将土另入坩埚里熔化，就又可以把泥土中的银提取出来了，且不会有丝毫损耗。

金以其华美的颜色为世人所贵重，因此人们将黄金加工打造成金箔用于装饰。每七分黄金可捶成一平方寸的金箔一千片，将其粘铺在器物表面，可盖满三尺见方的面积。金箔的制法是，先将金捶成薄片，再包在乌金纸中，用力挥动铁锤打成（打金箔的锤约八斤重，柄很短）。乌金纸由苏州、杭州制造，以东海巨竹纤维为原料。用豆油点，将灯周围封闭，只留下一个针眼大的小孔通气，用灯烟将纸熏染成乌金纸。每张乌金纸可供捶打金箔五十次然后弃去，尚未破损的可以给药铺作包朱砂之用。这是靠人的精妙工艺制造出来的奇异之物。

夹在乌金纸里的金片被打成金箔后，先将硝制过的猫皮绷紧成小方形皮板，再将香灰撒满皮面，取出乌金纸里的金箔覆盖在上面，用钝刀画出一平方寸的方块。这时操作的人口中屏住呼吸，手执轻木棍用唾液粘湿金箔，将其挑起并夹在小纸片之中。用金箔装饰物件时，先用熟漆铺底，再将金箔粘贴上去（贴字时多用楮树浆）。陕西制造皮金的人，则将硝制过的羊皮拉紧至极薄，然后将金箔贴在皮上，供剪裁服饰用。这些器物、皮件因此都显出辉煌夺目的美丽颜色。凡用金箔粘贴的物件，若他日破旧不用，可以将其刮削下来用火烧，金质就残留在灰里。滴上几滴菜籽油，金质又会积聚沉底，淘洗后再熔炼，可全部回收而毫无损耗。

使器物具有金色的办法：杭州的扇子以银箔为材料，涂上一层红花子油，再用火熏金色。广东的货物用蝉蜕壳碎粉调水来描画，用火稍微烤一下就成金色。这些都不是真金的颜色。即使由金做成的器物，也会因成色不足而颜色浅淡，这时也可用黄矾涂染，再用炭火烘烤，立刻就会变成赤金色。但是日子久了因风尘作用，又会逐渐褪色，如果把它拿到火中烤一下，则又可以恢复赤金色（黄矾详见《燔石》卷）。

银

凡银中国所出，浙江、福建旧有坑场，国初或采或闭。江西饶、信、瑞三郡有坑从未开[①]。湖广则出辰州[②]，贵州则出铜仁，河南则宜阳赵保山、永宁秋树坡、卢氏高嘴儿、嵩县马槽山，与四川会川密勒山[③]、甘肃大黄山等，皆称美矿。其他难以枚举。然生气有限，每逢开采，数不足则括派以赔偿。法不严则窃争而酿乱，故禁戒不得不苛。燕、齐诸道，则地气寒而石骨薄，不产金、银。然合八省所生，不敌云南之半，故开矿煎银，惟滇中可永行也。

凡云南银矿，楚雄、永昌、大理为最盛，曲靖、姚安次之，镇沅又次之。凡石山硐中有矿砂，其上现磊然小石，微带褐色者，分丫成径路。采者穴土十丈或二十丈，工程不可日月计。寻见土内银苗，然后得礁砂所在[4]。凡礁砂藏深土，如枝分派别。各人随苗分径横挖而寻之。上榰横板架顶，以防崩压。采工篝灯逐径施镬[5]，得矿方止。凡土内银苗，或有黄色碎石，或土隙石缝有乱丝形状，此即去矿不远矣。

凡成银者曰礁，至碎者曰砂，其面分丫若枝形者曰鑛[6]，其外包环石块曰矿[7]。矿石大者如斗，小者如拳，为弃置无用物。其礁砂形如煤炭，底衬石而不甚黑，其高下有数等（商民凿穴得砂，先呈官府验辨，然后定税）。出土以斗量，付与冶工，高者六七两一斗，中者三四两，最下一二两（其礁砂放光甚者，精华泄漏，得银偏少）。

凡礁砂入炉，先行拣净淘洗。其炉土筑巨墩，高五尺许，底铺瓷屑、炭灰，每炉受礁砂二石。用栗木炭二百斤，周遭丛架。靠炉砌砖墙一垛，高阔皆丈余。风箱安置墙背，合两三人力，带拽透管通风。用墙以抵炎热，鼓鞴之人方克安身。炭尽之时，以长铁叉添入。风火力到，礁砂熔化成团。此时银隐铅中，尚未出脱。计礁砂二石熔出团约重百斤。

冷定取出，另入分金炉（一名虾蟆炉）内，用松木炭匝围，透一门以辨火色。其炉或施风箱，或使交箑[8]。火热功到，铅沉下为底子（其底已成陀僧样[9]，别入炉炼，又成扁担铅）。频以柳枝从门隙入内燃照，铅气净尽，则世宝凝然成象矣。此初出银，亦名生银。倾定无丝纹，即再经一火，当中止现一点圆星，滇人名曰茶经。逮后入铜少许，重以铅力熔化，然后入槽成丝（丝必倾槽而现，以四围匡住，宝气不横溢走散）。其楚雄所出又异，彼硐砂铅气甚少，向诸郡购铅佐炼。每礁百斤，先坐铅二百斤于炉内，然后煽炼成团。其再入虾蟆炉沉铅结银，则同法也。此世宝所生，更无别出。方书、本草，无端妄想、妄注，可厌之甚。

大抵坤元精气[10]，出金之所三百里无银，出银之所三百里无金。造物之情亦大可见。其贱役扫刷泥尘，入水漂淘而煎者，名曰淘厘锱。一日功劳，轻者所获三分，重者倍之。其银俱日用剪、斧口中委余，或鞋底粘带布于衢市，或院宇扫屑弃于河沿，其中必有焉，非浅浮土面能生此物也。

凡银为世用，惟红铜与铅两物可杂入成伪。然当其合琐碎而成钣锭[11]，去疵伪而造精纯。高炉火中，坩埚足炼，撒硝少许，而铜、铅尽滞埚底，名曰银锈。其灰池中敲落者[12]，名曰炉底。将锈与底同入分金炉内，填火土甑之中，其铅先化，就低溢流，而铜与粘带余银，用铁条逼就分拨，井然不紊。人工、天工亦见一斑云。炉式并具于左。

注释

①饶、信、瑞：分别指今江西鄱阳、上饶及赣州一带。②辰州：今湖

南沅陵。③会川：今四川会理。④礁砂：据《中国古代矿业开发史》，入炉炼银的矿石总名为礁，礁砂是黑色矿石，即以辉银矿为主要成分的银矿石。⑤篝灯：指灯笼。镢：此指锄头。⑥鑛：或作“铆”，此指树枝状的辉银矿。⑦矿：此指不含银的脉石，因而是无用之物，与通常意义的矿含义不同。⑧箑（shà）：扇子。⑨陀僧：密陀僧，黄色的氧化铅。⑩坤元：指大地为生长万物的根源。⑪钣锭：板状或块状的银锭。⑫灰池：圃炭灰的炉底，含铅的银熔化后流于此处。从技术上看，分金炉应密闭，而不应该敞口。

译文

中国产银的地方，浙江、福建旧有银矿坑场，到了本朝初期，有的仍在开采，有的已经关闭。江西饶州、广信和瑞州三处有银矿坑，但还从来没有开采过。湖南的辰州，贵州的铜仁，河南宜阳的赵保山、永宁的秋树坡、卢氏的高嘴儿、嵩县的马槽山，以及四川会川的密勒山、甘肃的大黄山等地，都有优良的产银矿场。其余地方就难以枚举了。然而这些银矿经营的规模有限，很不景气，每次开采若产量不足，还不够偿付搜刮与摊派下来的苛捐杂税。如果法制不严，就很容易出现因偷窃争夺而造成祸乱的事件，所以禁令又不得不十分严苛。河北、山东各省地由于天气寒冷而矿层薄，不出产金银。然而总计以上八省所出之银，还比不上云南的一半，所以开矿炼银，只有在云南一省可以常办不衰。

云南的银矿，以楚雄、永昌和大理三地储量最为丰富，曲靖、姚安次之，镇沅又次之。凡是石山洞里蕴藏有银矿砂的，其上就会出现一些堆积起来的小石头，微带褐色，矿藏分成枝杈般的矿脉。采矿的人要挖土十丈或二十丈深才能找到矿脉，这种巨大的工程强度不是几天或者几个月就能完成的。找到土内的银矿苗后，便知道礁砂之所在。礁砂都藏在深土里，而且像树枝那样分布。每个人沿着银矿脉走向分头挖进。坑道内要横架木板支撑坑顶，以防塌方。采矿的工人提着灯笼沿矿脉分头挥锄挖掘，直到取得矿砂为止。在土里的银矿苗，有的掺杂着一些黄色碎石，有的在泥隙石缝中出现有乱丝形状的东西，这都表明银矿就在附近了。

银矿石中，能炼出银的矿石叫作礁，细碎的叫作砂，其表面分布成树枝状的叫作鑛，包在外面的石块叫作矿。大块的如斗，小块的如拳头，都是废弃无用之物。礁砂形状像煤炭，下面是一些颜色不很黑的石头。礁砂的品质分好几个等级（矿场主挖到礁砂后，先要呈交官府验辨分级，然后再行定税）。取出的土用斗量过之后，交给冶工去炼。矿砂品质高的每斗可炼出纯银六七两，中等的可炼出三四两，最差的只可炼出一二两（特别光亮的礁砂，反倒由于里面的精华已经泄漏得太多，最终得到的纯银反而偏少）。

礁砂在入炉之前，先要拣净、淘洗。炼银的炉子是用土筑成的，土墩高约五尺，炉子底下铺上瓷屑、炭灰之类的东西，每个炉子可装礁砂二石。用栗木炭二百斤，在周围叠架起来。靠近炉旁还要砌一堵砖墙，高和宽各一丈多。风箱安装在墙背，由两三个人拉动风箱通过风管送风。靠这一道砖墙来挡住炉的高温，拉风箱的人才能安身。等到炉里的炭烧完时，就用长铁叉再将木炭添入。风力、火力足时，礁砂就会熔化成团，此时银还混在铅中，尚未被分离出来。礁砂二石可熔出团块约一百斤。

熔炉冷却后，将物料取出另装入分金炉（一名虾蟆炉）内，用松木炭在炉内围起，留出一个穴门以辨别火候。分金炉可以用风箱鼓风，也可以用团扇子送风。达到一定的温度时，熔团会重新熔化，铅便沉下成为底子(炉底的铅成为密陀僧形状，再放进别的炉子里熔炼，又可得扁担铅)。要不断用柳枝从穴门缝中插入燃烧，待铅的成分去尽后，就可以提炼出纯银了。刚炼出来的银叫作生银。倒出来凝固后的银如果表面没有丝纹，就要再熔炼一次，直到银锭中心出现一点圆星，云南人叫作"茶经"。此后向其中加入少许铜，再重新用铅来协助熔化，然后倒入槽中凝结成丝状（倒入槽中才出现丝纹，是因为四周被围住，银气不会横溢走散）。云南楚雄的银矿有些不一样，那里的矿砂含铅甚少，必须从其他地方采购铅来辅助炼银。每炼银矿石一百斤，需先将二百斤铅放在炉的底部，然后鼓风将其熔炼成团，至于再放入分金炉中，使铅沉下分离出银，则与前述方法是一样的。银的开采和熔炼用的就是这种方法，此外没有其他方法。炼丹术方书和本草书中没有根据地乱想乱注，真是令人十分讨厌。

一般说来，在大地里所含的矿藏中，出金之处三百里之内没有银矿，出银之处三百里之内也没有金矿。大自然的安排设计，于此可看出个大概。有时仆役将扫刷到的泥尘聚起，放进水里进行淘洗，再煎炼出银，这叫作淘厘锱。操劳一天，少的只能得到三分银子，多的也只有六分银子。其所得的银，都来自日常用的剪刀、斧子刃部掉下来的残屑，或鞋底在闹市街道上沾带的土，或院内房内打扫下来的尘土抛弃在河沿，其中必夹杂银质，这并不是说浅浮的土面上能生出银来。

世间使用的银，只有红铜和铅两种金属可以掺混进去作假。但是将碎银熔铸成银锭时，可以除去其中的杂质而制成纯银。方法是将杂银放在坩埚中，送进高温炉火中用猛火充分熔炼，撒入少许硝石，其中的铜和铅便都沉在埚底了，这叫作银锈。从灰池中敲落下来的叫作炉底。将银锈和炉底一起放进分金炉内，将木炭填入土制的甑中点火，其中的铅会首先熔化，流向低处，铜和剩下的银可用铁条分拨，二者截然分离。人力与天工的相辅相成，由此可见一斑。炉的式样附图于下。

附：朱砂银

凡虚伪方士以炉火惑人者，唯朱砂银愚人易惑。其法以投铅、朱砂与白银等，分入罐封固，温养三七日后，砂盗银气，煎成至宝。拣出其银，形存神丧，块然枯物。入铅煎时，逐火轻折，再经数火，毫忽无存。折去砂价、炭资，愚者贪惑犹不解，并志于此。

译文

那些虚伪的方士利用炉火之术来迷惑人，只有朱砂银最容易愚弄人。其制造方法是，将铅、朱砂与等量的白银放入坩埚内密封，加热三七二十一天后，朱砂吸取银气，炼成为“银”。将这种“银”拣出来一看，外表像银而无银的本质，只是废物一块。加入铅与其煎炼时，越炼越减重，再炼几次，就一点儿都不剩了。损失了朱砂与木炭的钱，愚者贪心受迷惑还不明白这个道理，我把这也记录下来。

铜

凡铜供世用，出山与出炉止有赤铜。以炉甘石或倭铅参和[①]，转色为黄铜[②]；以砒霜等药制炼为白铜[③]；矾、硝等药制炼为青铜[④]；广锡参和为响铜[⑤]；倭铅和泻为铸铜[⑥]。初质则一味红铜而已。

凡铜坑所在有之。《山海经》言，出铜之山四百三十七[⑦]，或有所考据也。今中国供用者，西自四川、贵州为最盛。东南间自海舶来，湖广武昌、江西广信皆饶铜穴。其衡、瑞等郡，出最下品，曰蒙山铜者，或入冶铸混入，不堪升炼成坚质也。

凡出铜山夹土带石，穴凿数丈得之，仍有矿包其外[⑧]，矿状如姜石而有铜星[9]，亦名铜璞[10]，煎炼仍有铜流出，不似银矿之为弃物。凡铜砂在矿内[11]，形状不一，或大或小，或光或暗，或如鍮石[12]，或如姜铁[13]。淘洗去土滓，然后入炉煎炼，其熏蒸傍溢者，为自然铜，亦曰石髓铅。

凡铜质有数种，有全体皆铜，不夹铅、银者，洪炉单炼而成。有与铅同体者，其煎炼炉法，傍通高、低二孔，铅质先化从上孔流出，铜质后化从下孔流出。东夷铜又有托体银矿内者，入炉煎炼时，银结于面，铜沉于下。商舶漂入中国，名曰日本铜[14]，其形为方长板条。漳郡人得之，有以炉再炼，取出零银，然后泻成薄饼，如川铜一样货卖者。

凡红铜升黄色为锤锻用者，用自风煤炭（此煤碎如粉，泥糊作饼，不用鼓风，通红则自昼达夜。江西则产袁郡及新喻邑[15]）百斤，灼于炉内。以泥瓦罐载铜十斤，继入炉甘石六斤坐于炉内，自然熔化。后人因炉甘石烟洪飞损，改用倭铅[16]。每红铜六斤，入倭铅四斤，先后入罐熔化，冷定取出，即成黄铜，唯人打造。

凡用铜造响器，用出山广锡无铅气者入内。钲（今名锣）、镯（今名铜鼓）之类[17]，皆红铜八斤，入广锡二斤。铙、钹[18]，铜与锡更加精炼。凡铸器，低者红铜、倭铅均平分两，甚至铅六铜四。高者名三火黄铜、四火熟铜，则铜七而铅三也。

凡造低伪银者，唯本色红铜可入。一受倭铅、砒、矾等气，则永不和合。然铜入银内，使白质顿成红色，洪炉再鼓，则清浊浮沉立分，至于净尽云。

注释

①炉甘石：主要成分是碳酸锌。倭铅：即锌，因其像铅而比铅性猛烈，故名。②黄铜：铜锌合金。以炉甘石与铜炼成，其色如金。③白铜：此指含锌、镍的砒石（砷矿石）与铜炼成的合金。④青铜：此指用矾石、硝石等将铜炼成古铜色。⑤响铜：指由铜、铅、锡按一定比例混合炼成的合金。⑥铸铜：含锌的铜。⑦四百三十七：据《山海经·中山经》，当作“四百六十七”。⑧矿：实际是包在铜矿石外面的脉石。⑨姜石：形状似姜的石头。或作“礓石”。⑩铜璞：脉石中低品位的铜矿石。⑪铜砂：即铜礁砂，指含铜矿石。⑫鍮（tōu）石：此指天然黄铜矿。⑬姜铁：此指形似姜而色黑的铜矿石。⑭日本铜：日本称为“棹铜”，由日本出口到中国，在日本人增田纲的《鼓铜图录》中亦有记载，此书亦引用《天工开物》。⑮袁郡：袁州府，今江西宜春地区。⑯“后人因炉甘石烟洪飞损”两句：炉甘石300℃时会分解成二氧化碳和氧化锌，前者飞散易将后者带走，损

失锌质。改用较稳定的锌与铜炼成黄铜，是技术上的改进。⑰钲(zhēng)：古代乐器，形似钟而狭长，有长柄可执，击之而鸣，在行军时敲打。镯（zhuó）：古代军中乐器，钟形的铃。⑱铙（náo）：古代打击乐器，有柄。钹（bó）：铜制圆形打击乐器，两片一副，相击而发声。

译文

供世间用的铜，不管采自山上或出自冶炉，都只有红铜一种。铜如果与炉甘石或锌掺和熔炼，就会转变成黄铜；如与砒霜等药物制炼，则会炼成白铜；如与明矾、硝石等药物制炼，则会炼成青铜；若与锡掺和熔炼，则会炼成响铜；若与锌掺和熔炼，则会炼成铸铜。然而最基本的原料不过是红铜一种而已。

铜矿到处都有。《山海经》中说，全国出铜之山有四百三十七处，这或许是有根据的。今中国供人使用的铜，西部以四川、贵州两省出产为最多，东南各省则间有借海船从国外运来的，湖北武昌、江西广信，都有丰富铜矿。衡州（今湖南衡阳）、瑞州（今江西高安）等地出产的蒙山铜，品质低劣，仅可在冶铸造时掺入，不能单独熔炼成坚实的铜块。

出铜的山总是夹土带石的，要挖几丈深才能得到铜矿石，其外面仍有一层脉石包着。这种石形状像姜，表面有铜星，又叫作铜璞，把它拿到炉里去冶炼，仍有铜流出，不像银矿的脉石那样完全是废物。铜砂在脉石里的形状不一，或大或小，或光或暗，或如鍮石，或如姜铁。土滓洗掉后，入炉熔炼，经熔炼从炉旁流出来的，就是自然铜，也叫石髓铅。

铜矿石有数种，其中有全体都是铜而不夹杂铅和银的，只要入炉一炼就成。有的却与铅混杂在一起，这种铜矿的冶炼方法是，在熔炉旁开高、低两个孔，铅先熔化从上孔流出，后熔化的铜则从下孔流出。日本国的铜有包在银矿的脉石中的，入炉熔炼时，银会浮在上层，而铜沉在下面。由商船运进中国的铜，叫作日本铜，其形状为长方形板条。福建漳州人得到这种铜后，有的入炉再炼，提取其中零星的银，然后将铜铸成薄饼形状，像四川的铜那样出售。

将红铜炼成可以锤锻的黄铜，要用一百斤自风煤炭（这种煤细碎如粉，和泥做成煤饼来烧，燃烧时不需要鼓风，烧起来昼夜通红。在江西产于袁州府及新喻县）放入炉内烧。用一个泥瓦罐里装铜十斤，再装入六斤炉甘石，放入炉内，让它自然熔化。后来人们因为炉甘石烟飞时损耗很大，就改用了锌。每次红铜六斤，加入锌四斤，先后放入罐里熔化，冷却后取出即是黄铜，供人们打造各种器物。

用铜制造乐器，将矿山出产的不含铅的两广产的锡与铜同入炉内熔炼。制造钲（今名锣）、镯（今名铜鼓）之类乐器，一般用红铜八斤，掺入广锡二斤。制造铙、钹所用的铜、锡，要求更加精炼。制造供冶铸用的铜器物时，质量差的含红铜和锌各一半，甚至锌占六成而铜占四成。质量好的则要用经过三次或四次熔炼的所谓三火黄铜或四火熟铜作原料，其中含铜七成、铅三成。

那些制造假银的，只有纯粹红铜可以混入。银遇到锌、砒、矾等物质，永远都不能结合。然而铜混进银里，白色的银立刻变成红色，再入炉鼓风熔炼，待其全部熔化后，则银、铜间的清浊、浮沉就能分辨得一清二楚，以至于彻底分离。

附：倭铅

凡倭铅古书本无之，乃近世所立名色。其质用炉甘石熬炼而成，繁产山西太行山一带，而荆、衡为次之。每炉甘石十斤，装载入一泥罐内，封裹泥固以渐砑干[1]，勿使见火拆裂。然后逐层用煤炭饼垫盛，其底铺薪，发火煅红。罐中炉甘石熔化成团，冷定毁罐取出。每十耗去其二，即倭铅也。此物无铜收伏，入火即成烟飞去。以其似铅而性猛，故名之曰倭云[2]。

注释

①砑（yà）：碾压。②倭：此指猛烈，非日本之倭。明代沿海受倭寇之害，故以“倭”代指猛烈。

译文

“倭铅”（锌）在古书中本无记载，只是到了近代才有了这个名称。它是由炉甘石熬炼而成的，大量出产于山西太行山一带，其次是湖北荆州、湖南衡州。熔炼的方法是，每次将十斤炉甘石装进一个泥罐里，在泥罐外面涂上泥封固，再将表面碾光滑，让它渐渐风干。千万不要用火烤，以防泥罐开裂。然后用煤饼一层层地把装炉甘石的罐垫起来，在下面铺柴，引火烧红。泥罐里的炉甘石熔成一团，等泥罐冷却后，将罐子打烂，取出来的就是倭铅（锌）。每十斤炉甘石会损耗二斤。但是，这种倭铅如果不用铜结合，一见火就会挥发成烟。因其很像铅而又比铅的性质更猛烈，所以称之为倭铅。

铁

凡铁场所在有之，其质浅浮土面，不生深穴。繁生平阳、岗埠，不生峻岭高山。质有土锭、碎砂数种。凡土锭铁，土面浮出黑块，形似秤锤。遥望宛然如铁，撚之则碎土。若起冶煎炼，浮者拾之，又乘雨湿之后牛耕起土，拾其数寸土内者。耕垦之后，其块逐日生长，愈用不穷。西北甘肃、东南泉郡，皆锭铁之薮也。燕京、遵化与山西平阳，则皆砂铁之薮也。凡砂铁一抛土膜即现其形，取来淘洗，入炉煎炼，熔化之后与锭铁无二也。

凡铁分生、熟，出炉未炒则生，既炒则熟。生、熟相和，炼成则钢。凡铁炉用盐做造，和泥砌成。其炉多傍山穴为之，或用巨木匡围。塑造盐泥，穷月之力不容造次。盐泥有罅，尽弃全功。凡铁一炉载土二千余斤，或用硬木柴，或用煤炭，或用木炭，南北各从利便。扇炉风箱必用四人、六人带拽。土化成铁之后，从炉腰孔流出。炉孔先用泥塞。每旦昼六时，一时出铁一陀。既出即叉泥塞，鼓风再熔。

凡造生铁为冶铸用者，就此流成长条、圆块，范内取用。若造熟铁，则生铁流出时相连数尺内，低下数寸筑一方塘，短墙抵之。其铁流入塘内，数人执持柳木棍排立墙上。先以污潮泥晒干，舂筛细罗如面，一人疾手撒掩[①]，众人柳棍疾搅[②]，即时炒成熟铁。其柳棍每炒一次，烧折二、三寸，再用则又更之。炒过稍冷之时，或有就塘内斩划成方块者，或有提出挥椎打圆后货者。若浏阳诸冶，不知出此也。

凡钢铁炼法，用熟铁打成薄片如指头阔，长寸半许，以铁片束包夹紧，生铁安置其上（广南生铁名堕子生钢者妙甚），又用破草履盖其上（粘带泥土者，故不速化），泥涂其底下。洪炉鼓鞴，火力到时，生钢先化，渗淋熟铁之中，两情投合，取出加锤。再炼再锤，不一而足。俗名团钢[③]，亦曰灌钢者是也。

其倭夷刀剑有百炼精纯、置日光檐下则满室辉曜者，不用生熟相和炼，又名此钢为下乘云。夷人又有以地溲淬刀剑者（地溲乃石脑油之类[④]，不产中国），云钢可切玉，亦未之见也。凡铁内有硬处不可打者名铁核，以香油涂之即散。凡产铁之阴，其阳出慈石，第有数处不尽然也。

注释

①挻：或作“掞（shàn）”，有摊开之意。②柳棍疾搅：从含碳2%以上的生铁脱碳、炒成熟铁时，用柳棍急速搅拌可促进生铁水中碳的氧化。③团钢：即渗碳钢，以生铁水向熟铁中渗碳，再反复捶打去掉杂质。这种技术在南北朝时期已发展成熟，北宋·沈括《梦溪笔谈》卷三亦有详细记载。《天工开物》此处记述比前代又有改进。④地溲：此指石脑油，即石油。史载我国在汉代时已发现石油，南北朝时用以膏车。

译文

铁矿全国各地都有，而且都浅藏在地面，不深埋在洞穴。广泛分布于平原和丘陵地带，而不在高山峻岭上。矿质有土块状的“土锭铁”和碎砂状的“砂铁”等好几种。土锭铁是地表浮出的黑块，形似秤锤。从远处看上去就像一块铁，但用手一捻却成了碎土。如果要进行冶炼，就可以把浮在土面上的这些铁矿石拾起来，又趁下雨地湿时，用牛犁起浅土，把埋入泥土几寸深的铁矿石都捡起来。土地经耕后，铁矿石还会逐渐生长，用之不竭。我国西北的甘肃、东南的福建泉州，都盛产这种土锭铁。北京、遵化和山西平阳，都盛产砂铁。至于砂铁，一挖开表土层就可以找到，把它取出来后进行淘洗，再入炉冶炼，熔炼出来的铁跟来自土锭铁的品质相同。

铁分为生铁和熟铁，已经出炉但还没有炒过的是生铁，炒过的是熟铁。生铁和熟铁混合熔炼，便成了钢。炼铁炉是用掺盐的泥土砌成的，多设在矿山附近，也有些是用巨木围成框框的。用盐泥塑造成炉，非得要花个把月时间不可，不能轻率贪快。盐泥一旦出现裂缝，那就前功尽弃了。一座炼铁炉可装铁矿石两千多斤，燃料或用硬木柴，或用煤炭，或用木炭，南北各地因地制宜。向炉内鼓风的风箱，必须由四个人或六个人一起推拉。铁矿石化成了铁水后，就会从炼铁炉腰孔中流出。这个孔事先要用泥塞住。每天白天六个时辰（十二个小时）中，一个时辰出铁一大堆。出一次铁后，立即又上泥把铁孔塞住，然后再鼓风熔炼。

生产供铸造用的生铁，就让铁水注入条形或圆形的铸模中，再从模子里取出使用。若是造熟铁，则在生铁水流出几尺远而又低几寸的地方筑一口方塘，四周砌上矮墙。让铁水流入塘内，几个人拿着柳木棍，并立在矮墙上。事先将黑色的湿泥晒干，捣碎并用细罗筛成面粉状的细末，一个人迅速把泥粉均匀地撒在铁水中，另外几个人就用柳棍快速搅拌，这样生铁即刻便炒成熟铁。柳木棍每炒一次，便会燃掉二三寸，再炒时就得换一根新的。炒过以后，稍微冷却时，或者就地在方塘内将铁水划成方块，或提出来锤打成圆块，然后出售。但像湖南浏阳那些冶铁场还不懂得这种方法。

炼钢的方法是，先将熟铁打成长约一寸半、像指头一般宽的薄片，然后用铁片包扎紧，将生铁放在扎紧的熟铁片上面（广东有一种叫作堕子生铁的生铁最适宜），再用破草鞋（要粘有泥土的，不致被立即烧毁）覆盖在最上面，在铁片底下还要涂上泥浆。投进洪炉进行鼓风熔炼，达到一定的温度时，生铁会先熔化而渗淋到熟铁里，二者相互融合。取出来后进行锤炼，再熔炼再捶打，如此反复进行多次。这样锤炼出来的钢，俗名叫作团钢，也叫作灌钢。

日本国的刀剑，用的是经过百次锤炼的精纯的好钢，白天放在屋檐下，反射的光能使整个屋子都非常明亮。这种钢不是用生铁和熟铁合起来炼成的，有人把它称为次品。日本人又有用地溲（石脑油之类的东西，我国中原地区不出产）来淬刀剑的，据说这种钢刀可以切玉，但我未曾见过。铁内有一种非常坚硬的、打不散的硬块，叫作铁核。如果涂上香油再次敲打，铁核就会消散了。要是铁矿产于山的背阳处，其向阳的山坡便出磁铁矿石，不过也不尽如此。

锡

凡锡中国偏出西南郡邑，东北寡生。古书名锡为“贺”者，以临贺郡产锡最盛而得名也[①]。今衣被天下者，独广西南丹、河池二州居其十八，衡、永则次之，大理、楚雄即产锡甚盛，道远难致也。

凡锡有山锡、水锡两种。山锡中又有锡瓜、锡砂两种。锡瓜块大如小瓠，锡砂如豆粒，皆穴土不甚深而得之。间或土中生脉充牣[②]，致山土自颓，恣人拾取者。水锡衡、永出溪中，广西则出南丹州河内。其质黑色，粉碎如重罗面。南丹河出者，居民旬前从南淘至北，旬后又从北淘至南。愈经淘取，其砂日长，百年不竭。但一日功劳，淘取煎炼不过一斤。会计炉炭资本，所获不多也。南丹山锡出山之阴，其方无水淘洗，则接连百竹为枧，从山阳枧水淘洗土滓，然后入炉。

凡炼煎亦用洪炉，入砂数百斤，丛架木炭亦数百斤，鼓鞴熔化。火力已到，砂不即熔，用铅少许勾引[3]，方始沛然流注。或有用人家炒锡剩灰勾引者。其炉底炭末、瓷灰铺作平池，傍安铁管小槽道，熔时流出炉外低池。其质初出洁白，然过刚，承锤即拆裂。入铅制柔，方充造器用。售者杂铅太多，欲取净则熔化，入醋淬八九度，铅尽化灰而去。出锡唯此道。方书云马齿苋取草锡者[4]，妄言也。谓砒为锡苗者，亦妄言也。

注释

①临贺郡：今广西贺州。《本草纲目》卷八锡条曰："方术家谓之贺，盖锡以临贺出者为美也。"②充牣（rèn）：或作"充仞"，充满。③"火力已到"三句：锡难熔化时加少量铅，称为铅锡合金可降低其熔点、增加流动性。④马齿苋：《本草纲目》卷九水银条引宋人苏颂《图经本草》云，马齿苋十斤烧后得水银八两，名曰草汞，没有提到可提取锡。

译文

中国的产锡地主要分布在西南地区，东北地区尤其少。古书中称锡为"贺"，是因为临贺郡产锡最盛，故而得此名。现今供应全国的锡，仅广西南丹、河池二州就占了八成，湖南衡阳、永州次之，云南大理、楚雄虽然产锡很多，但路途遥远，难以供应中原地区。

锡矿分山锡、水锡两种。山锡又分锡瓜、锡砂两种。锡瓜块大好像个小葫芦，锡砂则像豆粒，都是挖土不甚深便可得到。有时土中矿脉充斥，便呈带状分布并露出地表，任凭人们拾取。水锡出于湖南衡州、永州的小溪中，广西则产于南丹州的河里。这种水锡质地是黑色的，细碎得好像用罗筛过的面粉。南丹河里出产的水锡，居民在前十天从南淘到北，后十天再从北淘到南。越是淘取，砂锡越是日渐生长，百年不竭。但是劳累一天，淘取、熔炼后不过得锡一斤左右。把所耗费的炉炭成本计算在内，获利实在是不多。南丹的山锡产于山的背阴处，其地缺水淘洗，就用许多根竹管接起来当导水槽，从山的阳坡引水过来淘洗土滓，然后入炉。

熔炼时也要用洪炉，每炉入锡砂数百斤，堆架起来的木炭也要数百斤，鼓风熔炼。当火力足够时，若锡砂还不能立即熔化，就要掺入少量的铅去勾引，锡才会顺畅地流出。也有用别处的炼锡炉渣去勾引的。洪炉炉底用炭末和瓷灰铺成平池，炉旁安装一条铁管小槽，炼出的锡水引流入炉外低池内。锡出炉时颜色洁白，可是太过硬脆，一经敲打就会碎裂。加入铅才能使锡质变软，才能用来制造各种器具。市面上卖的锡掺铅太多，如果需要提纯，便将其熔化后放入醋中淬八九次，其中所含的铅便会形成渣灰而被除去。生产纯锡只有这么一种方法。有的炼丹书中说可以从马齿苋中提取草锡，这是荒诞的说法。所谓砒是锡矿苗的说法，也是信口胡言。

铅

凡产铅山穴，繁于铜、锡。其质有三种，一出银矿中，包孕白银，初炼和银成团，再炼脱银沉底，曰银矿铅，此铅云南为盛。一出铜矿中，入洪炉炼化，铅先出，铜后随，曰铜山铅，此铅贵州为盛。一出单生铅穴，取者穴山石，挟油灯寻脉，曲折如采银矿，取出淘洗煎炼，名曰草节铅，此铅蜀中嘉、利等州为盛[①]。其余雅州出钓脚铅[②]，形如皂荚子，又如蝌斗子，生山涧沙中。广信郡上饶、饶郡乐平出杂铜铅，剑州出阴平铅[③]，难以枚举。

凡银矿中铅，炼铅成底，炼底复成铅。草节铅单入洪炉煎炼，炉傍通管注入长条土槽内，俗名扁担铅，亦曰出山铅，所以别于凡银炉内频经煎炼者。凡铅物值虽贱，变化殊奇[④]，白粉、黄丹[⑤]，皆其显象。操银底于精纯[⑥]，勾锡成其柔软，皆铅力也。

注释

①嘉州：今四川乐山。利州：今四川广元。②雅州：今四川雅安。③剑州：今四川剑阁。④《本草纲目》卷八云：“鈆（铅）变化最多，一变而成胡粉，再变而成黄丹，三变而成密陀僧，四变而为白霜。”⑤白粉：又名胡粉、铅粉、定粉，碱式碳酸铅。黄丹：又名铅丹，四氧化三铅。⑥底于：达到。

译文

产铅的矿山比产铜、锡的矿山都要多。铅矿有三种，一种出于银矿脉石中，含有银，初炼时和银熔成一团，再炼时铅与银脱离而沉炉底，叫作银铅矿，此铅矿以云南出产为最多。一种出于铜矿脉石中，入洪炉冶炼时，铅比铜先熔化流出，叫作铜山铅，此铅矿以贵州出产为最多。一种出于单独的铅矿，开采的人凿开山石，提着油灯在山洞里寻找矿脉，此矿脉像银矿那样曲折。采出后便淘洗、熔炼，叫作草节铅，此铅矿以四川的嘉州、利州出产为最多。除此之外，四川雅州还出产有钓脚铅，形状像皂荚子，又好像蝌蚪，出于山涧的沙里。江西广信府上饶、饶州府乐平还出产有杂铜铅，四川剑舟还出产有阴平铅，此处难以枚举。

提炼银矿中的铅，方法是，熔炼银矿，银流出后铅便沉在炉底，再熔炼炉底物料，才得到铅。草节铅则一次放入洪炉熔炼，洪炉旁通一条管子，以便将铅水浇注入长条形土槽内，这样铸成的铅俗名扁担铅，也叫作出山铅，以区别于在炼银炉内多次熔炼出来的那种铅。铅的价值虽然低贱，可其变化却很是奇妙，白粉、黄丹都是铅变化而成的。使银炼得精纯、使锡变得柔软，都是靠铅的作用。

附：胡粉、黄丹

凡造胡粉，每铅百斤，熔化，削成薄片，卷作筒，安木甑内。甑下、甑中各安醋一瓶，外以盐泥固济，纸糊甑缝。安火四两，养之七日。期足启开，铅片皆生霜粉，扫入水缸内。未生霜者，入甑依旧再养七日，再扫，以质尽为度，其不尽者留作黄丹料。

每扫下霜一斤，入豆粉二两、蛤粉四两，缸内搅匀，澄去清水。用细灰按成沟，纸隔数层，置粉于上。将干，截成瓦定形[①]，或如磊块，待干收货。此物古因辰、韶诸郡专造，故曰韶粉（俗误朝粉）。今则各省直饶为之矣。其质入丹青，则白不减。擦妇人颊，能使本色转青。胡粉投入炭炉中，仍还熔化为铅，所谓色尽归皂者[②]。

凡炒铅丹，用铅一斤、土硫黄十两、硝石一两。熔铅成汁，下醋点之。滚沸时下硫一块，少顷入硝少许，沸定再点醋，依前渐下硝、黄。待为末，则成丹矣。其胡粉残剩者，用硝石、矾石炒成丹，不复用醋也。欲丹还铅，用葱白汁拌黄丹慢炒，金汁出时，倾出即还铅矣。

注释

①截成瓦定形：截成瓦状以定形。或以为“定”为衍字。②“胡粉投入炭炉中”三句：东汉炼丹家魏伯阳《周易参同契》云：“胡粉投火中，色坏还为铅。”白色的胡粉（铅粉）煅烧，先变为氧化铅，最后还原为黑灰色的铅。所谓“色尽归皂”，即从白色还原为黑色的道理。

译文

制作胡粉的方法是，每次将一百斤铅熔化之后再削成薄片，卷成筒状，安置在木甑之中。甑的下部和中间各放置一瓶醋，外面用盐泥封固，并用纸糊严甑上的缝。以四两木炭的火力持续加热七天。日子到时启开，就能见到铅片上面覆盖着的一层霜粉，将粉扫到水缸里。那些未生霜的铅再放进甑子里，按照原来的方法再次加热七天，再次收扫，直到铅用尽为止，剩下的残渣可留作制黄丹的原料。

每扫下霜粉一斤，加入豆粉二两、蛤粉四两，一同放入水缸内搅匀，澄清之后再把水倒去。用细木炭粉作成沟，上面平铺几层纸，将湿粉放在纸上。快吸干时将湿粉截成瓦形或方块状，待干时收起出售。由于古时辰州、韶州专制此粉，所以也把它叫作韶粉（民间误叫作朝粉）。如今全国各省都广为制造了。如果用这种粉作颜料绘画，能够长期保持白色不褪。但妇女用以擦脸，涂多了就会使脸色变青。将胡粉投入炭炉里面烧，仍会熔化为铅，这就是所谓物极必反，颜色白至极点就会变黑的道理。

烧制铅丹，用铅一斤、土硫黄十两、硝石一两。铅熔化成液态后，点上一些醋。滚沸时再投入一块硫黄，稍过一会儿，再投入硝石少许，沸腾停止后再按照前法加醋，接着再加硫黄和硝石。就这样下去直到炉里的物料都成为粉末，就炼成黄丹了。如要将制胡粉时剩余的铅炼成黄丹，就用硝石、矾石加进去炒，不必加醋了。若想把黄丹还原成铅，就用葱白汁拌入黄丹，慢火熬炒，等有黄汁流出时，倒出来就可得到铅了。

佳兵第十五[1]

宋子曰，兵非圣人之得已也。虞舜在位五十载，而有苗犹弗率[2]。明王圣帝，谁能去兵哉？“弧矢之利，以威天下[3]”，其来尚矣。为老氏者[4]，有葛天之思焉[5]。其词有曰：“佳兵者，不祥之器。”盖言慎也。

火药机械之窍，其先凿自西番与南裔，而后乃及于中国[6]。变幻百出，日盛月新。中国至今日，则即戎者以为第一义[7]，岂其然哉？虽然，生人纵有巧思，乌能至此极也？

注释

①佳兵：出自《老子》第三十一章：“夫佳兵者，不祥之器。”②有苗：虞舜时南方部族。弗率：不肯接受统治。虞舜后出兵平定三苗反叛。③弧矢之利，以威天下：语出《易·系辞下》。弧矢：即弓箭，此处引申为武器。④为老氏者：即老子，姓李名耳，春秋时期思想家，道家学说创始人，著有《老子》，又称《道德经》。⑤葛天氏：传说中远古时的帝王，据称他不用刑法治国，一切听任自然，这与老子“无为而治”思想一致。⑥“火药机械之窍”三句：唐末五代时成书的《真元妙道要略》中就有关于火药的最早记载，十世纪的中国战场上已使用火药武器。北宋曾公亮《武经总要》中已记载了三种最早的军用火药和火器的使用情况。则火药武器始于中国，并不是由西洋或南洋人发明后中国才有的。⑦即戎：从事战争。

译文

宋子说，兵器是圣人不得已才使用的。虞舜在位五十年，而有苗部族仍不服从归顺。即使是圣明的帝王，谁能够放弃兵器呢？“武器的功用，就在于威慑天下”，这句话由来已久了。写作《老子》一书的人，怀有葛天氏“无为而治”的理想，书中有句话说：“兵器是不祥之物。”那只是警诫人们使用兵器时要慎重考虑罢了。

制造火药、枪械的技巧，最先是由西洋和南洋各国发展起来的，而后传到中国。变幻百出，日新月异。时至今日，中国用兵的人已将发展兵器放到了首位，这可能是正确的吧？不然的话，人类即便有着巧妙的构思，如果不重视，武器的发展又怎能达到这种完善的地步呢？

弧矢

凡造弓，以竹与牛角为正中干质（东北夷无竹，以柔木为之），桑枝木为两梢[①]。弛则竹为内体，角护其外。张则角向内而竹居外。竹一条而角两接，桑弰则其末刻锲，以受弦彄。其本则贯插接榫于竹丫[②]，而光削一面以贴角。

凡造弓，先削竹一片（竹宜秋冬伐，春夏则朽蛀），中腰微亚小，两头差大，约长二尺许。一面粘胶靠角，一面铺置牛筋与胶而固之。牛角当中牙接[③]（北虏无修长牛角，则以羊角四接而束之。广弓则黄牛明角亦用，不独水牛也），固以筋胶。胶外固以桦皮，名曰暖靶。凡桦木关外产辽阳，北土繁生遵化，西陲繁生临洮郡，闽、广、浙亦皆有之。其皮护物，手握如软绵，故弓靶所必用[④]。即刀柄与枪干，亦需用之。其最薄者，则为刀剑鞘室也[⑤]。

凡牛脊梁每只生筋一方条，约重三十两。杀取晒干，复浸水中，析破如苎麻丝。胡虏无蚕丝，弓弦处皆纠合此物为之。中华则以之铺护弓干，与为棉花弹弓弦也。凡胶乃鱼脬、杂肠所为[⑥]，煎治多属宁国郡[⑦]。其东海石首鱼[⑧]，浙中以造白鲞者[⑨]，取其脬为胶，坚固过于金铁。北虏取海鱼脬煎成，坚固与中华无异，种性则别也。天生数物，缺一而良弓不成，非偶然也。

凡造弓，初成坯后，安置室中梁阁上，地面勿离火意。促者旬日，多者两月，透干其津液，然后取下磨光，重加筋、胶与漆，则其弓良甚。货弓之家，不能俟日足者，则他日解释之患因之。

凡弓弦取食柘叶蚕茧，其丝更坚韧。每条用丝线二十余根作骨，然后用线横缠紧约。缠丝分三停，隔七寸许则空一二分不缠，故弦不张弓时，可折叠三曲而收之。往者北虏弓弦，尽以牛筋为质，故夏月雨雾，妨其解脱，不相侵犯。今则丝弦亦广有之。涂弦或用黄蜡，或不用亦无害也。凡弓两弰系弝处，或切最厚牛皮，或削柔木如小棋子，钉粘角端，名曰垫弦，义同琴轸[10]。放弦归返时，雄力向内，得此而抗止，不然则受损也。

凡造弓，视人力强弱为轻重。上力挽一百二十斤，过此则为虎力，亦不数出。中力减十之二三，下力及其半。彀满之时皆能中的。但战阵之上洞胸彻札，功必归于挽强者。而下力倘能穿杨贯虱[11]，则以巧胜也。凡试弓力，以足踏弦就地，称钩搭挂弓腰，弦满之时，推移秤锤所压，则知多少。其初造料分两，则上力挽强者，角与竹片削就时，约重七两。筋与胶、漆与缠约丝绳，约重八钱，此其大略。中力减十之一二，下力减十之二三也。

凡成弓，藏时最嫌霉湿（霉气先南后北，岭南谷雨时，江南小满，江北六月，燕、齐七月，然淮、扬霉气独盛）。将士家或置烘厨、烘箱，日以炭火置其下（春秋雾雨皆然，不但霉气）。小卒无烘厨，则安顿灶突之上。稍怠不勤，立受朽解之患也（近岁命南方诸省造弓解北，纷纷驳回，不知离火即坏之故，亦无人陈说本章者）。

凡箭笴，中国南方竹质，北方萑柳质[12]，北虏桦质，随方不一。竿长二尺，镞长一寸，其大端也。凡竹箭削竹四条或三条，以胶粘合，过刀光削而圆成之。漆、丝缠约两头，名曰“三不齐”箭杆。浙与广南有生成箭竹[13]，不破合者。柳与桦杆，则取彼圆直枝条而为之，微费刮削而成也。凡竹箭其体自直，不用矫揉。木杆则燥时必曲，削造时以数寸之木，刻槽一条，名曰箭端。将木杆逐寸戛拖而过，其身乃直。即首尾轻重，亦由过端而均停也。

凡箭，其本刻衔口以驾弦，其末受镞。凡镞冶铁为之（《禹贡》砮石乃方物，不适用），北虏制如桃叶枪尖，广南黎人矢镞如平面铁铲，中国则三棱锥象也。响箭则以寸木空中锥眼为窍，矢过招风而飞鸣，即《庄子》所谓“嚆矢”也[14]。凡箭行端斜与疾慢，窍妙皆系本端翎羽之上。箭本近衔处，剪翎直贴三条，其长三寸，鼎足安顿，粘以胶，名曰箭羽（此胶亦忌霉湿，故将卒勤者，箭亦时以火烘）。

羽以雕膀为上（雕似鹰而大，尾长翅短），角鹰次之，鸱鹞又次之。南方造箭者，雕无望焉，即鹰、鹞亦难得之货，急用塞数，即以雁翎，甚至鹅翎亦为之矣。凡雕翎箭行疾过鹰、鹞翎，十余步而端正，能抗风吹。北虏羽箭多出此料。鹰、鹞翎作法精工，亦恍惚焉。若鹅、雁之质，则释放之时，手不应心，而遇风斜窜者多矣。南箭不及北，由此分也。

注释

①梢：弓弰，弓的两端末梢。②榫（sǔn）：器物两部分利用凹凸相接的凸出的部分。③牙接：以牙榫相接。④弓靶：弓把，弓身中间的手握部分。⑤鞘室：刀剑之鞘及匣。⑥鱼脬：即鱼膘，鱼体内的气囊，与鱼肠可熬成黏性极强的胶。⑦宁国郡：今安徽宣城市宁国市。⑧石首鱼：鱼纲石首鱼科，膘可制胶，中国重要鱼类有大黄鱼、小黄鱼等。⑨白鲞（xiǎng）：大黄鱼或小黄鱼干。⑩琴轸：琴上转动弦线的轴垫。⑪穿杨贯虱：比喻神射，可以百步之外射穿柳叶，射穿虱子之心。“穿杨”典出《战国策·西周策》养由基的故事，“贯虱”典出《列子·汤问》纪昌学射的故事。⑫萑（huán）柳：杨柳科水曲柳。⑬箭竹：禾本科箭竹，竿挺直，壁光滑。⑭嚆（hāo）矢：响箭。典出《庄子·在宥》：“焉知曾、史之不为桀、盗跖嚆矢也。”成玄英疏云：“嚆，箭镞有吼猛声也。”

译文

造弓，用竹片和牛角为弓背中部的主干材料（东北地区没有竹，就用柔韧的木料），以桑木作弓背两端的弰。弓在松弛时，竹向内侧，而角在外侧起保护作用。张弓时角向内而竹居外。弓背用一整条竹，而角由两截组成。桑木弰则在其末端刻出缺口，以便套上弓弦的圈套。桑木用榫与竹片穿插相连接，弓的一面削光滑并贴上牛角。

造弓时，先削竹片一根（秋、冬季节砍伐的竹子较好，春、夏砍的容易蛀朽），中腰略窄，两头稍宽，长约两尺左右。一面用胶粘贴上牛角，一面用胶粘铺上牛筋，加固弓身。两段牛角之间互相咬合（北方没有长的牛角，就用四段羊角接扎紧。广东一带的弓，不单用水牛角，也用半透明的黄牛角），用牛筋和胶液固定。外面再用胶粘上桦树皮加固，叫作“暖靶”。桦木在东北产于辽阳，华北繁生于河北遵化，西北广产于甘肃临洮，而福建、广东、浙江等地也有出产。用桦树皮护物，手握起来软如绵，所以造弓靶一定要用它。即使是刀柄和枪干也要用到它。最薄的就用来作刀、剑的套子。

每头牛的脊梁上只生一根细长的筋，重约三十两。杀牛取出筋晒干，再用水浸泡，然后将它撕成苎麻丝那样的纤维。北方没有蚕丝，弓弦都是纠合牛筋做的。中原地区则用它铺护弓的主干，或者用作弹棉花的弓弦。胶是由鱼鳔、杂肠熬制的，多在安徽宁国熬炼。东海有一种石首鱼，浙江人常将它晒成鱼干，取其鳔熬成的胶比铜铁还要牢固。北方取海鱼鳔熬成的胶，同中原的胶一样牢固，只是种类不同而已。这些天然产物，缺少一样就造不成良弓，看来这并不是偶然的。

弓坯初造成之后，要放在室内梁阁高处，地面上不断生火烘烤。短则放置十来天，长则两个月，等胶液干透后，就拿下来磨光，重新加上牛筋再涂胶和上漆，这样做出来的弓质量就很好了。有的卖弓人不等烘干时间足够了就把弓拿出来卖，以后就会出现脱胶的毛病。

弓弦用吃柘叶的蚕茧丝作成，这种丝更加坚韧。每条弦用二十多根丝线为骨，然后用线横向缠紧。缠丝时分成三段，每隔七寸左右就留空一两分不缠，因此在弦不上弓时，就可将弦折成三节收起。过去北方的弓弦，都以牛筋为原料，所以每逢夏季雨雾天，就怕它吸潮解脱而不敢贸然出兵进犯。现在到处都有丝弦了。用黄蜡涂弦防潮，不用也不要紧。弓两端系弦的部位，要用最厚的牛皮或软木做成小棋子形状的垫子，用胶紧紧粘在牛角末端，叫作垫弦。其作用如同琴轸。放箭后，弓弦的向内的反弹力很大，有了垫弦就可以抵消它，否则会损伤弓身。

造弓时，要根据人的挽力的强弱来定轻重。上等力气的人能挽一百二十斤，超过这个限度的叫虎力，但这样的人很少见。中等力气的人能挽八九十斤，下等力气的人只能挽六十斤左右。弓拉满弦时，都能射中目标。但在战场上能射穿敌人的胸膛或铠甲的，都要靠挽力强的射手。而力弱的如果有穿杨贯虱的本事，也可以以巧取胜。试弓力时，用脚将弓弦踏在地上，再将秤钩挂在弓腰，弦满之时，推移秤锤称平，就可知弓力大小。造弓材料的重量，上等力量所用的弓，角和竹片削好后约重七两，牛筋、胶、漆和缠丝约重八钱，这是大致情况。中等力量的弓相应减少十分之一二，下等力量的弓减轻十分之二三。

造好的弓，收藏时最忌霉湿（梅雨天气的到来是先南后北。开始的时间是：岭南是谷雨，江南是小满，江北是六月，河北、山东是七月。而以淮河、扬州地区的阴雨天气为最多）。有的将士家中置有烘厨、烘箱，每天都以炭火在下面烘热（不仅在梅雨季节，春、秋下雨或多雾的天气也都这样做）。小卒们没有烘厨，就把弓放在灶头烟突上。稍微照管不周，弓就会有朽坏解脱之患（近年来朝廷命令南方各省造弓解送北京，被纷纷退回，就是因为不知道弓一旦离开温暖的环境就坏的道理，也没有人就此事上奏朝廷陈述个中原因）。

箭杆的用料各地不尽相同，中国南方用竹，北方用萑柳木，北方少数民族用桦木。箭杆长二尺，箭镞长一寸，这是大致情况。做竹箭杆时，削竹三四条，用胶黏合，再用刀削光成圆形。然后再用漆和丝线缠紧两头，这叫作“三不齐”箭杆。浙江和广东有天然生长的箭竹，不需破开黏合。

柳木和桦木做的箭杆，则选取圆直的枝条制成，稍加削、刮就可以了。竹箭杆本身很直，不必矫正。木箭杆干燥后势必变弯，矫正的办法是用一块几寸长的木头，上面刻一条槽，名叫箭端。将木箭杆嵌在槽里逐寸刮拉而过，杆身就会变直。即使原来杆身头尾轻重不匀，通过这样的处理也可均平。

箭杆末端要刻出一个小凹口，以便扣在弦上，另一端安装箭头。箭头用铁铸成（《尚书·禹贡》记载的那种石制箭头，是进贡的土产，并不适用）。至于箭头形状，北方做的箭头像桃叶枪尖，广东黎族人做的箭头像平头铁铲，中原地区做的箭头则像三棱锥。响箭是将中间凿有圆孔的一寸长小木加在箭上，箭飞出后迎风而飞鸣，这就是《庄子》中所谓的“嚆矢”。箭射出后，飞行的快慢和轨道的正确与否，取决于箭杆末端的箭羽。在箭杆末端近衔口的地方，用胶粘上三条翎羽，各长三寸，鼎足直放，名叫箭羽（此处的胶也怕霉湿，因此勤劳的将士经常用火烘烤箭）。

所用的箭羽，以雕的翅毛为最好（雕像鹰而比鹰大，尾长而翅膀短），角鹰的翎羽次之，鸱鹰的翎羽又次之。南方造箭，不可能得到雕翎，就是鹰翎、鸱翎也很难得到，急用时就只好用雁翎充数，甚至有用鹅翎的。雕翎箭飞得比鹰翎、鸱翎箭快，飞出十多步箭身便端正，能抗风吹。北方箭羽多用雕翎。鹰翎、鸱翎若制作精细，效用也跟雕翎差不多。但是，鹅翎箭、雁翎箭射出时手不应心，往往一遇到风就斜飞了。南方的箭比不上北方的箭，原因就在这里。

弩

凡弩为守营兵器，不利行阵。直者名身，衡者名翼，弩牙发弦者名机[①]。斫木为身，约长二尺许。身之首横拴度翼，其空缺度翼处，去面刻定一分（稍厚则弦发不应节），去背则不论分数。面上微刻直槽一条以盛箭。其翼以柔木一条为者名扁担弩，力最雄。或一木之下加以竹片叠承（其竹一片短一片），名三撑弩，或五撑、七撑而止。身下截刻锲衔弦，其衔傍活钉牙机，上剔发弦。上弦之时，唯力是视。一人以脚踏强弩而弦者，《汉书》名曰“蹶张材官[②]”。弦送矢行，其疾无与比数。

凡弩弦以苎麻为质，缠绕以鹅翎，涂以黄蜡。其弦上翼则紧，放下仍松，故鹅翎可扱首尾于绳内。弩箭羽以箬叶为之[③]，析破箭本，衔于其中而缠约之。其射猛兽药箭，则用草乌一味[④]，熬成浓胶，蘸染矢刃。见血一缕则命即绝，人畜同之。凡弓箭强者行二百余步，弩箭最强者五十步而止，即过咫尺，不能穿鲁缟矣[⑤]。然其行疾则十倍于弓，而入物之深亦倍之。

国朝军器造神臂弩、克敌弩[⑥]，皆并发二矢、三矢者。又有诸葛弩[⑦]，其上刻直槽，相承函十矢，其翼取最柔木为之。另安机木，随手扳弦而上，发去一矢，槽中又落下一矢，则又扳木上弦而发。机巧虽工，然其力绵甚，所及二十余步而已。此民家妨窃具，非军国器。其山人射猛兽者名曰窝弩[⑧]，安顿交迹之衢，机傍引线，俟兽过，带发而射之。一发所获，一兽而已。

注释

①弩牙发弦者：弩上有突牙，用以扣弦发弩箭。②蹶张材官：典出《汉书·申屠嘉传》："申屠嘉，梁人也。以材官蹶张从高帝击项籍，迁为队率。"颜师古注云："材官之多力，能脚踏强弩张之，故曰蹶张。"蹶张材官指能以脚踏张强弩的有力气的武官。③箬：箬竹，禾本科山白竹。④草乌：毛茛科乌头属植物根部，有剧毒。⑤不能穿鲁缟：《史记·韩长孺列传》："强弩之极，矢不能穿鲁缟。"鲁缟指山东产的白色薄丝织品。⑥军器：疑指军器局。明置兵仗、军器二局，分造火器及刀牌、弓箭、枪弩等各种武器。神臂弩：宋代发展起来的一种弩，射程240步，见茅元仪《武备志》卷一〇三。克敌弩：《明会要》卷一九二载弘治十七年（1504）所造硬弩，可发二矢、三矢，比神臂弩射程远。⑦诸葛弩：连发十矢的轻巧弩，见《武备志》卷一〇三《诸葛全式弩》条。⑧窝弩：打猎用的弩，亦见《武备志》卷一〇三。

译文

弩是守卫营地的兵器，不适合行军作战。其中直的部分叫弩身，横的部分叫弩翼，扣弦发箭的机关叫弩机。砍木做弩身，长约二尺。弩身前端横拴两个弩翼，其穿孔放翼的地方离弩身的上面约一分厚（稍厚则拉弦发箭配合不精准），离弩身下部距离没有固定尺寸。弩身面上要浅刻一条直槽，以盛放箭。用一根柔木做成弩翼的，叫作扁担弩，弹力最强。也可在木条下加叠竹片（竹片依次一片比一片短）做成弩翼的，叫作三撑弩，最多不超过五撑、七撑。弩身后端刻一个缺口扣弦，旁边钉上活动扳机，将活动扳机上推即可发弦射箭。上弦时全靠人的体力。由一个人脚踏强弩上弦的，《汉书》称为“蹶张材官”。弩弦把箭射出，快速无比。

弩弦以苎麻为原料，缠绕上鹅翎，并涂上黄蜡。弩弦装上弩翼时拉得很紧，但放下来仍是松的，所以鹅翎的头尾都可纠夹在麻绳内。弩箭的箭羽用箬叶制成，将箭尾破开一点，然后把箬叶夹入其中并缠紧。射杀猛兽用的药箭，用草乌头熬成浓胶蘸涂在箭头上。这种箭一见血即能致命，人和动物都是一样的。强弓可将箭射出二百多步远，而强弩只能射五十步远，再远一点就连鲁缟也射不穿了。然而，弩的飞行速度比弓快十倍，而穿透物体的深度也大一倍。

本朝军器局曾制造神臂弩、克敌弩，都能同时发出两三支箭。还有一种诸葛弩，弩上刻有直槽可装箭十支，其弩翼用最柔韧的木料制成。另外还安有木制弩机，随手扳机就可以上弦。发出一箭，槽中又落下一箭，则又扳木机上弦发箭。这种弩机结构精巧，但力量太弱，射程只有二十来步远。这是民间用来防盗用的，不是军队所用的兵器。山区居民用来射杀猛兽的弩叫作窝弩，安设在野兽出没的路上，机上有引线，野兽走过时，一拉引线，箭就会自动射出。每发一箭所得，只是一只野兽罢了。

干

凡“干戈”名最古[①]，干与戈相连得名者，后世战卒，短兵驰骑者更用之。盖右手执短刀，则左手执干以蔽敌矢。古者车战之上，则有专司执干，并抵同人之受矢者。若双手执长戈与持戟、槊[②]，则无所用之也。凡干长不过三尺，杞柳织成尺径圈，置于项下，上出五寸，亦锐其端，下则轻竿可执。若盾名“中干”，则步卒所持以蔽矢并拒槊者，俗所谓傍牌是也。

注释

①干：盾牌，古代士兵用以掩护身体的防卫性武装。戈：杆头带有横刃的古代冷兵器。②戟：古代兵器，将戈与矛合为一体，可直刺，又可横击。槊（shuò）：古代兵器，即长矛。

译文

“干戈”一词出现得最早，之所以将干和戈连起来而得名，是因为后世的战卒手持短兵器驰骑作战时常配合使用。他们右手执短刀，左手执盾牌，以抵挡敌人的箭。古时士卒在战车上，有人专门负责执盾牌，以保护同车的人免中敌方的来箭。要是双手持长矛、戟、槊，那就腾不出手持盾牌了。盾牌长度不超过三尺，是用杞柳枝条编织成的直径一尺的圆圈，放在颈部下面进行防护，盾上部有五寸长的尖齿，下部安一根轻竿供手握。放在脖子下面。另有一种盾叫“中干”，那是步兵拿着用来挡箭或挡长矛的，俗称傍牌。

火药料

火药、火器，今时妄想进身博官者，人人张目而道，著书以献，未必尽由试验。然亦粗载数页，附于卷内。

凡火药以消石、硫黄为主[①]，草木灰为辅。消性至阴，硫性至阳，阴阳两神物相遇于无隙可容之中。其出也，人物膺之[②]，魂散惊而魄齑粉。凡消性主直，直击者消九而硫一。硫性主横，爆击者消七而硫三。其佐使之灰，则青杨、枯杉、桦根、箬叶、蜀葵、毛竹根、茄秸之类[③]，烧使存性，而其中箬叶为最燥也。

凡火攻有毒火、神火、法火、烂火、喷火。毒火以白砒、硇砂为君[④]，金汁、银锈、人粪和制。神火以朱砂、雄黄、雌黄为君[⑤]。烂火以硼砂、磁末、牙皂、秦椒配合[⑥]。飞火以朱砂、石黄、轻粉、草乌、巴豆配合[⑦]。劫营火则用桐油、松香。此其大略。其狼粪烟昼黑夜红[⑧]，迎风直上，与江豚灰能逆风而炽，皆须试见而后详之。

注释

①消石：即硝石，矿物名，化学名称是硝酸钾，可用于制造火药、肥料等。②膺：膺受，承受打击。③“其佐使之灰”两句：此处所列，桦树根、箬竹叶、毛竹根都不能烧出木炭，故“根”“叶”或为衍文。烧木炭最好的材料是柳木，此处未载。④硇（náo）砂：含氯化铵。⑤朱砂：硫化汞，色赤。雄黄：又称石黄，二硫化二砷。雌黄：三硫化二砷。⑥硼砂：硼酸钠。牙皂：豆科皂荚树之果荚。秦椒：花椒，芸香科花椒之实。⑦轻粉：氯化亚汞。巴豆：大戟科巴豆树的种子，有毒。⑧狼粪烟：即狼烟，边塞燃狼粪以报警。

译文

关于火药和火器，现在那些妄想升迁当官的人，个个都高谈阔论，著书呈献朝廷，但他们说的未必都是经过试验的。在这里还是要粗略记载几页，附于卷内。

火药的成分以硝石和硫黄为主，木炭为辅。硝石性属至阴，硫黄性属至阳，这两种属于至阴、至阳的物质相遇于没有一点孔隙的密闭空间中，爆炸起来，人或动物受其打击，都会魂飞魄散，粉身碎骨。硝石性主直爆（纵向爆炸），所以直射的火药成分是硝九硫一。硫黄性主横爆（横向爆炸），所以爆炸性火药成分是硝七硫三。作为辅助剂的木炭粉，可以用青杨、枯杉、桦树根、箬竹叶、蜀葵、毛竹根、茄秆之类，烧制成炭，其中以箬叶炭末最为燥烈。

战争中用作火攻的火药有毒火、神火、法火、烂火、喷火等。毒火药以白砒、硇砂为主，再加上金汁、银锈、人粪混合配制。神火药以朱砂、雄黄、雌黄为主。烂火药则以硼砂、磁屑、牙皂、秦椒等物配合。飞火药以朱砂、石黄、轻粉、草乌、巴豆等物配合。劫营火则用桐油、松香。这些配方只是大略情况。至于焚烧狼粪的烟白天黑、晚上红，能迎风直上，以及江豚灰（烧骨取灰）还能逆风燃烧，都要试验亲见后才能详细说明。

消石

凡消，华夷皆生，中国则专产西北。若东南贩者不给官引[①]，则以为私货而罪之。消质与盐同母，大地之下潮气蒸成，现于地面。近水而土薄者成盐，近山而土厚者成消。以其入水即消溶，故名曰“消”。长、淮以北，节过中秋，即居室之中，隔日扫地，可取少许以供煎炼。凡消三所最多：出蜀中者曰川消，生山西者俗呼盐消，生山东者俗呼土消。

凡消刮扫取时（墙中亦或迸出），入缸内水浸一宿，秽杂之物浮于面上，掠取去时，然后入釜，注水煎炼。消化水干，倾于器内，经过一宿，即结成消。其上浮者曰芒消，芒长者曰马牙消[②]（皆从方产本质幻出），其下猥杂者曰朴消[③]。欲去杂还纯，再入水煎炼。入莱菔数枚同煮熟，倾入盆中，经宿结成白雪，则呼盆消。凡制火药，牙消、盆消功用皆同。

凡取消制药，少者用新瓦焙，多者用土釜焙，潮气一干，即取研末。

凡研消不以铁碾入石臼，相激火生，则祸不可测。凡消配定何药分两，入黄同研，木炭则从后增入。凡消既焙之后，经久潮性复生。使用巨炮，多从临期装载也。

注释

①官引：由官府发放的专卖许可证。②马牙消：指白色较纯的硝石结晶。③朴（pò）消：指含杂质的硝石。但硫酸钠也有朴硝、马牙硝之名目，需区分开。

译文

硝石在中国和外国都有，而中国专产于西北部。东南地区贩卖硝石的人如果没有官府下发的运销凭证，就会以贩卖私货论罪。硝石和食盐在本质上同为盐类，由大地潮气蒸发而出现于地面。近水而土层薄的地方形成食盐，靠山而土层厚的地方形成硝。因其入水即消溶，所以就叫“消”。长江、淮河以北地区，过了中秋以后，即使是在室内，隔天扫地也可扫出少量的粗硝，以供进一步煎炼提纯。我国有三个地方出产硝石为最多，其中四川产的叫作川硝，山西产的俗称盐硝，山东产的俗称土硝。

将硝刮扫下来后（土墙中有时也有硝冒出来），放进缸里，用水浸一夜，捞去浮渣，然后放进锅中，加水煎煮。待硝完全溶解并又充分浓缩时，倒入容器内，经过一晚便析出硝石的结晶。浮在上面的叫芒硝，芒长的叫马牙硝（都是各地出产的硝石经过纯化所得），沉在下面含杂质较多的叫朴硝。要除去杂质进一步提纯，便再将硝放入水中煎煮，加入萝卜数块在锅内一同煮熟，再倒入盆中，经过一晚便能析出雪白的结晶，叫作盆硝。制造火药时，牙硝和盆硝的功用相同。

用硝制火药，少量的可以放在新瓦片上焙干，多的就要用土锅烘焙。焙干后，立即取出研成粉末。研硝时不能用铁碾在石臼里碾，铁石摩擦一旦产生火花，造成的灾祸就不堪设想了。硝量多少按所配某种火药方子而定，与硫黄一起研磨，木炭末最后才加入。硝焙干后，时间久了又会返潮，因此大炮所用的硝药，多是临时装载的。

硫黄（详见《燔石》章）

凡硫黄配消，而后火药成声。北狄无黄之国，空繁消产，故中国有严禁。凡燃炮，拈消与木灰为引线，黄不入内，入黄即不透关。凡碾黄难碎，每黄一两，和消一钱同碾，则立成微尘细末也。

译文

硫黄和硝配合好之后，才能使火药爆炸。北方不产硫黄的地区，硝石产量虽多但也用不上，因此中原地区严禁向那里贩卖硫黄。点炮时，将硝和木炭末捻成引线，不加入硫黄，加硫黄引线就不灵。硫黄很难碾碎，但如果每一两硫黄加入一钱硝一起碾磨，则立即碾成微尘细粉了。

火器

西洋炮。熟铜铸就，圆形若铜鼓。引放时，半里之内，人马受惊死（平地爇引炮有关捩，前行遇坎方止。点引之人反走坠入深坑内，炮声在高头，放者方不丧命）。

红夷炮[①]。铸铁为之，身长丈许，用以守城。中藏铁弹并火药数斗，飞激二里，膺其锋者为齑粉。凡炮爇引内灼时，先往后坐千钧力，其位须墙抵住，墙崩者其常。

大将军、二将军[②]（即红夷之次，在中国为巨物）。佛郎机[③]（水战舟头用）。

三眼铳。百子连珠炮[④]。

地雷。埋伏土中，竹管通引，冲土起击，其身从其炸裂。所谓横击，用黄多者（引线用矾油，炮口覆以盆）。

混江龙。漆固皮囊裹炮沉于水底，岸上带索引机。囊中悬吊火石、火镰[⑤]，索机一动，其中自发。敌舟行过，遇之则败。然此终痴物也。

鸟铳。凡鸟铳长约三尺，铁管载药，嵌盛木棍之中，以便手握。凡锤鸟铳，先以铁挺一条大如筋者为冷骨，裹红铁锤成。先为三接，接口炽红，竭力撞合。合后以四棱钢锥如箸大者，透转其中，使极光净，则发药无阻滞。其本近身处，管亦大于末，所以容受火药。每铳约载配消一钱二分，铅铁弹子二钱。发药不用信引（岭南制度，有用引者），孔口通内处露消分厘，捶熟苎麻点火。左手握铳对敌，右手发铁机逼苎火于消上，则一发而去。鸟雀遇于三十步内者，羽肉皆粉碎，五十步外方有完形，若百步则铳力竭矣。鸟枪行远过二百步，制方仿佛鸟铳，而身长药多，亦皆倍此也。

万人敌[⑥]。凡外郡小邑乘城却敌，有炮力不具者，即有空悬火炮而痴重难使者，则万人敌近制随宜可用，不必拘执一方也。盖消、黄火力所射，千军万马立时糜烂。其法：用宿干空中泥团，上留小眼筑实硝、黄火药，参入毒火、神火，由人变通增损。贯药安信而后，外以木架匡围，或有即用木桶而塑泥实其内郭者，其义亦同。若泥团必用木匡，所以防掷投先碎也。敌攻城时，燃灼引信，抛掷城下。火力出腾，八面旋转。旋向内时，则城墙抵住，不伤我兵；旋向外时，则敌人马皆无幸。此为守城第一器。而能通火药之性、火器之方者，聪明由人。作者不上十年，守土者留心可也。

注释

①红夷炮：指荷兰制造的前装式金属火炮，明代曾仿制。②大将军、二将军：明代制造的前装式金属火炮，在与清兵交战时立功，被封为“大将军”等称号。③佛郎机：明代时葡萄牙或西班牙船上的后装式火炮，有炮弹五个，可轮流发射。④三眼铳：明军常用的三管枪。百子连珠炮：可旋转的金属管炮。⑤火石、火镰：用镰状铁块击火石，迸出火花可引燃火器。⑥万人敌：可八方旋转的炸弹，其作用原理类似烟火中的“地老鼠”，属地滚式炸弹。

译文

西洋炮是用熟铜铸成的，圆得像一个铜鼓。引放时，半里之内，人和马都会受惊而死（在平地点燃引线时，要操纵转动的部件将炮身移至有坑的地方停下来。炮手点燃引线之后立即往回跑并跳进深坑里，炮声在高处爆响，炮手才不至于受伤或丧命）。

红夷炮是用铸铁铸成的，身长一丈多，用来守城。炮膛里装有几斗铁弹和火药，炮弹射程二里，被击中的目标马上成为碎粉。大炮引爆时，首先会产生很大的后坐力，因此炮位必须有墙顶住，墙因此而崩塌也是常见的事。

大将军、二将军（即小一点的红夷炮，在中国却已算是巨炮了）。佛郎机（水战时装在船头用）。

三眼铳。百子连珠炮。

地雷。埋藏在泥土中，用竹管套上穿通引线，引爆后冲开泥土而爆炸，地雷本身也同时炸裂了。这便是用硫黄较多的火药的横向爆炸现象（引线涂上矾油，口部用盆覆盖）。

混江龙。将炮药包裹在皮囊里，再用漆封固，然后沉入水底，岸上牵绳控制。皮囊里悬吊火石和火镰，绳子一牵动机关，皮囊里自动引爆。当敌船驶过，碰到它就会被炸坏，但它毕竟是个笨重的东西。

鸟铳。鸟铳长约三尺，用铁管装火药，铁管嵌在木托上，以便于手握。锤制鸟铳时，先用一根像筷子粗的铁条作为锤锻的冷模，然后将烧红的铁裹在铁条外锤打成铁管。先作三段铁管，接口处烧红后，竭力锤打接合。接合之后，又用筷子粗的四棱钢锥插进枪管里旋转，使枪管内壁极其圆滑，这样发射火药时才不会有阻滞。枪管近铳身的一端较粗，以便装载火药。每支铳一次约装火药一钱二分，铅、铁弹子二钱。点火时不用引信（广东的鸟铳制法，也有用引信的），通向枪管内部的孔口露出一点硝，用捶烂了的苎麻点火。左手握铳对准敌人，右手扣动扳机将苎麻火逼到硝上，一刹那就发射出去了。鸟雀在三十步之内中弹，则羽肉皆被粉碎，五十步以外中弹才能保存完形，到了一百步，铳力就不及了。鸟枪的射程超过二百步，制法跟鸟铳相似，但枪管的长度和装火药的量都要多出一倍。

万人敌。边远小城守城御敌，有的没有炮，有的即使配有火炮也笨重难使，在这种情况下，万人敌就是一种适合近战的机动武器。因为硝石和硫黄配合产生的火力，可使千军万马立时被炸得粉碎。它的制法是：用干燥很长时间的中空的泥团，从上边留出的小孔装满火药，掺入毒火、神火，用量增减由人灵活变通。装药并安上引信后，泥团外面再用木框框住，也有在木桶里面填泥制成的，道理是一样的。如果用泥团，就一定要在泥团外加上木框，以防抛出去还没爆炸就摔碎了。敌人攻城时，点燃引信，把万人敌抛掷到城下。这时火力冲出，八方旋转。旋向内时，由于有城墙挡着，不会伤害自己人；旋向外时，敌军人马都不能幸免。这是守城的首要武器。凡是通晓火药性能和火器制法的人，都可以自由发挥自己的聪明才智。这种武器发明还不到十年，守卫疆土的将士们要密切留心啊！

丹青第十六[①]

宋子曰，斯文千古之不坠也[②]，注玄尚白[③]，其功孰与京哉？离火红而至黑孕其中[④]，水银白而至红呈其变。造化炉锤，思议何所容也。五章遥降[⑤]，朱临墨而大号彰。万卷横披，墨得朱而天章焕。文房异宝，珠玉何为？至画工肖像万物，或取本姿，或从配合，而色色咸备焉。夫亦依坎附离，而共呈五行变态[⑥]，非至神孰能与于斯哉？

注释

①丹青：出自《周礼·秋官·职金》："职金掌凡金玉、锡石、丹青之戒令。"此处丹青指朱与墨。②斯文：此指文化、文明。不坠：不断绝。③注玄尚白：语出《汉书·扬雄传》："时（扬）雄方草《太玄》，有以自守，泊如也。或嘲雄以玄尚白。"以玄尚白本指无官位而从事著述，此处变化原意，意指在白纸上写黑字。④离火红：八卦中"离"为火，故称离火。离火红此指赤火。⑤五章：指青、赤、白、黄、黑五色。⑥依坎附离，而共呈五行变态：坎为水，离为火，水火相济，五行中的金、木、土也发生变化，于是而出现了各种朱墨颜色。

译文

宋子说，古代的文化遗产之所以能够流传千古而不失散，靠的就是白纸黑字的文献记载，这种功绩是无与伦比的。松木和桐油在赤火中烧出黑烟，制墨原料就孕育其中。白色水银烧炼后，变成红色银朱，成为作书画的材料。物质烧炼后所产生的变化，真是不可思议啊！朝廷颁至各地的五色笺敕诏，皇帝用朱笔在黑字上作御批，而使重大号令得以传布。批阅万卷图书，黑色的字迹中有了朱红色的批注，使本来的佳作更放光彩。这样看来，朱、墨实为文房之异宝，珠玉岂能相比呢？至于画家描摹万物，或只以墨作画，或以朱、墨及其他颜料配合，如此各种各样的颜色也就齐备了。朱、墨与颜料的制备，要依靠水火的作用，而共同呈现于五行变化之中，若不是巧妙借用大自然之力，谁能做到这一切？

朱

凡朱砂、水银、银朱，原同一物[①]，所以异名者，由精粗老嫩而分也。上好朱砂出辰、锦（今名麻阳）与西川者[②]，中即孕汞，然不以升炼，盖光明、箭镞、镜面等砂[③]，其价重于水银三倍，故择出为朱砂货鬻。若以升汞，反降贱值。唯粗次朱砂方以升炼水银，而水银又升银朱也。

凡朱砂上品者，穴土十余丈乃得之。始见其苗，磊然白石，谓之朱砂床。近床之砂，有如鸡子大者。其次砂不入药，只为研供画用与升炼水银者。其苗不必白石，其深数丈即得。外床或杂青黄石，或间沙土，土中孕满，则其外沙石多自折裂。此种砂贵州思、印、铜仁等地最繁，而商州、秦州出亦广也。

凡次砂取来，其通坑色带白嫩者，则不以研朱，尽以升汞。若砂质即嫩而烁视欲丹者，则取来时，入巨铁碾槽中，轧碎如微尘，然后入缸，注清水澄浸。过三日夜，跌取其上浮者，倾入别缸，名曰二朱。其下沉结者，晒干即名头朱也。

凡升水银，或用嫩白次砂，或用缸中跌出浮面二朱，水和搓成大盘条。每三十斤入一釜内升汞，其下炭质亦用三十斤。凡升汞，上盖一釜，釜当中留一小孔，釜傍盐泥紧固。釜上用铁打成一曲弓溜管，其管用麻绳密缠通梢，仍用盐泥涂固。煅火之时，曲溜一头插入釜中通气（插处一丝固密），一头以中罐注水两瓶，插曲溜尾于内，釜中之气达于罐中之水而止。共煅五个时辰，其中砂末尽化成汞，布于满釜。冷定一日，取出扫下。此最妙玄化，全部天机也（《本草》胡乱注：凿地一孔，放碗一个盛水[④]）。

凡将水银再升朱用，故名曰银朱。其法或用罄口泥罐，或用上下釜。每水银一斤，入石亭脂[⑤]（即硫黄制造者）二斤，同研不见星，炒作青砂头，装于罐内。上用铁盏盖定，盏上压一铁尺。铁线兜底捆缚，盐泥固济口缝，下用三钉插地鼎足盛罐。打火三炷香久，频以废笔蘸水擦盏，则银自成粉，贴于罐上，其贴口者朱更鲜华。冷定揭出，刮扫取用。其石亭脂

升炼水银

银复升朱

沉下罐底，可取再用也。每升水银一斤，得朱十四两，次朱三两五钱，出数借硫质而生。

凡升朱与研朱，功用亦相仿。若皇家、贵家画彩，则即用辰、锦丹砂研成者，不用此朱也。凡朱，文房胶成条块，石砚则显，若磨于锡砚之上，则立成皂汁⑥。即漆工以鲜物彩，唯入桐油调则显，入漆亦晦也。凡水银与朱更无他出，其汞海、草汞之说，无端狂妄⑦，耳食者信之⑧。若水银已升朱，则不可复还为汞，所谓造化之巧已尽也。

注释

①朱砂：或称辰砂，是天然硫化汞，银朱是人造硫化汞，二者化学成分一致。水银是汞元素。②辰：辰州府，治所在今湖南沅陵。此辰当指辰州治下之辰溪，另麻阳在辰溪之西南。锦州：今湖南麻阳之古名。③光明、箭镞（zú）、镜面等砂：都是朱砂，根据其不同的功用而分别命名。④“本草胡乱注”三句：指《本草纲目》卷九《金石部·水银》条引元人胡演《丹药秘诀》云：“取砂汞法，用瓷瓶盛朱砂，不拘多少，以纸封口。香汤煮一沸时，取入水火鼎内，炭塞口，铁盘盖定。凿地一孔，放碗一个盛水，连盘覆鼎于碗上，盐泥固缝，周围加火煅之。待冷取出，汞自流入碗矣。”此说虽不及作者所述蒸馏法简便易行，但亦不属“乱注”。

⑤石亭脂：天然硫。⑥皂汁：朱在锡砚上研磨，可能生成褐色的硫化亚锡。⑦“其汞海、草汞之说”两句：此针对《本草纲目》卷九《金石部·水银》条而言，其中引历代诸家说，以为可从马齿苋中提炼出草汞及自然汞。此说言之有据，未必“无端狂妄”。⑧耳食者：轻信耳食之言者。耳食指耳朵吃东西不知滋味，耳食之言比喻没有确凿的根据，未经思考分析的传闻。一说当作“饵食者”，指炼丹家和服食所谓长生药的人。

译文

朱砂、水银和银朱本是同一物质，之所以名称不同，是由于精粗、老嫩的差别。上等的朱砂出于辰州、锦州与四川，其中虽含有水银，但不用来炼水银，这是因为朱砂中的光明砂、箭镞砂、镜面砂等价钱比水银还要贵上三倍，故选出来销售。如果用这些朱砂来炼水银，反而降低价钱。只有粗次的朱砂，才用来提炼水银，又由水银再炼成银朱。

上等的朱砂，要挖土十多丈深才能得到。刚发现矿苗时，只看见一堆堆白石，这叫作朱砂床。矿床附近的朱砂，有的像鸡蛋那样大块。次等朱砂不堪入药，只能研磨成粉供绘画或炼水银用。这种次等朱砂矿的矿苗不一定会有白石，挖数丈深就可以得到。其矿床外或者掺杂有青黄色的石块，或者间有砂粒，堆满于土中，外层的砂石多自行破裂。这种次等朱砂在贵州思南、印江、铜仁等地最多，而陕西商县、甘肃秦州（天水）也有出产。

开采次等朱砂时，如果整条矿坑里都是质地较嫩而颜色泛白的矿石，就不能用来研磨成朱砂，只能全部用来炼取水银。如果砂质虽嫩但其中有红光闪烁的，就取来放入大铁槽中碾成尘粉，然后放入缸内，用清水澄浸。三天三夜后，将浮在上面的倒入另一缸中，叫作二朱。缸中下沉的，取出来晒干，就叫作头朱。

升炼水银，或用嫩白次等朱砂，或用缸中舀出的浮面二朱，将朱砂与水拌和，搓成粗条。每三十斤装入一锅，用来提炼水银，所用柴薪也是三十斤。提炼水银的锅，上面还要倒扣另一个锅，锅顶正中留一个小孔，两锅衔接处用盐泥加固封紧。锅顶上的小孔与用铁打成的弯管相连接，铁管通身要用麻绳缠绕紧密，仍用盐泥加固。点火时弯管的一头插入锅内通气（接口处要严密封固），另一头插入装有两瓶水的罐内，锅内之气到达水罐而被冷却。共加火十个小时，锅内的朱砂就会全部化为水银而布满整个锅壁。冷却一天后，再取出扫下。这其中的道理颇为玄妙，包含着自然界物质变化的全部奥秘（《本草纲目》注中说：“凿地一孔，放碗一个盛水”

等等，那是乱注的）！

有的朱砂是从水银再炼成的，因此叫作银朱。其方法是或用敞口的泥罐烧炼，或用一上一下两口锅。每一斤水银加入石亭脂（硫黄制成的）两斤一起研磨，磨细到看不见水银的亮斑为止，并炒成青色粒状，装进罐子里。罐口用铁盏盖紧，盏上压一根铁尺。用铁线兜底把罐子和铁盏绑紧，再用盐泥封住所有接缝。再用三根铁棒插在地上，鼎足而立用以承托罐子。点火煅烧，约燃完三炷香的时间。在此期间，要不断用废毛笔蘸冷水擦铁盏面，则水银自会变成银朱粉，凝结在罐壁上，贴近罐口的银朱色泽更加鲜艳。冷却之后揭开铁盏封口，就可将银朱刮扫下来。沉到罐底的石亭脂，还可以取出来再用。每一斤水银，可炼得银朱十四两、次朱三两五钱，其中多出的重量是从石亭脂的硫质中产生的。

人工炼制的银朱和碾制的天然朱砂，功用差不多。但皇家、贵族绘画，用的是辰州、锦州出产的丹砂直接研磨而成的粉，而不用这种炼制的银朱粉。文房用的朱，通常胶合成条块状，在石砚上研磨，就能显出原来的鲜红色。但如果在锡砚上研磨，则立即成为黑汁。漆工用朱的鲜红颜色涂饰漆器时，只有将其与桐油调和，颜色才鲜明。若与漆调和，则颜色发暗。水银和银朱再没有别的出处了，因而所谓汞海、草汞之说，都是无端狂妄之论，只有轻信耳食之言者才会相信。水银在升炼为朱砂之后，就不能还原为水银了，因为自然界变化的巧妙，到此已尽了。

墨

凡墨烧烟凝质而为之[①]。取桐油、清油、猪油烟为者，居十之一，取松烟为者，居十之九。凡造贵重墨者，国朝推重徽郡人[②]。或以载油之艰，遣人僦居荆、襄、辰、沅，就其贱值桐油点烟而归。其墨他日登于纸上，日影横射有红光者，则以紫草汁浸染灯心而燃炷者也[③]。

凡爇油取烟，每油一斤，得上烟一两余。手力捷疾者，一人供事灯盏二百副。若刮取怠缓则烟老，火燃质料并丧也。其余寻常用墨，则先将松树流去胶香，然后伐木。凡松香有一毛未净尽[④]，其烟造墨，终有滓结不解之病。凡松树流去香，木根凿一小孔，炷灯缓炙，则通身膏液就暖倾流而出也。

凡烧松烟，伐松斩成尺寸，鞠篾为圆屋，如舟中雨篷式，接连十余丈。内外与接口皆以纸及席糊固完成。隔位数节，小孔出烟，其下掩土、砌砖先为通烟道路。燃薪数日，歇冷入中扫刮。凡烧松烟，放火通烟，自头彻尾。靠尾一二节者为清烟，取入佳墨为料。中节者为混烟，取为时墨料。若近头一二节，只刮取为烟子，货卖刷印书文家，仍取研细用之。其余则供漆工、垩工之涂玄者。

凡松烟造墨，入水久浸，以浮沉分精悫。其和胶之后，以捶敲多寡分脆坚。其增入珍料与漱金、衔麝，则松烟、油烟增减听人。其余《墨经》《墨谱》[5]，博物者自详，此不过粗记质料原因而已。

注释

①凡墨烧烟凝质而为之：墨主要由烧松木、桐油等有机含碳物质而产生的烟灰，即碳质制成。②徽郡：即徽州府，治所在今安徽歙县。③紫草：紫草科植物，其根可作紫色染料。④毛：或以为当作“毫”。⑤《墨经》：宋人晁贯之著，全一卷，叙述墨锭的源流及制造。《墨谱》：宋人李孝美著，三卷，叙述采松、烧烟及制墨甚详。

译文

墨是由物质燃烧后的烟灰凝聚而成的。其中，用桐油、菜籽油、猪油烧成的烟灰制的墨，约占十分之一；用松烟制的墨，约占十分之九。制造贵重的墨，本朝（明朝）首推徽州人。他们有时由于油料运输困难，就派人到湖北的江陵、襄阳和湖南辰溪、沅陵客居，廉价购买当地便宜的桐油就地点烟，燃成的烟灰带回去制墨。用这种墨将字写在纸上，在日光下从侧面看有红光，那是用紫草汁浸染灯芯后点灯所烧成的烟做成的。

燃油取烟，每斤油可得上等烟一两多。手脚伶俐的，一个人可照管收集烟的灯二百盏。如果刮取烟灰不及时，烟烧过头，就会白白浪费灯油和原料。其余寻常用墨，都是用松烟制成的。先使松树中的松脂流掉，然后砍伐。松脂哪怕有一点点没流干净，用这种松烟制成的墨最后总有研不开的渣滓。流去松脂的方法是，在树根凿一个小孔，点灯缓缓燃烧，这样整棵树干中的松脂就因为受热倾流而出。

烧松木取烟，先把砍下的松木截成一定的尺寸，再在地上用竹篾搭一个圆顶棚屋，就像船上的遮雨篷那样，逐节接连成十多丈长。其内外与接口都要用纸和草席糊紧密封。每隔几节，留出一个小孔出烟，竹棚下接地处要盖上泥土，篷内砌砖要预先设计一个通烟火路。将截断松木放在棚内燃烧数日，停烧、冷却后，便可进去扫刮了。烧松烟时，点燃松木与放烟都是从头节开始，再逐节进行，一直到尾节。尾部一、二节中结成的烟叫作清烟，是制作优质墨的原料。中部各节内结成的烟叫作混烟，用作普通墨料。最前面的一、二节内，只能刮取烟子，卖给印书的店家，仍要磨细后才能用。其他的就供给漆工、粉刷工作黑色颜料使用。

将制墨用的松烟，放在水中长时间浸泡，以浮沉情况区分精粗。那些精细而纯粹的会浮在上面，粗糙而稠厚的就会沉在下面。松烟与胶调和固结之后，用锤敲打，根据敲击出墨的多少区分坚脆。至于向墨中加入珍贵材料与烫上金字、填入麝香，则松烟、油烟都可随意加多加少。其他有关墨的知识，《墨经》《墨谱》中都有所记述，想得到更多知识的人，可自行详细研究，这里只不过简单地概述一下制墨的原料和方法而已。

附：诸色颜料[①]

胡粉（至白色，详《五金》卷）。

黄丹[②]（红黄色，详《五金》卷）。

淀花（至蓝色，详《彰施》卷）。

紫粉（縹红色，贵重者用胡粉、银朱对和，粗者用染家红花滓汁为之）。

大青（至青色，详《珠玉》卷）。

铜绿[③]（至绿色，黄铜打成板片，醋涂其上，裹藏糠内，微借暖火气，逐日刮取）。

石绿（详《珠玉》卷）。

代赭石[④]（殷红色，处处山中有之，以代郡者为最佳）。

石黄[⑤]（中黄色，外紫色，石皮内黄，一名石中黄子）。

注释

①诸色颜料：标题为译注者所加。②黄丹：又称铅丹，四氧化三铅，红黄色粉末。③铜绿：各种碱式醋酸铜的混合物。④代赭石：赤铁矿矿石，主要成分是三氧化二铁，因代县所产最佳，故又称代赭石。⑤石黄：含三氧化二铁的黏土。

译文

胡粉（颜色最白，详见《五金》章）。

黄丹（红黄色，详见《五金》章）。

靛花（深蓝色，详见《彰施》章）。

紫粉（红色，贵重的用胡粉、银朱对和，粗糙的则用染坊的红花汁制成）。

大青（深青色，详见《珠玉》章）。

铜绿（深绿色，具体制法是将黄铜打成薄片，在上面涂上醋，包裹起来放在米糠内，借其微热，再逐日从铜片上刮取）。

石绿（详见《珠玉》章）。

代赭石（殷红色，各地山中都有，以山西代县出产的为最好）。

石黄（中心黄色，表层紫色。因为石头内层是黄色的，故又叫作“石中黄子”）。

曲蘖第十七[1]

宋子曰，狱讼日繁，酒流生祸，其源则何辜！祀天追远，沉吟《商颂》《周雅》之间[2]，若作酒醴之资曲蘖也，殆圣作而明述矣。惟是五谷菁华变幻，得水而凝，感风而化。供用岐黄者神其名[3]，而坚固食羞者丹其色。君臣自古配合日新[4]，眉寿介而宿痼怯[5]，其功不可殚述。自非炎黄作祖，末流聪明，乌能竟其方术哉！

注释

①曲蘖（niè）：即酒曲。②《商颂》：《诗经》中“三颂”之一，宋国宗庙祭祀乐歌。《周雅》：《诗经》中的《大雅》和《小雅》，周王畿内的乐调。③岐黄：传说那个远古医学创始人岐伯和黄帝。此处岐黄代指医药。④君臣：中药讲究君臣配伍，即以某药为君，某药为臣，以区别其在药剂中的主辅关系。此处君臣指曲药中各种材料的配伍。⑤眉寿介：《诗经·豳风·七月》：“十月获稻，为此春酒，以介眉寿。”介：助。眉寿：人至高寿则眉长，故曰眉寿。

译文

宋子说，因酗酒闹事而惹起的官司案件一天比一天多，但酒曲本身又有什么罪过呢？古人在祭祀天地追怀先祖的仪式上，须捧上美酒；在筵席上欣赏《商颂》《周雅》中的诗歌、乐章时，要饮酒助兴。酿酒就必须依靠酒曲，关于这点，古代圣贤的著作中已经明确阐述了。酒曲是由五谷的精华，通过水凝及风化的作用而制造出来的。供医药上用的酒曲叫作神曲，用以保持珍贵食物美味并呈红色的酒曲则叫作丹曲。自古以来，制作酒曲的主料和配料的调制配方在不断更新，酒曲既能延年益寿又能医治各种痼疾顽症，其功效真是说不尽。如果没有我们的祖先炎帝神农氏和黄帝轩辕氏的创造发明和后人的聪明才智，如何能使这项技术达到如此完善的程度呢！

酒母

凡酿酒必资曲药成信。无曲即佳米珍黍，空造不成。古来曲造酒，蘖造醴[①]，后世厌醴味薄，遂至失传，则并蘖法亦亡。凡曲，麦、米、面随方土造，南北不同，其义则一。凡麦曲，大、小麦皆可用。造者将麦连皮井水淘净，晒干，时宜盛暑天。磨碎，即以淘麦水和作块，用楮叶包扎，悬风处，或用稻秸罨黄[②]，经四十九日取用。

造面曲用白面五斤、黄豆五升，以蓼汁煮烂[③]，再用辣蓼末五两、杏仁泥十两[④]，和踏成饼，楮叶包悬，与稻秸罨黄，法亦同前。其用糯米粉与自然蓼汁溲和成饼，生黄收用者，罨法与时日亦无不同也。其入诸般君臣与草药，少者数味，多者百味，则各土各法，亦不可殚述。近代燕京，则以薏苡仁为君[⑤]，入曲造薏酒。浙中宁、绍则以绿豆为君，入曲造豆酒。二酒颇擅天下佳雄（别载《酒经》[⑥]）。

凡造酒母家，生黄未足，视候不勤，盥拭不洁，则疵药数丸[⑦]，动辄败人石米。故市曲之家必信著名闻，而后不负酿者。凡燕、齐黄酒曲药，多从淮郡造成，载于舟车北市。南方曲酒，酿出即成红色者，用曲与淮郡所造相同，统名大曲。但淮郡市者打成砖片，而南方则用饼团。其曲一味，蓼身为气脉[⑧]，而米、麦为质料，但必用已成曲、酒糟为媒合。此糟不知相承起自何代，犹之烧矾之必用旧矾滓云。

注释

①蘖：本指麦芽，古代用以制酒曲、酿醴酒，但从汉代起用以造饴，即麦芽糖。②罨（yǎn）黄：捂盖使其发酵而产生霉菌的黄色孢子，如同黄毛。罨：覆盖，掩盖。③蓼：蓼科蓼属中的水蓼，可入药。④辣蓼：蓼科蓼属中的辣蓼，加蓼的目的在于抑制杂菌生长。⑤薏苡：禾本科薏苡，又称薏米。⑥《酒经》：宋人朱翼中著，又名《北山酒经》。⑦疵（cī）药：有杂菌的曲蘖。⑧蓼身为气脉：用米、麦制曲，加入蓼粉可使曲饼疏松，增加透气性，便于酵母菌生长。

译文

凡酿酒必须依靠酒曲作为酒引子。没有酒曲，即使用好米好黍，也酿不成酒。自古以来用曲酿一般的酒，用蘖酿甜酒。后来的人嫌甜酒酒味太薄，便不再普及，酿甜酒的技术和制蘖的方法就都失传了。制作酒曲，以麦、米、面粉为原料，可因地制宜，南方和北方做法不同，但原理是一样的。制麦曲，大麦、小麦都可以用。制曲的人，最好选在炎热的夏天，把麦粒带皮都用井水洗净、晒干。把麦粒磨碎，用淘麦水拌和做成块状，再用楮叶包扎起来，悬挂在通风处，或者用稻草覆盖使之变黄，这样经过四十九天之后便可以取用了。

制作面曲，是用白面五斤、黄豆五升，加入蓼汁一起煮烂，再加辣蓼末五两、杏仁泥十两，混合踏压成饼状，再用楮叶包扎悬挂在高处，或用稻草覆盖使之变黄，方法跟麦曲相同。用糯米粉时，加自然蓼汁浸泡后揉成饼，待生出黄毛后才取用，其掩盖方法和所需时间也跟前述相同。制造酒曲时，向其中加入的主料、配料和草药，少者数味，多者上百味，各地的做法不同，不可一一详述。近代北京则以薏苡仁为主要原料制作酒曲，再酿出薏酒，浙江的宁波、绍兴则用绿豆为主要原料制作酒曲，再酿造豆酒。这两种酒都在国内颇为闻名而被列为名酒（另载入《酒经》一书）。

制作酒曲的人家，如果曲料生黄毛的时间不足，看管不勤，手洗得不干净，只要有几粒坏曲，就会轻易地败坏别人上百斤的粮食。所以卖酒曲的人必须要守信用、重名誉，这样才不致辜负酿酒的人。河北、山东酿造黄酒用的酒曲，多在江苏淮安造好，然后用车船贩运到北方。南方酿造红酒所用的酒曲，与淮安造的相同，都叫作大曲。但淮安卖的酒曲是打成砖块状，而南方用的酒曲则是做成饼团状。每种酒曲都要加入蓼粉，以便于通风透气。以米、麦作为基本原料，还必须加入已制成的酒曲和酒糟作为媒介。加入酒糟不知是从哪个年代流传下来的，其原理就像烧矾石时必须用旧矾滓来掩盖炉口一样。

神曲[①]

凡造神曲所以入药，乃医家别于酒母者。法起唐时[②]，其曲不通酿用也。造者专用白面，每百斤入青蒿自然汁、马蓼、苍耳自然汁相和作饼[③]，麻叶或楮叶包罨，如造酱黄法。待生黄衣，即晒收之。其用他药配合，则听好医者增入，苦无定方也。

注释

①神曲：即药曲，用以消食开胃。本节内容取自《本草纲目》卷二十五《谷部·造酿类》神曲条引宋人叶梦得《水云录》，有删减。②南北朝时北魏人贾思勰《齐民要术》中已提到制神曲的方法，唐宋以后加以简化、改进。③青蒿：菊科青蒿，又名香蒿，可入药。苍耳：菊科苍耳属植物苍耳，可入药。

译文

制作神曲为的是当药用，医家称其为神曲，是为了与酒曲相区别。神曲的制作方法起源于唐代，这种曲不能用来酿酒。造神曲专用白面，每百斤加入青蒿、马蓼、苍耳三物的原汁，拌和制成饼状，再用麻叶或楮叶包藏掩盖，像制作豆酱的黄曲那样。待外面长出一层黄衣，就晒干收取。至于要用其他什么药配合，则根据医生的建议来增加，很难列举出固定的处方。

丹曲[1]

凡丹曲一种，法出近代[2]。其义臭腐神奇，其法气精变化。世间鱼肉最朽腐物，而此物薄施涂抹，能固其质于炎暑之中。经历旬日，蛆蝇不敢近，色味不离初，盖奇药也。

凡造法用籼稻米，不拘早晚。舂杵极其精细，水浸一七日，其气臭恶不可闻，则取入长流河水漂净（必用山河流水，大江者不可用）。漂后恶臭犹不可解，入甑蒸饭，则转成香气，其香芬甚。凡蒸此米成饭，初一蒸半生即止，不及其熟。出离釜中，以冷水一沃，气冷再蒸，则令极熟矣。熟后，数石共积一堆拌信。

凡曲信必用绝佳红酒糟为料，每糟一斗，入马蓼自然汁三升，明矾水和化[3]。每曲饭一石，入信二斤，乘饭热时，数人捷手拌匀，初热拌至冷。候视曲信入饭，久复微温，则信至矣。凡饭拌信后，倾入箩内，过矾水一次，然后分散入篾盘，登架乘风。后此风力为政，水火无功。

凡曲饭入盘，每盘约载五升。其屋室宜高大，防瓦上暑气侵逼。室面

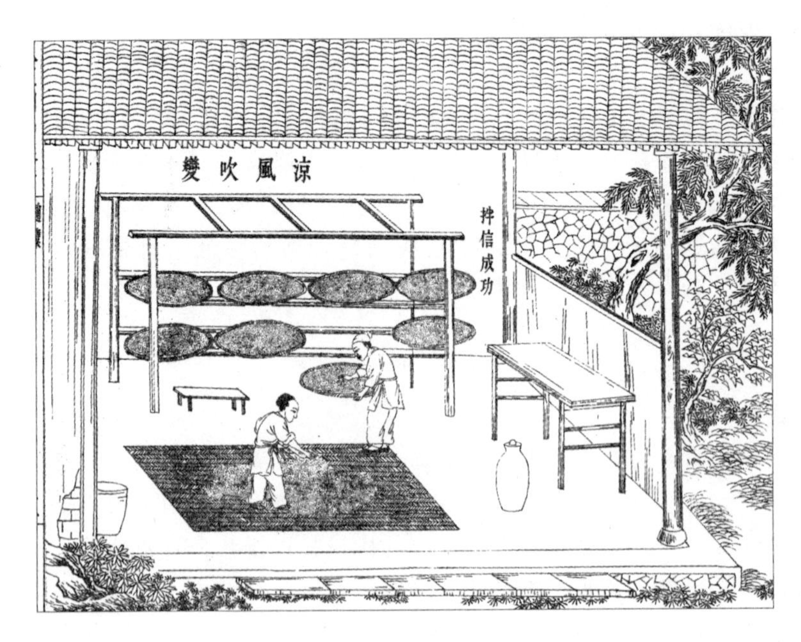

凉风吹变

宜向南，防西晒。一个时中翻拌约三次。候视者七日之中，即坐卧盘架之下，眠不敢安，中宵数起。其初时雪白色，经一二日成至黄色。黑转褐，褐转赭，赭转红，红极复转微黄。目击风中变幻，名曰生黄曲，则其价与入物之力皆倍于凡曲也④。凡黑色转褐，褐转红，皆过水一度。红则不复入水。

凡造此物，曲工盥手与洗净盘簟，皆令极洁。一毫滓秽，则败乃事也。

注释

①丹曲：即红曲，由大米培养的红曲霉制成，可制药及作防腐剂。②《本草纲目》卷二十五《谷部·造酿类》红曲条亦云："红曲本草不载，法出近代。"③明矾水和化：明矾水呈微酸性，可抑制杂菌繁殖，而红曲霉菌耐酸性。④入物之力：在生产中投入的精力。

译文

有一种红曲，其制作方法出现于近代。其意义在于"化腐朽为神奇"，其方法的巧妙之处在于利用空气和米的变化。世间鱼和肉是最易腐烂的东西，但以红曲薄薄地在鱼肉上涂上一层，那么即便是在炎热的暑天也能保持其鲜质，放置十来天，蛆蝇都不敢接近，色泽味道都还能保持原样。这真是一种奇药啊！

制造红曲用黏性的籼稻米，早稻、晚稻都可以。将米舂得极其精细，用水浸泡七天，发出的气味真是臭不堪闻，这时就把它放到流动的河水中洗净（必须要用山间流动的溪水，大江水不能用）。漂洗之后臭味还不能完全消除，把它放入饭甑中蒸成饭，就变成芳香的气味了，且香气十分浓郁。在蒸米成饭时，先蒸至半生半熟的状态即停止，不可蒸熟。然后将半生半熟的米饭从锅中取出，用冷水淋浇一次，待其冷却以后，再放入锅中蒸到熟透。蒸熟后，将几石米饭堆在一起拌进曲种。

曲种一定要以最好的红酒糟为原料，每一斗酒糟加入马蓼原汁三升，再加明矾水拌和调匀。每石熟饭中加入曲种二斤，趁熟饭热时，由数人一起迅速拌和调匀，从热饭拌到饭冷。注意观察曲种与熟饭相互作用的情况。经过一段时间后，饭的温度微微升高，这就说明曲种已拌成功。饭拌入曲种后，倒进箩筐内，用明矾水淋一次，再分散摊在篾盘内，放到架子上通风。这以后关键就是做好通风，而水火也派不上用场了。

曲饭放入篾盘中，每个篾盘约载五升。安放这些曲饭的房屋应当高大宽敞，以防屋顶瓦面上的热气侵入。房屋应该朝南，以防止太阳西晒。每两个小时之中大约要翻拌三次。观察曲饭的人，七天之内都要坐卧在盘架之下，不能熟睡，半夜还要起来几次。曲饭开始时呈雪白色，经一天后成为黑色，又由黑色转褐色，再由褐色转为赭色，再由赭色转为红色，到最红时又转为微黄。目视曲饭在空气中所经历的这一系列的颜色变化，叫作“生黄曲”。用这种方法制成的红曲，其价值和投入的精力都比一般的曲增加几倍。当曲饭由黑色变成褐色、由褐色变成红色时，都要淋浇一次水。变红以后就不需要再加水了。

制造这种红曲时，造曲的人必须洗手，盛物的篾盘、竹席也要洗得非常干净。只要有一点脏滓落入，都会使制曲归于失败。

珠玉第十八

宋子曰，玉韫山辉，珠涵水媚，此理诚然乎哉，抑意逆之说也？大凡天地生物，光明者昏浊之反，滋润者枯涩之仇，贵在此则贱在彼矣。合浦、于阗行程相去二万里[1]，珠雄于此，玉峙于彼，无胫而来，以宠爱人寰之中，而辉煌廊庙之上[2]。使中华无端宝藏折节而推上坐焉。岂中国辉山、媚水者，萃在人身，而天地菁华止有此数哉？

注释

①合浦：今广西合浦，古以产珠出名。于阗（tián）：今新疆和田，产羊脂美玉。②廊庙：指朝廷。

译文

宋子说，藏蕴玉石的山光辉四溢，涵养珍珠的水明媚秀丽，这种说法是真的呢，还是只是一种臆测之说？大凡自然界生成之物，有光明的也有暗浊的，有滋润的也有干涩的，两者对立，在这里很珍贵的东西，在另一个地方可能很平常。合浦和于阗相距两万里，这边有珍珠雄踞，那里有玉石耸立，但都很快就被贩运至各地，在世间受到人们的宠爱，在朝廷焕发出辉煌的光彩。珠宝玉器使全国各地无尽的宝藏都降低了身价，而被推上宝物的首位。难道中国的宝物只是佩戴在人身上的珠玉，而天地之间大自然的精华就只有这些吗？

珠

凡珍珠必产蚌腹[①]，映月成胎，经年最久，乃为至宝。其云蛇腹、龙颔、鲛皮有珠者，妄也。凡中国珠必产雷、廉二池。三代以前，淮扬亦南国地，得珠稍近《禹贡》“淮夷玭珠”[②]，或后互市之便，非必责其土产也。金采蒲里路[③]，元采扬村直沽口[④]，皆传记相承之妄，何尝得珠？至云忽吕古江出珠[⑤]，则夷地，非中国也。

凡蚌孕珠，乃无质而生质。他物形小而居水族者，吞噬弘多，寿以不永。蚌则环包坚甲，无隙可投，即吞腹，囫囵不能消化，故独得百年千年，成就无价之宝也。凡蚌孕珠，即千仞水底，一逢圆月中天，即开甲仰照，取月精以成其魄。中秋月明，则老蚌犹喜甚。若彻晓无云，则随月东升西没，转侧其身而映照之。他海滨无珠者，潮汐震撼，蚌无安身静存之地也。

凡廉州池自乌泥、独揽沙至于青莺，可百八十里。雷州池自对乐岛斜望石城界，可百五十里。疍户采珠[⑥]，每岁必以三月，特牲杀祭海神，极其虔敬。疍户生啖海腥，入水能视水色，知蛟龙所在[⑦]，则不敢侵犯。凡采珠舶，其制视他舟横阔而圆，多载草荐于上。经过水漩，则掷荐投之，舟乃无恙。舟中以长绳系没人腰，携篮投水。

凡没人以锡造弯环空管，其本缺处对掩没人口鼻，令舒透呼吸于中，别以熟皮包络耳项之际。极深者至四五百尺，拾蚌篮中。气逼则撼绳，其上急提引上，无命者或葬鱼腹。凡没人出水，煮热毳急覆之，缓则寒慄死。宋朝李招讨设法以铁为构，最后木柱扳口，两角坠石，用麻绳作兜如囊状，绳系舶两傍，乘风扬帆而兜取之。然亦有漂溺之患。今疍户两法并用之。

凡珠在蚌，如玉在璞。初不识其贵贱，剖取而识之。自五分至一寸五分经者为大品。小平似覆釜，一边光彩微似镀金者，此名珰珠，其值一颗千金矣。古来“明月”“夜光”，即此便是。白昼晴明，檐下看有光一线闪烁不定，“夜光”乃其美号，非真有昏夜放光之珠也。次则走珠，置平底盘中，圆转无定歇，价亦与珰珠相仿（化者之身受含一粒，则不复朽坏，故帝王之家重价购此）。次则滑珠，色光而形不甚圆。次则螺蚵珠，次官、雨珠，次税珠，次葱符珠。幼珠如粱粟，常珠如豌豆。琕而碎者曰玑。自夜光至于碎玑，譬均一人身，而王公至于氓隶也。

凡珠生止有此数，采取太频，则其生不继。经数十年不采，则蚌乃安其身，繁其子孙而广孕宝质。所谓“珠徙珠还[8]”，此煞定死谱，非真有清官感召也（我朝弘治中，一采得二万八千两。万历中，一采止得三千两，不偿所费）。

注释

①珍珠：生活在浅海底的瓣鳃纲珍珠贝科珠母贝受侵入壳体内的外界物刺激而分泌珍珠质包裹侵入物所形成的圆球状光亮固体颗粒，呈半透明银白色、黄色、粉红或淡蓝色，质硬而滑，含碳酸钙及少量有机物，古代供装饰或入药。②“三代以前”三句：指《尚书·禹贡》载“淮夷玭珠”。按中国除南海珠母贝产珠外，内陆江河淡水中珠蚌科的珠蚌也产珠。蠙（pín）：即蚌。③蒲里路：据《金史·地理志》当作“蒲与路”，在今黑龙江克东乌裕尔河南岸。④扬村直沽口：即今天津大沽口。⑤忽吕古江：在今东北境内。《元史》卷九十四《食货志》载至元十一年（1274）于宋阿江、阿爷苦江、忽吕古江采珠。⑥蜑（dàn）户：当时广东、广西、福建以船为家的居民。⑦蛟龙：指鲨鱼、鳄鱼之类，海中并无蛟龙。⑧所谓“珠徙珠还”：《后汉书·孟尝传》载：“孟尝迁合浦太守。郡不产谷实，而海出珠宝。与交阯比境，常通商贩，贸籴粮食。先时宰守并多贪秽，诡人采求，不知纪极，珠遂徙于交阯郡界。孟尝到官，革易前敝，求民病利。曾未逾岁，去珠复还，百姓皆反其业，商货流通，称为神明。”

译文

珍珠必定产于蚌腹之中，映照着月光而孕育成胎，经历多年，才成宝物。至于说蛇腹、龙颔、鲨鱼皮中含有珍珠，都是虚妄而不可信的。中国的珍珠必定产于雷州（今广东海康）和廉州（今广西合浦）两处的珠池。夏、商、周三代以前，淮安、扬州地区（今苏北）对中原而言也算是南方地区，所得到的珠子比较接近于《尚书·禹贡》中所记载的“淮水地区产的蚌珠”，或许也只是互市交易而得，不一定是当地所出产。金代珍珠采于蒲里路，元代采自扬村直沽口，都是沿袭了错误记载，这些地方何时采得过珍珠呢？至于说忽吕古江产珠，那已经是少数民族地区，而不是中原地区了。

从蚌中孕育出珍珠，这是从无到有。其他体形小的水生动物，多因天敌太多而被吞噬，所以寿命都不长。蚌因为周身有坚硬的外壳包裹着，无隙可入，即使被吞入腹内，也能保持完整而不被消化，故独得百年、千年之寿而成为无价之宝。蚌孕育珍珠是在很深的水底下，每逢圆月当空时，蚌就张开贝壳仰着接受月光照耀，吸取月光的精华，化为珍珠的形魄。尤其中秋月明之夜，老蚌会格外高兴。如果通宵无云，它就随着月亮的东升西沉而不断转动身体以获取月光的照耀。也有些海滨无珠，是因为当地潮汐涨落水浪太大，蚌没有安身静存之地。

廉州的珠池从乌泥、独揽沙到青莺，约有一百八十里长。雷州的珠池从对乐岛到斜对面的石城界（合浦与廉江边界），约有一百五十里。沿海的居民采集珍珠，每年必定是在三月间，到时候还宰杀牲畜来祭祀海神，极其虔诚恭敬。他们能生吃海腥，在水中也能看清水中一切，知道蛟龙藏身的地方，于是不敢前去侵犯。采珠船的形状比其他的船要宽阔，呈圆形，船上装有许多草垫。船经过漩涡时，则投以草垫，如此船就能安全地驶过。采珠人在船上先用一条长绳绑住腰部，然后带着篮子潜入水中。

采珠人潜水带上锡制的弯管，管的末端开口对准其口鼻，以便于呼吸。另用软皮袋子包在耳颈之间。最深可潜至水下四五百尺，将蚌捡到篮里。呼吸困难时就摇绳，船上的人便急速把他拉上来，命薄的人或许会葬身鱼腹。潜水的人在出水后，要立即用煮热了的毛毯盖在身上，迟了人就会被冻死。宋朝有一位姓李的招讨官设法以铁制成耙状框架，两边以石头作沉子，框架四周套上麻绳网袋，最后提起时用底部的木棍收口，用绳将其系在船头两边，乘风扬帆而兜取珍珠贝。但这种装置有漂失和沉没的危险。现在，水上采珠的居民用上述两种方法同时采用。

珍珠在蚌腹内，就如同玉在璞石中。蚌刚采出时还不知其有无价值，等到剖破后才知道是否有珠。直径为五分到一寸五分的就算是大珠。还有一种珍珠略呈扁圆形，像倒放的锅，一边光彩略像镀金的，叫珰珠，一颗价值千金。这就是古来所谓“明月珠”“夜光珠”。这种珠白天晴天时，在屋檐下可看到一线闪烁不定的光，“夜光珠”是其美称，并非真有能在夜间发光的珍珠。次一等便是走珠，放在平底的盘子中，它会滚动不停，价值与珰珠相仿（传说死人口中含上一颗，尸体就不会腐烂，故帝王之家不惜出重金购买）。再次一等的是滑珠，色泽光亮，但形状不是很圆。更次一等的还有螺蚵珠、官珠、雨珠、税珠、葱符珠等。粒小的珠如小米粒大，普通的珠如豌豆。低劣而破碎的珠叫作玑。从夜光珠到碎玑，就好比人从王公到奴隶一样，分为不少等级。

珍珠的产量是有限度的，采得太频繁，珠就会来不及生长。只有经过几十年不采，使蚌可以安身繁殖后代，才能更多地孕育出珠。所谓“珠徙珠还”，是不通情理的杜撰，并不是真有什么受清官感召的神迹（本朝弘治年间，有一年采珠二万八千两。万历年间，有一年只采得三千两，还抵不上采珠的花费）。

宝

凡宝石皆出井中[①]，西番诸域最盛，中国惟出云南金齿卫与丽江两处[②]。凡宝石自大至小，皆有石床包其外，如玉之有璞。金银必积土其上，韫结乃成，而宝则不然。从井底直透上空，取日精月华之气而就，故生质有光明。如玉产峻湍，珠孕水底，其义一也。

凡产宝之井即极深无水，此乾坤派设机关。但其中宝气如雾[③]，氤氲井中[④]，人久食其气多致死。故采宝之人，或结十数为群，入井者得其半，而井上众人共得其半也。下井人以长绳系腰，腰带叉口袋两条，及泉近宝石，随手疾拾入袋（宝井内不容蛇虫）。腰带一巨铃，宝气逼不得过，则急摇其铃，井上人引緪提上[⑤]。其人即无恙，然已昏瞢。止与白滚汤入口解散，三日之内不得进食粮，然后调理平复。其袋内石，大者如碗，中者如拳，小者如豆，总不晓其中何等色。付与琢工镳错解开[⑥]，然后知其为何等色也。

属红黄种类者，为猫精、靺羯芽、星汉砂、琥珀、木难、酒黄、喇子[⑦]。猫精黄而微带红。琥珀最贵者名曰瑿（音依，此值黄金五倍价），红而微带黑，然昼见则黑，灯光下则红甚也。木难纯黄色，喇子纯红。前代何妄人，于松树注茯苓，又注琥珀，可笑也。

属青绿种类者，为瑟瑟珠、珇琈绿、鸦鹘石、空青之类[⑧]（空青既取内质，其膜升打为曾青）。至玫瑰一种，如黄豆、绿豆大者，则红、碧、青、黄数色皆具。宝石有玫瑰，如珠之有玑也。星汉砂以上，犹有煮海金丹。此等皆西番产，亦间气出，滇中井所无。时人伪造者，唯琥珀易假。高者煮化硫黄，低者以殷红汁料煮入牛羊明角，映照红赤隐然，今亦最易辨认（琥珀磨之有浆）。至引灯草，原惑人之说，凡物借人气能引拾轻芥也[⑨]。自来《本草》陋妄，删去毋使灾木。

注释

①宝石：凡硬度大、色泽美，不受大气及化学药品作用而变化的稀贵矿石，统称宝石。在地壳各部分都可形成。②金齿：元代指金齿人聚居的

行政区域，明代指永昌城，今云南保山。③宝气：指井下缺氧气体，人久吸后会窒息以致死。④氤氲（yīn yūn）：雾气缭绕。⑤絙（gēng）：粗绳。⑥鑢（lǜ）错：磋磨。⑦猫精：即金绿宝石，又称“猫睛石”“猫眼石”，黄绿色正交晶系，成分是铝酸铍。靺羯（mò hé）芽：章鸿钊《石雅》卷二释为红玛瑙，红色隐晶质，又名红玉髓，成分是二氧化硅。靺羯是隋唐时东北地区女真族别名，或作“靺鞨”，因其地产此石，故得名。星汉砂：不知何物，待考。琥珀：地质时代松科植物树脂久埋地下后石化的产物，为非晶质有机物，多产于煤层中，呈黄、红至褐等色，摩擦可生静电。木难：又称莫难，绿宝石中之黄色者，六方晶系，成分为硅酸铍铝。酒黄：黄色透明的黄玉，正交晶系柱状结晶，天然氟硅酸铝，属硅氧矿物。喇子：红宝石，红色透明三方晶系的柱状结晶，成分是三氧化二铝（含铬）。⑧瑟瑟珠：又称甸子，即蓝宝石，蓝色的刚玉，三方晶系透明晶体矿物。祖母绿：纯绿宝石或绿柱石，六方晶系，含铬呈鲜绿色，有玻璃光泽。鸦鹘（hú）石：含钛的另一种蓝宝石，成分与瑟瑟珠相同。空青：绿青，属孔雀石的一种，呈绿色。⑨“至引灯草”三句：指《本草纲目》卷三十七《木部·琥珀》条引陶弘景称琥珀以手心摩热拾芥的是真品，李时珍称琥珀拾芥是草芥，即禾草。按琥珀摩擦后生静电可吸拾草芥，并非“惑人之说”。

译文

宝石都出自矿井中，中国西部新疆地区各地出产最多，中原地区就只有云南金齿卫（今澜沧江到保山一带）和丽江两个地方出产。宝石不论大小，外面都有石床包裹，就像玉被璞石包住一样。金银都是聚集在土层底下经长期蕴结而形成的，但宝石却不是这样。它是从井底直透天空，吸取日月精华而形成的，因此生来就能闪烁光彩。像玉产自湍流之中，珠孕育在深渊水底，道理是相同的。

出产宝石的矿井，即便很深，也是没有水的，这是大自然的巧妙安排。但井中的宝气像雾一样弥漫着，人久吸其气，多数都会致命。因此，采集宝石的人通常是十多个人结伴，下井的人分得一半宝石，井上的人分得另一半。下井的人用长绳绑腰，腰间系两个叉口袋，到井底有宝石的地方，随手立即将宝石拾入袋内（宝石井中不藏有蛇、虫）。腰间还悬一巨铃，一旦宝气逼得人承受不住时，就急忙摇铃，井上的人就立即拉绳把他提上来。这时，人即便没有生命危险，但也已经昏迷不醒了。只能往他嘴里灌白开水来解救，三天内都不能吃粮食，然后再慢慢调理恢复。袋内的宝石，大者如碗，中者如拳，小者如豆，但光从表面看，不能分辨是何等货色。交给琢工用锉刀锉开后，才知道是什么成色。

属于红色、黄色种类的宝石有猫精、靺羯芽、星汉砂、琥珀、木难、酒黄、喇子。猫精石是黄色而微带红。琥珀最贵重的叫瑿（音依，价值是黄金的五倍），红色而微带黑，但在白天看起来却是黑色的，在灯光下看起来却很红。木难为纯黄色，喇子是纯红色。前代不知是哪个妄人，在谈到松树时加注说可变成茯苓，又加注说可变成琥珀，真是可笑啊。

属于青绿色的宝石有瑟瑟珠、珇珻绿、鸦鹘石、空青（空青取自矿石内核，外层打成粉末即为曾青）。至于有一种玫瑰宝石，像黄豆、绿豆那样小，红色、绿色、青色、黄色，各色俱全。宝石中有次等的玫瑰石，就像珍珠中有次等的玑珠一样。比星汉砂高一等的，还有煮海金丹。这些宝石都是西部新疆地区出产的，偶然也有随着井中宝气而出现的，云南中部的矿井中并不出产这类宝石。现在有人伪造宝石，只有琥珀最易造假。高明的造假者煮化硫黄，手段低劣的以黑红色汁液煮透明的牛、羊角胶，映照之下，隐约可见红色，但现在看来也最容易辨认（琥珀研磨时有浆）。至于说琥珀能吸引小草，那是骗人的说法，物体只有借助人的气息才能吸引轻微草芥。《本草》从来就鄙陋虚妄，这些说法应当删去，免得浪费雕版刻印书的木料。

玉

凡玉入中国，贵重用者尽出于阗[①]（汉时西国名，后代或名别失八里[②]，或统服赤斤蒙古[③]，定名未详）葱岭[④]。所谓蓝田，即葱岭出玉别地名，而后世误以为西安之蓝田也[⑤]。其岭水发源名阿耨山，至葱岭分界两河，一曰白玉河，一曰绿玉河。晋人张匡邺作《西域行程记》[⑥]，载有乌玉河[⑦]，此节则妄也。

玉璞不藏深土，源泉峻急激映而生。然取者不于所生处，以急湍无着手。俟其夏月水涨，璞随湍流徙，或百里，或二三百里，取之河中。凡玉映月精光而生，故国人沿河取玉者，多于秋间明月夜，望河候视。玉璞堆聚处，其月色倍明亮。凡璞随水流，仍错杂乱石浅流之中，提出辨认而后知也。

白玉河流向东南，绿玉河流向西北[⑧]。亦力把力地[⑨]，其地有名望野者，河水多聚玉。其俗以女人赤身没水而取者，云阴气相召，则玉留不逝，易于捞取。此或夷人之愚也（夷中不贵此物，更流数百里，途远莫货，则弃而不用）。

凡玉唯白与绿两色。绿者中国名菜玉。其赤玉、黄玉之说，皆奇石、琅玕之类。价即不下于玉，然非玉也⑩。凡玉璞根系山石流水，未推出位时，璞中玉软如绵絮⑪，推出位时则已硬，入尘见风则愈硬。谓世间琢磨有软玉，则又非也。凡璞藏玉，其外者曰玉皮，取为砚托之类，其价无几。璞中之玉，有纵横尺余无瑕玷者，古者帝王取以为玺。所谓连城之璧⑫，亦不易得。其纵横五、六寸无瑕者，治以为杯斝，此已当时重宝也。

此外，惟西洋琐里有异玉⑬，平时白色，晴日下看映出红色，阴雨时又为青色，此可谓之玉妖⑭，尚方有之。朝鲜西北太尉山有千年璞，中藏羊脂玉⑮，与葱岭美者无殊异。其他虽有载志，闻见则未经也。凡玉由彼地缠头回，或溯河舟，或驾橐驼，经庄浪入嘉峪，而至于甘州与肃州。中国贩玉者，至此互市得之，东入中华，卸萃燕京。玉工辨璞高下定价，而后琢之（良玉虽集京师，工巧则推苏郡）。

凡玉初剖时，冶铁为圆盘，以盆水盛沙，足踏圆盘使转，添沙剖玉⑯，逐忽划断。中国解玉沙出顺天玉田与真定、邢台两邑。其沙非出河中，有泉流出精粹如面，借以攻玉，永无耗折。既解之后，别施精巧工夫。得镔铁刀者⑰，则为利器也。镔铁亦出西番哈密卫砺石中，剖之乃得。

凡玉器琢余碎，取入钿花用⑱。又碎不堪者，碾筛和泥涂琴瑟。琴有玉声，以此故也。凡镂刻绝细处，难施锥刃者，以蟾酥填画而后锲之⑲。物理制服，殆不可晓。凡假玉以砆碔充者⑳，如锡之于银，昭然易辨。近则捣舂上料白瓷器，细过微尘，以白蔹诸汁调成为器㉑，干燥玉色烨然，此伪最巧云。

凡珠玉、金银胎性相反。金银受日精，必沉埋深土结成。珠玉、宝石受月华，不受寸土掩盖。宝石在井，上透碧空，珠在重渊，玉在峻滩，但受空明、水色盖上。珠有螺城，螺母居中，龙神守护，人不敢犯。数应入世用者，螺母推出人取。玉初孕处，亦不可得。玉神推徙入河，然后恣取，与珠宫同神异云。

注释

①于阗：今新疆西南部的和田，汉、唐至宋、明称于阗，元代称斡端，自古产玉。②别失八里：今新疆东北部乌鲁木齐市附近，元代于此地置宣慰司、都元帅府。按别失为“五”，八里为“城”，故别失八里意为

"五城"，这里并非于阗。确切地说，于阗所在的新疆，明代称亦力把力。③赤斤蒙古：明代于今甘肃玉门一带设赤斤蒙古卫，亦非于阗所属。确如作者所自称，他没有弄清地名及地点。④葱岭：今新疆昆仑山东部产玉地区，于阗便在这一地区。⑤蓝田：西安附近的蓝田一带古曾产玉，新疆境内并无蓝田之地名。⑥晋人张匡邺作《西域行程记》：查《新五代史·于阗传》，载五代时后晋供奉官张匡邺、判官高居诲于天福三年（938）使于阗。高居诲作《于阗国行程记》言三河产玉事。此书非张匡邺作，且作者亦非晋人。《本草纲目》卷八《玉》条误为"晋鸿胪卿张匡邺使于阗，作《行程记》"。《天工开物》引《本草纲目》，亦误信。⑦乌玉河：十世纪时在新疆旅行的高居诲，在《于阗行程记》中载产玉之河有白玉河（今玉龙喀什河）、乌玉河（今喀拉喀什河）及绿玉河，属正确记载。这些河均为塔里木河支流，发源于昆仑山。《明史》卷三三二称于阗东有白玉河，西有绿玉河，再西有乌玉河，均产玉。⑧"白玉河流向东南"两句：实际上乌玉河流向东北，白玉河流向西北，过于阗后向北汇合于于阗河，再流入塔里木河。⑨亦力把力：《元史》作亦剌八里，《明史》作亦力把里，包括今新疆大部分地区。⑩然非玉也：所谓玉，指湿润而有光泽的美石，虽然多呈白、绿二色，但也不能否定其余呈红、黄、黑、紫等色的美石为玉。⑪璞中玉软如绵絮：天然产的玉有硬玉、软玉之分，所谓软玉硬度也在5.0以上，没有软如絮者。⑫连城之璧：《史记·廉颇、蔺相如列传》载战国时期赵惠王得一块宝玉叫和氏璧，秦昭王闻之，愿以十五座城换取此璧，故称连城之璧，后用价值连城形容贵重物品。璧：古代玉器，扁平、圆形，中间有孔。⑬西洋琐里：《明史·外国传》有西洋琐里之名，在今印度科罗曼德尔海沿岸。⑭玉妖：一种异玉，可能指金刚石，成分为碳，等轴晶系，呈八面体晶形，纯者无色透明、折光率高，能呈现不同色泽。⑮羊脂玉：新疆产上等白玉，半透明，色如羊脂。⑯添沙：研磨、琢磨玉的硬沙，一种是石榴石，常用的为铁铝榴石，红色透明，硬度为7，产于河北邢台。另一种为刚玉，天然结晶氧化铝，有蓝、红、灰白等色，硬度为9，产于河北平山。⑰镔铁：坚硬的精炼钢铁。⑱钿（diàn）花：用金银、玉贝等材料制成花案，再镶嵌在漆器、木器上作装饰品。⑲蟾酥：即蟾蜍，俗名癞蛤蟆，此指蟾蜍科动物耳腺、皮腺的白色分泌物。⑳砆碔（fū wǔ）：似玉的石。㉑白蔹（liàn）：葡萄科多年生蔓草植物，根部有黏液。

译文

贩运到中原地区的玉，贵重的都出自于阗（汉代时西域的一个地名，后代叫别失八里，或属于赤斤蒙古，具体名称未详）和葱岭。所谓蓝田，是出玉的葱岭的另一地名，而后世误以为是西安附近的蓝田。葱岭的河水发源于阿耨山，流到葱岭后分为两条河，一曰白玉河，一曰绿玉河。后晋人高居诲作《于阗行程记》载有乌玉河，这段记载是错误的。

含玉的璞石不藏于深土，而是在靠近山间河源处的急流河水中受河水冲激月光映照而生。但采玉的人并不去原产地采，因为河水湍急而无从下手。等到夏天涨水时，璞石随湍流冲至一百里或二三百里处，再在河中采玉。玉是感受月之精光而生，所以当地人沿河取石多在秋天明月之夜，守在河边观察。璞石堆聚的地方，就显得那里的月光倍加明亮。含玉的璞石随河水而流，免不了要夹杂些浅滩上的乱石，只有采出来经过辨认后才知哪些是玉、哪些是石。

白玉河流向东南，绿玉河流向西北。亦力把力地区有个地方叫望野，附近河水多聚玉。当地的风俗是由妇女赤身下水取玉，据说是由于受妇女的阴气相召，玉就会停而不流，易于捞取。这可见当地人之愚昧而不明事理（当地并不贵重此物，如果沿河再过数百里，路途远，卖不出去，便弃而不用）。

玉只有白、绿两种颜色。绿玉在中原地区叫作菜玉。所谓赤玉、黄玉之说，都指奇石、琅玕（似玉的美石）之类，虽然价钱不低于玉，但终究不是玉。含玉的璞石产于山石流水之中，未剖出时璞中之玉软如绵絮，剖露出来后就已变硬，遇到风尘则变得更硬。世间有所谓琢磨软玉的，这又错了。玉藏于璞石中，其外层叫玉皮，取来作砚和托座，值不了多少钱。璞中之玉有纵横一尺多而无瑕疵的，古时帝王用以作印玺。所谓价值连城的美玉，也不是轻易能获得的。纵横五六寸而无瑕的玉，用来加工成酒器，这在当时已经是重宝了。

此外，只有西洋琐里产有异玉，平时白色，晴天在阳光下显出红色，阴雨时又成青色，这可称之为玉妖，宫廷内才有这种玉。朝鲜西北的太尉山有一种千年璞，中间藏有羊脂玉，与葱岭所出的美玉没有什么不同。其余各种玉虽书中有记载，但我未曾见闻。玉由葱岭的缠头的回族人，或者是沿河乘船，或者是骑骆驼，经庄浪卫运入嘉峪关，而到甘肃甘州（今张掖）、肃州（今酒泉）。中原地区贩玉的人来到这里，从互市而得到玉后，再向东运，一直会集到北京卸货。玉工辨别玉石等级定价后才开始琢磨

（良玉虽汇集于北京，但琢玉的工巧则首推苏州）。

开始剖玉时，用铁做个圆形转盘，用一盆水盛沙，用脚踏动圆盘旋转，再添沙剖玉，一点点把玉划断。中原地区剖玉所用的沙，出自顺天府玉田（今河北玉田）和真定府邢台（今河北邢台）两地。这种沙不是产于河中，而是从泉中流出的细如面粉的细沙，用以磨玉，永不耗损。玉石剖开后，再用一种利器镔铁刀施以精巧工艺制成玉器。镔铁也出于新疆哈密的类似磨刀石的岩石中，剖开就能炼取。

琢磨玉器时剩下的碎玉，可取作钿花用。碎不堪用的则碾成粉，过筛后与灰混合来涂琴瑟。琴有玉器的音色，正因为此。雕刻玉器时，在细微的地方难以下锥刀，就以蟾蜍汁填画在玉上，再以刀刻。这种一物克一物的道理很难弄清。用砆碱冒充假玉，有如以锡充银，很容易辨别。最近有将上料白瓷器捣得极碎，再用白蔹等汁液调和制成器物，干燥后有发光的玉色，这种作伪方法最为巧妙。

珠玉与金银的生成方式相反。金银受日光之精华，必定埋在深土内形成；而珠玉、宝石则受月光之精华，不要一点泥土掩盖。宝石在井中直透碧空，珠在深水里，而玉在险峻湍急的河滩，但都被明亮的天空或河水覆盖。珠有螺城，螺母在里面，由龙神守护，人不敢侵犯。那些注定要应用于世间的珠，由螺母推出供人取用。在原来孕玉的地方，也无法令人接近。只有由玉神将其推迁到河里，才能任人采用，与珠宫同属神异。

附：玛瑙、水晶、琉璃

凡玛瑙非石非玉[①]，中国产处颇多，种类以十余计。得者多为簪箧、钩[②]（音扣）结之类，或为棋子，最大者为屏风及桌面。上品者产宁夏外徼羌地砂碛中，然中国即广有，商贩者亦不远涉也。今京师货者，多是大同、蔚州九空山、宣府四角山所产，有夹胎玛瑙、截子玛瑙、锦红玛瑙[③]，是不一类。而神木、府谷出浆水玛瑙、锦缠玛瑙[④]，随方货鬻，此其大端云。试法以研木不热者为真[⑤]。伪者虽易为，然真者值原不甚贵，故不乐售其技也。

凡中国产水晶[⑥]，视玛瑙少杀。今南方用者多福建漳浦产（山名铜山），北方用者多宣府黄尖山产，中土用者多河南信阳州（黑色者最美）与湖广兴国州（潘家山产）。黑色者产北不产南。其他山穴本有之，而采识未到，与已经采识而官司严禁封闭（如广信惧中官开采之类者），尚多也。凡水晶出深山穴内瀑流石罅之中。其水经晶流出，昼夜不断，流出洞门半里许，其面尚如油珠滚沸。凡水晶未离穴时如棉软，见风方坚硬。琢工得宜者，就山穴成粗坯，然后持归加功，省力十倍云。

凡琉璃石与中国水精、占城火齐[⑦]，其类相同，同一精光明透之义。然不产中国，产于西域。其石五色皆具，中华人艳之，遂竭人巧以肖之。于是烧瓴甋，转釉成黄绿色者，曰琉璃瓦。煎化羊角为盛油与笼烛者，为琉璃碗。合化硝、铅泻珠铜线穿合者，为琉璃灯。捏片为琉璃瓶袋（硝用煎炼上结马牙者）。各色颜料汁，任从点染。凡为灯、珠，皆淮北、齐地人，以其地产硝之故。

凡硝见火还空，其质本无，而黑铅为重质之物。两物假火为媒，硝欲引铅还空，铅欲留硝住世，和同一釜之中，透出光明形象。此乾坤造化，隐现于容易地面。《天工》卷末，著而出之。

注释

①玛瑙：一种隐晶体石英或石髓，即各种二氧化硅的胶溶体，有色层或云状层。玛瑙用作次等宝石，有许多种类，实际上它既是石又是玉或介于石玉之间。②钩结：按钩（gōu）为钩之异体字，与原注“音扣”相违。疑此为“钔结”，钔又为扣之异体字，则实为“扣结”，即纽扣。③夹胎玛瑙：正视莹白、侧视血红色的一物二色的玛瑙。截子玛瑙：黑白相间的玛瑙。锦红玛瑙：有锦花的红玛瑙。④浆水玛瑙：有淡水花的玛瑙。锦缠玛瑙：有红、白丝纹的玛瑙。⑤砑（yà）木：以之与木相摩擦。⑥水晶：古时又称水精，由二氧化硅组成的石英或硅石矿物中产生的无色透明晶体，有时含杂质而呈不同颜色，产于岩石晶洞中，硬度为7，并非绵软的。⑦琉璃石：据上下文，当指烧造玻璃及玻璃釉质（琉璃瓦釉）所需的矿石，主要是石英等含二氧化硅的矿石。占城：占婆，古称林邑，越南中南部的古地名。火齐：章鸿钊《石雅》释为云母，透明单斜晶系，聚合体内呈鳞片状，为钾、镁等金属的铝硅酸盐，尤指白云母。历代多将火齐与火齐珠相混，但章氏认为二者有别，火齐珠为水晶珠，亦属透明体。此处作者指水晶珠。

译文

玛瑙既不是石，也不是玉，中国出产的地方很多，种类有十几个。所得到的玛瑙，多用作发髻上别的簪子和衣扣之类，或者作棋子，最大的用作屏风及桌面。上等玛瑙产于宁夏塞外羌族地区的沙漠中，但中原地区也到处都有，商贩不必去那么远的地方贩运。现在北京所卖的，多产于山西大同、河南蔚县九空山及河北宣化的四角山，有夹胎玛瑙、截子玛瑙、锦红玛瑙，种类不一。而陕西神木与府谷所产的是浆水玛瑙、锦缠玛瑙，就地卖出，这是大致情况。辨试的方法是用木头在玛瑙上摩擦，不发热的是真品。伪品虽容易做，但真品价钱原来就不怎么高，所以人们也就懒得费心思造假了。

中国产的水晶要比玛瑙少些，现在南方所用的多产于福建漳浦（当地的山叫铜山），北方所用的多产于河北宣化的黄尖山，中原用的多产于河南信阳（黑色的最美）与湖北兴国（今阳新）的潘家山。黑色的水晶产于北方，不产于南方。其余地方山穴中本来就有，而没被发现。或已经发现并取采，而被官方禁止并封闭（例如江西广信地区惧怕宫里派的宦官盘削而停采等等）。这种情况不在少数。水晶产于深山洞穴内的瀑流、石缝之中。瀑布昼夜不停地流过水晶，流出洞口半里左右，水面上还像油珠那样翻花。水晶未离洞穴时是绵软的，风吹后才坚硬。琢工为了方便，在山穴就地制成粗坯，再带回去加工，可省力十倍。

琉璃石与中国水晶、越南火齐同类，都光亮透明，但不产于中原地区，而产于新疆及其以西地区。这种石五色俱全，国内的人都喜欢，遂竭尽工巧来仿制。于是烧成砖瓦，挂上琉璃石釉料成为黄、绿颜色的，叫作琉璃瓦。将琉璃石与羊角煎化，做成油罐和烛罩，叫作琉璃碗。将羊角、硝石、铅与用铜线穿起来的火齐珠合在一起炼化，可制成琉璃灯。用上述原料烧炼之后将其捏成薄片，做成玻璃瓶（所用硝石取粗硝煎炼时结在上面的马牙硝）。可用各种颜料汁任意将材料染成各种颜色。琉璃灯与琉璃珠，都是淮河以北的人和山东人制作的，因为当地出产硝石。

硝石灼烧后便分解而消失，其原来成分便不再存在，而墨铅则是较重的物体。两物以火为媒介而发生变化，硝吸引铅上升到空中，铅要将硝留在地面，它们与琉璃石、羊角等在同一釜中烧炼而得出透明发光的玻璃。这是自然界的变化在此简单过程中的隐约体现。已到《天工开物》全书的结尾，我在这里把它写出来。